福島復興学

被災地再生と被災者生活再建に向けて

山川充夫・瀬戸真之 編著

八朔社

装幀・高須賀優

はじめに

　本書『福島復興学』は，研究課題名「東日本大震災を契機とした震災復興学の確立」（日本学術振興会科学研究補助金基盤研究(S)課題番号 25220403（2013〜2017年度））（以下，科研(S)）の調査研究成果である。本書刊行の意義は，全体のフレームワークを「福島復興支援の基本問題」として提示しつつ，東北太平洋沖地震と原子力災害／被災地の人々とその生活／福島の復興過程／震災による産業への影響／海外の動向と防災教育など，「支援知のあり方」をめぐる「経験知」を丹念にたどったものであり，さらに「福島復興学の先」を展望したことにある。その詳細は序章以下に任せるとして，本書の刊行に至るまでの経緯を述べて，「はじめに」に代えたい。

　我々は当初，科研Sの研究目的を次のように設定した。すなわち，

　　東日本大震災は地震・津波・放射能汚染が同時に発生した人類史上において類を見ない巨大複合災害であるが，日本以外の原発保有国等においても今後同様の複合災害は発生することが懸念されている。そこで本研究では，過去に世界で大発生した地域（スマトラ島，四川省，ベラルーシ共和国等）の研究者と協力しつつ，東日本大震災の復興支援を行うと同時に，復旧・復興プロセスを記録すると共に体系化し，震災復興学の確立を目指す。さらに，その成果を国際防災戦略や世界防災会議などを通じて世界各国に発信する。そして再現性があり普遍的な復興のあり方を「福島モデル」として，今後世界でいかなる巨大複合災害が発生した場合でも適用可能となるよう浸透させ，震災復興学を通じて世界の平和と発展のために貢献することを目的とする。

　科研Sの研究チームは，当初，福島大学うつくしまふくしま未来支援センター（FURE）の兼任・特任教員や特任研究員（計9名）によって構成され，FUREセンター長であった山川が役職柄，研究代表者となり，それぞれが産業復興支援チーム，地域計画チーム，地域コミュニティチーム，災害予測・防災チームに所属して，原震災地及び避難者等の復興支援に関わる調査研究を行ってきた。特に初年度はチェルノブイリ原発事故被害（ウクライナ），四川大

震災(中国),バンダ・アチェ津波被害(インドネシア),ゴール津波被害(スリランカ)等の海外での現地調査及び地元大学等研究機関との研究交流を行った。

　国内外における復興支援に関する調査研究の成果については,各研究分担者が学会報告,招待講演,著作,論文等で多く発表するとともに,次のような公開シンポジウムを開催し,積極的に発出した。

- 日本地理学会2013年秋季学術大会公開シンポジウム「東日本大震災の発災・復旧・復興——地理学の取り組みと課題」(2013年9月28日,於:福島大学)
- Association of American Geographers Annual Meeting, "The Fukushima Disaster: Three Years Later 1 (State, politics and Policies), 2 (Living through the disaster: victims and refugees), 3 (Risk perception, communication and discourse), 4 (Energy, industry and communities), 5 (Food and Agriculture), and 6 (Panel session: Geographical perspectives on the Fukushima disaster)" (Tampa Bay, Florida, USA, 8-12/4/2014)
- 研究報告会「東日本大震災を契機とした震災復興学の確立」(2014年5月16日,於:福島大学)
- 公開研究会(帝京大学との共催)「東日本大震災を契機とした震災復興学の確立」(2014年7月31日,於:帝京大学宇都宮キャンパス)
- Third UN World Conference on Disaster Risk Reduction Public Forum Side Event, "Building back from Cascading Disasters and Establishment of academic framework of Disaster Reconstruction" (Fukushima, 16/3/2015)
- 公開シンポジウム「フクシマの復興のあゆみを学術的視点から海外に発信する」(2016年3月12日,於:福島市)
- 公開ワークショップ「水俣病事件60年と福島複合災害5年——研究者として考える」(2016年3月4日,於:福島市)
- Association of American Geographers Annual Meeting, "All Things Nuclear in the Post-Fukushima Context: Geographical Perspectives-2" (Boston, USA, 7/4/2017)
- 「防災推進国民大会2017」シンポジウム「3.11東日本大震災・原子力災害

からの教訓」(2017年11月27日，於：仙台国際センター)

また日本学術会議とも積極的に連携し，次のようなシンポジウムをコーディネートし，後援した。

・日本学術会議主催公開シンポジウム「3.11後の科学と社会——福島から考える」(2013年7月，於：福島市)
・日本学術会議主催公開シンポジウム「震災復興の今を考える：こども・文化・心をつなぐ」(2015年8月10日，於：福島市)
・日本学術会議主催学術フォーラム「原子力発電所事故後の廃炉への取組と汚染水対策」(2016年4月23日，於：日本学術会議講堂)
・日本学術会議及び帝京大学主催公開シンポジウム「原発事故被災長期避難住民の暮らしをどう再建するか」(2016年8月29日，於：帝京大学板橋キャンパス)
・日本学術会議主催公開シンポジウム「地域学のこれまでとこれから」(2016年11月3日，於：日本学術会議講堂)

さらにこうした研究について，次のような著作にとりまとめ出版している(研究代表者と複数の研究分担者が執筆したものに限定)。

・福島大学うつくしまふくしま未来支援センター編『福島大学の支援知をもとにした　テキスト　災害復興支援学』八朔社，251頁，2014年3月28日
・Mitsuo Yamakawa and Daisuke Yamamoto eds. (2016): Unravelling the Fukushima Disaster, Routledge, London and New York, 175.
・Mitsuo Yamakawa and Daisuke Yamamoto eds. (2017): Rebuilding Fukushima, Routledge, London and New York, 187.

研究代表者及び分担研究者のたくさんの業績は，紙数の関係で，毎年刊行している『年次報告書』(部内資料)にゆだねざるをえないが，特筆すべきは，科研Sの主要なプロジェクトの1つである『東日本大震災被災者299人インタービュー記録』(部内資料)のテキスト化を進め，この『福島復興学』の発刊と同時期に取りまとめることができたことである。

こうした努力は「科学研究費助成事業(基盤研究(S))研究進捗評価」において，「当初目標に向けて順調に研究が進展しており，期待通りの成果が見込まれる」として「A」評価を獲得することにつながっており，われわれの東日本大

震災及び原子力災害からの復旧復興支援にかかわる今後における研究活動を勇気づけるものである。

　本書は長いようで短かった5年間の科研(S)の調査研究活動の総括でもある。ここまで心が折れずになんとかやってこられたのは，直接的には，中村洋介，吉田　樹，佐藤彰彦，髙木　亨，初澤敏生，石井秀樹，開沼　博，三村　悟，中井勝己，大瀬健嗣，大平佳男，藤本典嗣，松尾浩一郎，山田耕生（以上，2013年度申請時研究分担者，名簿順），天野和彦，堀川直子（以上，2014年度以降，分担研究参加），瀬戸真之（2013年度から事務局長・研究員，2017年度から分担研究者），千明精一（2017年度から事務局長・研究員），安斎　祥（2013年度から2015年度，事務補佐員），澤口明子（2016年度から事務補佐員）の各位のおかげである。福島大学学長の入戸野修（前学長）と中井勝己（現学長）をはじめFURE事務及び研究連携課・財務課等の職員各位には事務処理で大変お世話になった。

　本書に先立つ英文書の出版にあたっては，共編著者としてRoutledge社との交渉を一手に引き受けていただいたアメリカ・コルゲート大学の山本大策准教授にお世話になった。また的確な英訳にはジェイ・ボルト氏の協力を得なければ，実現できなかった。

　本書の出版にあたっては，多忙な中であるにもかかわらず，共編者である瀬戸真之先生には編集に関わる大変な作業を一手にひき受けていただいた。また厳しい出版事情にあるなかで，八朔社の片倉社長のご協力を得ただけでなく，福島大学学術振興基金（学術出版）の助成を受けることで，出版にたどり着けたことをここに記しておきたい。

　最後に，原発ゼロの日本社会をめざして，何よりも心の支えになってくれている妻・玲子に感謝したい。

　　2018年1月14日

編者を代表して　山川　充夫

目　次

はじめに

序　章　福島復興支援の基本問題 …………………………………… 1

Ⅰ　福島復興支援の基本問題とは何か　1
　1　避難指示解除と進まない避難者帰還　1
　2　原災被害特性はその累積性　4

Ⅱ　原災被害と復旧復興における基本視点　7
　1　原発事故の未収束と放射能汚染水の流出　7
　2　放射能除染事業進捗と課題　8
　3　解決されていない農産物風評問題　9
　4　賠償格差：強制避難と自主避難　11
　5　戸建住宅志向と仮設住宅入居延長の狭間　12
　6　原発事故関連死と心身の健康問題　13

Ⅲ　災害復興学のフレームワーク　15
　1　災害復興学と原災の時空間スケール　15
　2　福島復興学の研究ステップと支援知　15
　3　原災復興支援への5原則　19

第1章　東北地方太平洋沖地震と原子力災害 …………………………… 26

Ⅰ　三陸沖でこれまで発生した主な地震と，2011年東北地方
　　太平洋沖地震（Mw9.0）の前震，本震，余震，誘発地震について　26
　1　はじめに　26
　2　東北地方太平洋沖地震について　27
　3　まとめ　34

Ⅱ　東北地方太平洋沖地震に起因する津波とその被害　37
　1　はじめに　37
　2　東北地方太平洋沖地震により発生した津波　37
　3　太平洋沿岸における津波の伝播　41
　4　津波による被害　45
　5　津波による被害をなくすために　47

Ⅲ　福島第一原発事故と放射能汚染　49

1　はじめに　49
　　2　福島第一原発事故　49
　　3　放射性物質による汚染と住民の避難　50
　　4　放射性物質による農林水産物の汚染　54

第2章　被災地の人々とその生活 …………………………………………58
　Ⅰ　原発被災地における避難所での自治再生の取り組みと避難所の役割　58
　　1　東日本大震災における「ふくしま」の状況　58
　　2　避難所の実態と運営の視点　60
　　3　避難所の役割と今後の運営上の課題　71
　Ⅱ　大規模インタビュープロジェクトからの報告　76
　　1　はじめに　76
　　2　どのような人々の声をどの方法で収録したか　77
　　3　避難者たち──強制避難，自主避難──　77
　　4　避難者となることを選択しなかった住民たち　79
　　おわりに　90
　Ⅲ　原子力災害による長期的被害とその可視化
　　　　──原爆被災と被爆者の事例から──　91
　　1　原子力災害の長期性と不可視性　91
　　2　さまざまな「復興」の時間　92
　　3　原爆被害の不可視性と可視化　94
　　4　「被爆者」という主体の形成　95
　　5　原子力災害からの「復興」のために　99

第3章　福島の復興過程 ……………………………………………………103
　Ⅰ　福島の復興過程と災害経験知の伝承　103
　　1　はじめに　103
　　2　復興の時系列区分とその空間的展開　104
　　3　災害経験知の伝承　112
　　4　まとめ　113
　Ⅱ　災害からの復旧復興プロセスと「支援」　115
　　1　はじめに　115
　　2　「災害」について考える──福島県の原子力災害をとらえ直すために──　116
　　3　モザイクモデルと被災地支援　118
　　4　被災地支援と大学生──熊本地震の経験──　125

5　災害経験の伝承と当事者性　128
　　6　おわりに　130
　Ⅲ　東日本大震災と都市計画区域マスタープランの修正
　　　──福島県いわき・相馬区域の場合──　132
　　1　はじめに　132
　　2　都市計画区域マスタープランと見直しの視点　141
　　3　見直しにはどのような都市像が求められるのか　147
　　4　住民の意向はどのように地区マスタープランに反映されたか　160
　　5　おわりに──震災・原災と都市楮の偏倚区域──　165

第4章　震災による産業への影響　………………………………………　169
　Ⅰ　震災前後の福島県の産業構造の変化　169
　　1　近年の福島県GDPの動向　169
　　2　農林水産業の動向　169
　　3　製造業の動向　174
　　4　建設業の動向　177
　　5　卸売・小売業の動向　178
　　6　サービス業の動向　179
　　7　小　括　180
　Ⅱ　福島県いわき市における水産業の諸課題　182
　　1　本節の目的と対象　182
　　2　いわき市漁協の概要と東日本大震災による被害　182
　　3　試験操業について　184
　　4　いわき市の試験操業　187
　　5　今後の課題　189
　Ⅲ　東日本大震災後の商工業復興の現状と課題
　　　──福島県南相馬市原町地域を例に──　191
　　1　はじめに　191
　　2　南相馬市の概要　191
　　3　震災後の原町地区商工業の動向　192
　　4　原町地域の商工業の復興の現状と課題　201
　Ⅳ　福島県および磐梯山周辺地域における教育旅行の現状と課題　202
　　1　福島県における観光復興の状況　202
　　2　「観光キャラバン調査」に見る「福島忌避」の理由　202
　　3　磐梯山周辺地域の観光宿泊業の現状と課題　207

  4 おわりに 213
 Ⅴ 原発被災地のモビリティデザイン 215
  1 はじめに 215
  2 地域公共交通の復旧プロセスと課題 215
  3 原発事故が市民の活動機会に与えた影響 220
  4 避難指示解除地域のモビリティデザイン 224
 Ⅵ 金融の地域構造からみる震災後の福島 229
  1 預金の動向 229
  2 預貸率の動向 231
  3 日本銀行券受払の現状 232
  4 支払超過の地域的特色 234
  5 交流率と支払超過の関係 235
  6 災害時の金融機関の緊急対応策 238
  7 小　括 240
 Ⅶ 再生可能エネルギーを活用した復興
   ——福島のエネルギーの地産地消の持つ意味—— 242
  1 はじめに 242
  2 再生可能エネルギーによるエネルギーの地産地消への課題 242
  3 原子力発電と再生可能エネルギーの負担メカニズムの比較 245
  4 福島県の再生可能エネルギーの取組みと提案 249
  5 おわりに——エネルギーの地産地消に向けて—— 255

第5章 海外の動向と防災教育 257
 Ⅰ グローバル・イシューとしての防災と災害復興 257
  1 防災に関する世界の認識 257
  2 災害リスクを決定する要因 258
  3 ソロモン諸島津波災害 260
  4 ソロモン諸島洪水災害 261
  5 フィリピン台風災害 262
  6 災害復興と次の災害への備え 263
  7 開発段階ごとの防災の取組み 264
 Ⅱ 震災被災地における震災遺構の観光活用
   ——インドネシア・バンダアチェ市の事例—— 267
  1 はじめに 267
  2 バンダアチェ市における津波被害と復興の過程 268

3　バンダアチェ市における震災遺構の観光活用　268
　　　4　震災被害以降におけるバンダアチェの観光動向　273
　　　5　津波被災地における震災遺構の観光活用の意義と方策　275
　Ⅲ　創造的復興を担う人材養成を目指す「未来創造教育論」
　　　　——平成28年度の成果と課題——　277
　　　1　はじめに　277
　　　2　未来創造教育論の目的と位置づけ　279
　　　3　未来創造教育論の授業方法　280
　　　4　平成28年度の実践結果　281
　　　5　初年度の成果と課題　282

終　章　福島復興学の先に…………………………………………………289

　Ⅰ　はじめに　289
　Ⅱ　原災復興支援への5原則と福島復興学　289
　Ⅲ　福島復興学の先に　293

　執筆者紹介

序章　福島復興支援の基本問題

I　福島復興支援の基本問題とは何か

1　避難指示解除と進まない避難者帰還

　2011年3月11日に三陸沖で発生したMw9.0の巨大地震によって，東日本地域に死者・行方不明者18,456人，震災関連死3,407人，建築物全壊121,803戸，同半壊278,440戸という損失・損害が発生した。福島にとって最も大きな問題は，地震・津波によって東京電力福島第一原子力発電所（以下，福一原発）の炉心冷却用の電源がすべて喪失し，炉心溶融と水素爆発とによる放射性物質の外部放出と汚染水の海洋流出とが発生し，最終的には避難指示区域の設定により約7万人の住民が区域外に避難を余儀なくされたことである。

　その後，主たる放射能汚染物質がCs134とCs137であるため，半減期による自然減衰と除染作業とが進み，空間放射線量が低下し，避難指示解除準備区域や居住制限区域が逐次，解除され，帰還困難区域のみが避難指示区域となった[1]（次頁図1）。避難指示が解除されると住民の帰宅や病院・福祉施設・店舗等の事業や営農が再開できることになる。避難指示解除は，田村市都路地区，川内村，楢葉町，葛尾村（一部地域を除く），南相馬市（一部地域を除く），川俣町山木屋地区，飯舘村（一部地域を除く），浪江町（大半の地域を除く），富岡町（一部地域を除く）などで行われた。そのほとんどが帰還困難区域

---

(1)　避難指示区域は2012年4月1日に，空間放射線量が年間積算50ミリシーベルトを超えて，5年間経っても年間積算線量が20ミリシーベルトを下回らない恐れがある区域を「帰還困難区域」，年間積算線量が20ミリシーベルトを超える恐れのある区域を「居住制限区域」，年間積算線量が20ミリシーベルト以下になることが確実に確認された区域を「避難指示解除準備区域」に区分された。

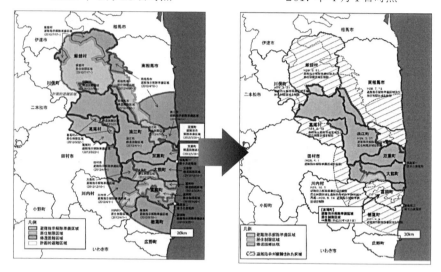

図1　避難指示区域の推移

出所：福島県『避難区域の変遷』2017年4月1日　http://www.pref.fukushima.lg.jp/uploaded/attachment/211129.pdf，2017年10月17日閲覧。

に指示されている浪江町・双葉町では，一部の避難指示解除準備区域において住民帰還と事業所再開への準備が進められている。

　福島県民の地震・津波・原災による避難者数は，事故後初めて調査された2012年5月には，県内外合わせて16万4,865人であった（次頁表1）。その避難者の避難先は，事故6カ月後での調査によれば，避難先が福島県や隣県にとどまることなく，北は北海道から南は沖縄に至る広域的であった。仮設住宅等への居住に至るまでは，不十分な避難支援情報の下でその都度，差し迫った判断をせざるを得ず，点々と避難先を変えざるをえなかったため，避難回数は多くなった。避難所や仮設住宅の構造的な問題もあり，それまで広い戸建て住宅に住んでいた3～4世代の拡大家族が，世代別や性別によって避難先の選択が異なるという離散性をもたらしている。建設型仮設住宅では地縁性に配慮の無い避難者入居基準や建物施設配置がコミュニティの再生に困難を

表1　福島県避難者数の県内外別動向（単位：人）

年　月	県内避難者	県外避難者	避難先不明者	合計
2012年5月	102,827 (100%)	62,038 (100%)	−	164,865 (100%)
2013年5月	97,286 (95%)	54,680 (88%)	142	152,113 (92%)
2014年5月	83,250 (81%)	45,854 (74%)	50	129,154 (78%)
2015年5月	67,782 (66%)	46,170 (74%)	31	113,984 (69%)
2016年5月	50,602 (49%)	41,532 (67%)	20	92,154 (56%)
2017年7月	21,864 (21%)	35,661 (57%)	13	57,538 (35%)

出所：新生ふくしま復興推進本部「ふくしま復興のあゆみ〈20版〉」2017年8月4日 http://www.pref.fukushima.lg.jp/uploaded/attachment/230879.pdf，2017年10月17日閲覧。

もたらした。見なし仮設住宅としての民間借上住宅も市街地に分散しており，避難者はコミュニティから切り離された（Yamakawa & Yamamoto, 2016）。

　福島復興問題の基本矛盾（山川，2016a）は，①原発事故未終息や放射能汚染水流出のもとで早期帰還政策が進められていることであり，②放射能除染ありきのもとで中間貯蔵施設が建設されていることであり，③再生すべき地域経済の許容力と著しく乖離する国際的で大規模な廃炉・再エネ・医療機器事業の誘致であり，④家族や地域コミュニティや社会的関係資本が分断されたものとでの復興公営住宅や戸建住宅建設の促進であり，⑤自主避難者が極端な格差付けされた原子力賠償と借上仮設住宅支援の打ち切りであり，⑥帰還した避難者だけでなく帰還を望まず待避を選択する避難者の孤立化・分断化である。

　序章では，こうした原子力災害の基本特性を「被害の累積性」と呼び，被災地から避難所への過程で生ずる第1次被害，避難所から仮設住宅への過程で生ずる第2次被害，仮設住宅から復興公営住宅への過程で生ずる第3次被害，そして避難指示解除の段階で生ずる第4次被害について，それぞれ何が問題としてあるのかを分析し，福島復興学のフレームワークを提示したい。

2　原災被害特性はその累積性

　東日本大震災と原子力災害が他の地震や津波災害と異なる最も大きな要因は，広域に及ぶ国土・海洋の放射能汚染にある。原発事故によって避難を余儀なくされた避難者は放射能汚染された居住地に相当期間戻れない状況にあり，しかも放射能汚染度の違いによって，帰還・復旧・復興への取り組みが跛行的となり，地域社会や自治体としての統一的な取り組みが困難かつ複雑になっていることにある（除本他編，2015）。これを模式的に考えると，一次被害が克服されないうちに二次被害が発生し，さらに一次・二次被害が現在進行形であるにもかかわらず，三次被害が覆いかぶさり，さらに第四次被害が加わってくることになる（次頁表2）。

　一次被害は被災地から避難所への過程において生ずる。地震・津波による被害とは異なり，原災は直接的な死や負傷をもたらす人的被害が少なく，また建物の全損壊といった被害は破たんした原発以外には少なかった。むしろ建物の傷みは強制避難による維持管理ができないことに起因しており，一部損壊での雨漏りや（野生化した家畜を含む）動物による被害の方が大きい。農地や農林水産物の汚染についても，五感では認識できず，放射線量や核種測定の機器不足，出荷制限に係る暫定基準の揺れなどによって，風評問題は深刻となった。高線量被曝は原子炉の爆発を防ぐための冷温停止作業に従事した者に限定され，周辺住民の被害は低線量被曝とそれを回避するためにとられた強制避難にともなう生活・健康被害である。避難指示区域以外の地域においても，被曝放射線量の暫定基準値の受け止め方は人によって違い，子どもに対する健康被害を強く認識する人たちは，福島県外へ自主避難していった。こうした被災地から避難所への退避は，地域社会と家族の共同性が分断される第一歩であった（山川，2013）。

　二次被害は避難所生活から仮設住宅（借上住宅を含む）生活に至る過程において表面化する。避難所や仮設住宅における避難生活は，原災においては避難区域等の指示により，帰還・復旧・復興の見通しが立たず，希望が失われている。仮設住宅は防音や室温調節が不十分であるだけでなく，核家族を基本に据えた狭い居住空間であるために，祖父母世代と父母子世代とが別居さ

表2　原子力災害避難者の累積的被害

- 第一次被害（被災地から避難所へ）
  - 地震・津波被害 → 人的被害，建物被害，農地被害
  - 原災被害 → 高線量被曝，強制避難，自主避難
  - 放射能汚染 → 農地汚染，農水産物汚染
  - 家庭の分断 → 父の単身赴任と妻子との離別
- 第二次被害（避難所から仮設住宅へ）
  - 避難所・仮設住宅生活 → 健康問題，震災関連死
  - 低線量被曝・風評被害 → 心のケアと子ども問題
  - 人口流出と還流 → 放射線問題から生活問題へ
  - 原子力賠償問題 → 地域・被災者の分断
- 第三次被害（仮設住宅から復興公営住宅へ）
  - 放射能汚染水 → 漁業操業の中止
  - 放射性廃棄物・中間貯蔵施設 → 風評固定化
  - 町外コミュニティ・高台移転 → アイデンティティの再危機
  - 原子力賠償問題 → 長期化する裁判闘争
- 第四次被害（避難指示解除から）
  - 見通しない廃炉＋原発再稼働＋中間貯蔵隔離 → 放射能意識の劣化
  - 除染加速＋避難指示解除 → 賠償金と居住保障の打ち切り
  - 故郷帰還か避難先定住かの選択 → 生活拠点の二重性の継続
  - 改善しない医療・介護・買物などの生活環境 → 公設民営の加速

出所：山川（2017）

せられ，特に高齢者に健康問題が表面化し，震災関連死が増加していく。子どもへの低線量被曝を避けようとする自主避難者がさらに増加し，母子と夫が別居する家族が増えていく。「逃げた」という後ろ指が，子育て世代の母親に重くのしかかっていく。生活上の不安は放射線問題から生活資金問題へと移行し，避難区域等の線引きは原子力賠償の有無や差別化によって地域社会の人のまとまりを掘り崩していく（山川，2014a）。

　三次被害は仮設（借上）住宅から復興公営住宅等への移行の過程で現れる。避難者の帰還条件は何よりも放射線量の低減である。放射線量低減のために，

国や自治体は除染作業に膨大な資金を投入しているが，その範囲や効果は限定的である。除染作業によって出た放射性物質を含む土壌等は，中間貯蔵施設に運び込まれることになるが，その建設が遅れた。最終処分場が確定されないままでの中間貯蔵施設の建設は，風評の固定化にとどまらず，帰還までの期間をさらに長くすることにつながる。また放射能汚染水問題は事故直後からあったが，それがどこから漏れているのかは特定されていない。地下水の汚染は拡大しており，それが海に流出することにより，沿岸漁業は商業的操業が中止の状況にある。原災への賠償問題も相談段階から訴訟段階へと移行しており，裁判の長期化は原災避難民の健康問題だけでなく生活問題をさらに深刻にしている（山川，2016a）。

第四次被害は，避難指示解除を契機として浮かび上がってくる。実質的な廃炉作業が進まないにもかかわらず，最終処分場の議論が進んでいないにもかかわらず，また避難計画が不十分であるにもかかわらず，他原発の再稼働が進んでおり，原発被害や放射能意識への劣化が進んでいる。帰還促進に向けた放射能除染の加速と避難指示解除は，被災者への賠償金や避難者への居住保障の打ち切りへとつながる。賠償・保障の打ち切りは避難者の避難元への帰還か避難先への定住かの決断をさらに強く迫り，家族・コミュニティ関係に新たな分断をもたらす。特に帰還する場合には，行政・住居・買物・医療・福祉・介護などの生活環境とともに生業再開や雇用確保が進められなければならない（山川，2016b）。帰還人口が少なく市場経済が成立しないもとで，社会インフラ整備は国家責任による公設民営で進められているが，運営を担うべき地域内「民」の劣化が進んでいる。

原災被害の特徴は被害の累積性にあり，こうした累積性が関連死や生き甲斐を喪失させる原因となっている（山川,2014b）。また原子力災害による避難指示区域は，発災時から5年間以上帰還できない「帰宅困難区域」，3～5年間は帰還できない「居住制限区域」，3年間は帰還できない「避難指示解除準備区域」に分かれているだけでなく，これらの3区域が同一市町村内で混在し，さらに「避難指示解除準備区域」が解除される時期も被災自治体によってことなる。自治体間・自治体内において，帰還・復旧・復興の行程が同時併存し，複雑な政策決定が求められている。

Ⅱ　原災被害と復旧復興における基本視点

　こうした累積的被害が進んでいる原子力災害の被災民と被災地に関する復興学を構築する基本視点は、どこにおけばよいのであろうか。

1　原発事故の未収束と放射能汚染水の流出

　東京電力福島第一原発事故（東電福一事故）は、原子炉から高濃度汚染水が漏れだすことによって、現在も地下水や海水を汚染している。高濃度汚染水が海洋に流出したことが確認されたのは 2011 年 4 月 2 日であり、4 月 1 日から 6 日までの間には 4,700 兆 Bq の放射性物質が流出したと推定されている。2015 年 5 月 28 日時点で約 44.2 万トンのトリチウムを含む汚染水と約 18.5 万トンの濃度低減済ストロンチウムを含む汚染水が、敷地内に貯蔵されている（原子力災害対策本部，2015）。また原子炉格納容器の損傷は未だ特定されておらず、事故で溶けた燃料を冷やした水と 1 日当たり約 300㎥ が流入する地下水とがまざり、建屋内汚染水は日々増加している。これらの汚染水は多核種除去設備等で処理を続けているものの、大量の汚染水が東電福一の敷地内のタンクに貯蔵されている（東京電力，2015）。

　国及び東京電力は汚染水対策として 3 つの基本方針と具体的な取り組みを打ち出している。その第 1 は「汚染源を取り除く」であり、汚染源となっている原子炉建屋地下や建屋海側のトレンチ内に滞留する高濃度汚染水を除去し、多核種除去施設によって汚染水を浄化することである。第 2 は「汚染源に水を近づけない」であり、具体的には敷地内舗装による敷地内雨水の地下浸透を防ぐことや、地下水バイパス、汲み上げ井戸、凍土方式遮水壁などを設置して、流入地下水が事故を起こした原子炉の冷却水と混ざらない取り組みである。第 3 は「汚染水を漏らさない」であり、汚染水が海洋に漏えいしないように、水ガラスによる地盤の改良、海側に鉄パイルの遮水壁の設置、凍土壁の設置、汚染水タンクの改良や増設などを行っている（東京電力，2015）。

　このような事故汚染水対策に取り組むことによって、東電福一周辺海域の放射性物質濃度は原災直後の 10 万から 100 万分の 1 にまで低減できたが、汚染

物質の流出が完全に止まったわけでない。港湾内にとどまっている放射性汚染物質については，除去が行なわれず，拡散を防止するための海底面被覆が施されたに過ぎない（東京電力，2015）。原発事故による，県内の山地に降り注いだ放射性物質は落ち葉や土砂に吸着され，それが雨水とともに河川を経由して流れ込むことによって，海に移動していく。海の汚染の度合いは大量の海水によって拡散し希釈されるが，海水汚染や海底土汚染に関する調査点は少なく，詳細な汚染マップはできていない。

こうした放射能汚染水の海洋への流出により，福島県漁業は操業停止など大きな経済的実害を受けている。巨大津波による担い手としての漁業者の死亡・行方不明，生活施設としての自宅や事務所の流出や損壊，個別的漁獲手段としての漁船の流出・損壊，一般的生産手段としての漁港の損壊などによって，生産活動は全面的に停止状態にある（濱田，2015）。出荷制限指示が徐々に解除されるに従い，福島県漁業は試験操業開始へと再開への動きを進めている。近隣漁港は再整備され，原子力賠償による営業補償などによる漁船の建造などが進んでいる。しかし原災以前の本格操業には至らないため，漁業者は就業意欲を低下させ，漁労に比べて労働条件や安全性が優る第3次産業等への転職が進み，時間を経るにつれて漁業再開に向けた担い手の確保が困難となっている。

2 放射能除染事業進捗と課題

東電福一の原発事故対応として放射能汚染の除染作業が進められている。除染作業は避難指示区域では国の直轄事業であり，その進捗は2015年7月末現在，11市町村のうち1市2町1村で面的な除染が終了し，1町2村で宅地除染が終了している。除染作業は基本的に空間放射線量が低い地域から実施されているので，帰還困難区域や居住制限区域を多く抱える市町村では進捗が遅れている。避難指示区域以外の地域は市町村の管轄事業であり，2015年6月末現在での36市町村における除染作業進捗率は公共施設等で約90％，住宅で約60％，道路で約30％になっている（復興庁，2015）。

放射能の除染は，放射性物質を空間的に移動させ，物理的に遮断することしかできない。除染作業が進むためには放射性物質を含む土壌や有機物（除

染物質）を蓄積する「中間貯蔵施設」の確保が前提となる。しかし，積極的に進められる除染事業に対応した中間貯蔵施設の整備が追いついていない。除染物質の多くは市町村の「仮置き場」や自宅の庭先などの「仮仮置き場」で保管されている。除染物質は約1㎥が入るフレコンバックに詰められて青空の下に積み重ねられている。すでに6年以上経過し劣化が進んでいることもあり，フレコンバックが台風に伴う豪雨や洪水で破れ，中に詰められた除染物質が流出する問題が生じている。また草木等の有機質の発酵が進んで発生するメタンガス等の曝気作業も必要となっている。

　中間貯蔵施設については，2011年10月に国が基本的な考え方を示し，福島県内市町村長に説明をしている。その主な内容は，①施設の確保及び維持管理は国が行うこと，②仮置場の本格搬入開始から3年程度（2015年1月）を目途として施設の供用を開始するよう政府として最大限の努力を行うこと，③福島県内の土壌・廃棄物のみを貯蔵対象とすること，④中間貯蔵開始後30年以内に福島県外で最終処分を完了すること，などである。2013年4月には，現地調査が開催され，2015年2月には福島県，大熊町及び双葉町が中間貯蔵施設への搬入の受入れを容認し，保管場工事が始まっている。しかし最後のポイントである福島県外での最終処分場の立地場所は決まっておらず，核廃棄物の最終処分地として固定化される懸念がある。

3　解決されていない農産物風評問題

　原災による福島県農産物に対する風評問題はなお解決には至っていない。国によって設置された原子力損害賠償紛争審査会は，風評被害を「報道等により広く知らされた事実によって，商品又はサービスに関する放射性物質による汚染の危険性を懸念した消費者又は取引先により当該商品又はサービスの買い控え，取引停止等をされたために生じた被害」と定義している（原子力損害賠償紛争審査会，2011）。風評被害の影響を強く受ける農林水産物及び食品については，損害賠償の対象となる品目と産出県とが指定される方法をとっている。さらに「一部の対象品目につき暫定基準値を超える放射性物質が検出されたため政府等による出荷制限指示があった区域については，その対象品目に限らず同区域内で生育した同一の類型（農林産物，畜産物，水産物等）の

農林水産物」すべてを対象とした。また「同指示等があった区域以外でも，一定の地域については，その地理的特徴（特に本件事故発生地との距離，同指示等があった区域との地理的関係），その産品の流通実態（特に産地表示）等」によって準用される。福島県の農業被害については，JA ふくしまが窓口となり，2015年7月22日現在で，2,080億円を東京電力に請求し，2,054億円を受け取っている[2]。

　上記の受け取り状況を見れば，農業被害に対する賠償は順調に進んでいるかのように見えるかもしれない。しかしながら，日本学術会議の『緊急提言』は福島県農業が被った原災による損害は，より広くとらえるべきとし，「放射能汚染により農産物が売れないといった『フロー』としての損害にとどまらず，生産基盤である『ストック』としての農地や，それを維持する『社会的関係資本』としての農村共同体，人的資本，地域産品ブランド等の非物的資本が決定的に毀損された」（日本学術会議，2013, p.3）としている。このうち，フローの損害は「風評被害」のうちでも経済計算が比較的容易であり，既に「中間指針」によって原子力賠償の基準が示されている[3]。しかしストックの被害に関しては，農村共同体，人的資本，ブランド価値などは経済計算が非常に難しい（除本，2016）。

　消費者庁（2015）は2013年2月以降，半年毎に実施してきた風評被害消費者意識調査から，消費者は事故から4年が経ち，食品と放射能に関して一定程度の理解をし，顕著な変化がみられないとしている。しかし見方を変えれば，消費者の理解が進んでいないともみることができる。5回の調査において「基準値以内であってもできるだけ放射性物質の含有量が低いものを食べたい」と

---

(2)　内閣府原子力委員会「JA グループ東京電力原発事故農畜産物損害賠償対策福島県協議会の取り組みについて（JA 福島中央会提出資料）」2015年8月25日　http://www.aec.go.jp/jicst/NC/senmon/songai/siryo03/siryo3-3.pdf，2017年10月17日閲覧。
(3)　それでも青果物は他作物や他産地，加工食品など市場における代替関係や競合関係があり，市場価格のみの分析（阿部，2013，半杭，2013）から風評被害を抽出することはそれほど簡単なことではない。極端な場合，風評被害はないかの如く説明する論者も出てくるのであり，求められることは，一般の消費者の購買行動だけでなく，産地ブランド力を反映する卸売市場のセリ順やバイヤーの買付行動，スーパーの売場棚の占有状況，学校給食における利用状況などを多面的多角的に分析することである（山川ほか，2014）。

の回答率は42～51％の間にあり，時間的な方向性としては収れんしていない。「福島県産食品の購入をためらう」と回答した率は15～20％の間を推移しており，これは「東北全域からの食品の購入をためらう」という回答（4～6％）よりも高い状態で推移している。

　今後風評被害をどのように克服していけばよいのかという課題に対して，小山良太及び日本学術会議は4段階の安全検査体制を提言している。すなわちまずは田畑1枚ごとの「放射線量分布マップの作成」（第1段階）であり，これと「地域・品目別移行率データベース化と吸収抑制対策」（第2段階）とを結びつけることが重要である。そして「出荷前検査の拡大」（第3段階）と「消費地検査」（第4段階）とを正しく組み合わせることで，生産者側の「安全」を前提として消費者側が「安心」を確保できるとしている（小山編，2012，小山・小松編，2013）。

4　賠償格差：強制避難と自主避難

　強制避難者に比べて，自主避難者は経済的に追い込まれている。福島県(2015)『福島県避難者意向調査結果（概要版）』に拠れば，「現在の生活で不安なこと・困っていること」については，強制避難者・自主避難者ともに，「自分や家族の身体の健康のこと」が第1位で最も多い。しかし第2位には強制避難者では「避難生活の先行きが見えないこと」がきているものの，自主避難者では「生活資金のこと」が来ている。その理由はとして自主避難者の場合は，世帯員の一部が避難している比率が高いなど二重生活を強いられており，そのため避難先と避難元との往来に高速道路を利用する比率が高いことや，居住形態において建設型仮設住宅への入居率が低く，雇用促進住宅や自己負担による賃貸住宅等への入居率が相対的に高いことがあがっている。

　今回の事故に対する原子力賠償は，原則的には強制避難者に対する賠償であり，また，国政府ではなく，東京電力が賠償を行っている[4]。強制避難者に対する賠償の内容は，大きくは不動産（住宅・宅地）に対する賠償，帰還・移

---

(4)　これは原子力損害賠償紛争審査会の中間指針（2011年8月5日）及び，中間指針第4次追補（2013年12月）に依拠する。

住にともなう住宅確保にかかわる損害賠償，家財に対する賠償，精神的損害賠償，営業損害・就労不能損害に対する賠償の5つに区分されている。

損害賠償の総額は2015年5月8日現在で4兆9,147億円であり，福島県に拠れば，強制避難者の1世帯（4人世帯）当たりの賠償金支払は，帰還困難区域で1億5,318万円，居住制限区域で1億503万円，避難指示解除準備区域で1億351万円と試算されている。ところが，自主避難者に対する損害賠償は，2011年時点で自主的避難等対象区域内に生活の本拠としての住居があった者を対象とし，18歳未満の若者及び妊婦の場合でも1人当たり40万円，これら以外の場合は1人当たり8万円にすぎない。翌2012年末にも1人当たり4万円が追加されたが，強制避難者に対する損害賠償とは雲泥の差がある。県内外に自主的避難を行った場合は，自主的避難によって生じた生活費の増加費用，自主的避難により正常な日常生活の維持・継続が相当程度阻害されたために生じた精神的苦痛，避難および帰宅に要した移動費用などが，支払いの理由とされた。しかしこの金額では到底，二重生活を支えることはできないことから，不本意な帰還あるいは避難先への定住を強いられることになる。不本意な帰還あるいは避難先への定住を避けるためには，「避難継続」の居住権を制度として確立する必要がある（日本学術会議，2014）。

5 戸建住宅志向と仮設住宅入居延長の狭間

避難者の生活再建には住宅の確保を欠かすことができない。今回の原発事故にともなう強制避難の場合，地震のみによる損壊は比較的少なかった。しかし居住者が避難指示区域に入ることができなかったことから，住宅の多くが長期間管理不能で劣化が急速に進んでいる。損傷や劣化が進んだ理由は，避難期間中にネズミの被害やカビの発生，雨漏りなどである。復興庁調査を活用してみると，2011年度から2014年度までの避難者の居住形態の変化として，持ち家率が4%から19%へと急上昇していることから，自宅の確保がある

---

(5) 帰還困難区域での賠償額が多い理由は，第1に故郷喪失に伴う慰謝料が1人当たり700万円定額で支払われていること，第2に個人賠償（1人当たり慰謝料月額10万円）や，宅地・建物・田畑・山林等への賠償が避難期間に応じて増加していることによる（福島県，2015b）。

程度，進んでいることは確かである。

　しかし生活再建にとって重要なのは，生活資金をどのようにしているのか，また仕事があるかどうかという点である。震災当時（2011年3月）と現在（2013年）との就業状態の違いをみると，有職率が67%から40%へと大きく下がり，無職率が22%から50%へと大きく上がっている（復興庁，2014）。有職者のうち自営業・会社経営者の経営継続中あるいは再開済みの比率は18%から5%へ，また民間勤務者の比率は35%から24%へと減少している。パート・アルバイトも7%から5%に減少している。公務員・団体職員の比率も7%から6%へと減少している。

　戸建再建への希望をもって避難元に戻る避難者と，戻ることが経済的に困難な避難者とに分極化していく兆候がある。現在の住まいに対して約半数の避難者が「応急仮設住宅の入居期間の延長」を要望し，しかもその比率が高まっている。その理由は「避難指示」や「放射線の不安」だけでなく，「自宅を再建できていない」とかや「生活資金に不安がある」といった経済的理由も40%を超えている。

6　原発事故関連死と心身の健康問題

　原災被害を特徴づけるものとして，震災関連死の増加がある。東日本大震災による直接死は津波の被害の大きさを反映し，宮城県9,621人が最も多く，これに岩手県4,672人が続く。その関連死はそれぞれ450人と909人であり，直接死に対する割合は1割弱である。これに対して福島県の直接死は1,603人と相対的には少ないが，関連死は1,867人であり，直接死の数を上回っている（復興庁，2015b）。その理由について，復興庁は，福島県では避難所等への移動中の肉体・精神的疲労が岩手県や宮城県に比べて多く，それは原発事故に伴う避難等による影響が大きいと説明している（復興庁，2012）。

　避難所及び仮設住宅における避難生活の問題について，福島県の調査に拠れば，避難者世帯のうち「心身の不調を訴えている同居家族がいる」が実に66%もある。「現在の生活で不安なこと・困っていること」への質問では63%が「自分や家族の身体の健康のこと」を選んでいる。仮設住宅生活がいかに避難者の心身を疲れさせているのかがわかる。さらに大きな問題は「相談する

人がいない」が 10％もあることである（福島県，2015）。

　福島県は大震災・原災以降，放射線への不安，避難生活，財産の喪失及び恐怖体験等により，精神的苦痛や心的外傷（トラウマ）を負った県民のこころの健康度や生活習慣を把握し，適切なケアを提供することを目的する「こころの健康度・生活習慣に関する調査」を 2011 年度から実施している。子どもについては，こころの健康度指標や運動習慣が全体として経年的には改善されているものの，なお全国平均を下回っている。大人については，全般的な精神健康状態やトラウマ反応が，経年変化で改善されてきているものの，なお全国平均よりも悪い水準にある。性別では男性よりも女性の方が，また若齢者よりも高齢者の方が，悪い状況にある。また大人の生活習慣は改善されてきてはいるが，なお睡眠・運動・喫煙・飲酒の面において問題を抱えている（福島県立医科大学，2015）。

　福島県は放射被ばくの影響の変化を調べるために「県民健康調査『基本調査』」を 2011 年度から実施している。しかし検診率の経年変化は，16 歳以上で 31％→25％→23％→22％へと，15 歳以下でも 65％→44％→39％→36％へと下がっている。その理由を福島県は「平成 23 年度から毎年実施している健康診査が定着し，いつでも受診できる安心感から受診時期を逃したこと等が推測される。また，集団健診は実施日数に限りがあったため，受診時期を逃したことも推測される。その他に，職域での健康診断と内容が似ているため受診しなかったという方も見受けられた」と述べている。しかし受診率の低さには，福島県の健康管理調査の目的や運営の不透明さが大きく影響しているとの意見もある（日野，2013）。

　福島の原子力災害から 6 年を過ぎたいま，復興の進展は外見的及びマクロ的には各方面で確かに見られる。しかし内面的及びミクロ的には被害が収束したというには程遠い状況にあり，これまで日本が経験してきた災害とは異なる課題が累積している。重要なのは原子力災害が自然現象を起因する天災ではなく，エネルギー政策や産業政策といった国家原子力「平和利用」展開を起因とする人災であることを，私たちは常に確認することにある。これを「福島の悲劇」として結論づけて，意図的に沈殿化させてしまうことではなく，一つ一つの課題に注視し，その解決に地道に取り組むことであろう。そして地理学は，

こうした地域課題に地道に取り組むことによって，新たな研究地平を切り開くことになる．

Ⅲ　災害復興学のフレームワーク

1　災害復興学と原災の時空間スケール

　原子力災害からの復旧復興における問題はその発災の原因を地形や気象といった自然要因に還元できない大きな困難性をもっている．われわれは国内外における代表的な自然災害にともなう被災地・被災者の復興過程を調査研究し，被災地域の大きさ（空間軸）と復興にかかる時間（時間軸）という観点から，原子力事故を原因とする災害は被災地の広さが他の災害に比べて非常に大きいだけでなく復興にかかる時間が超長期に及ぶという特徴をもっていることを明らかにしている．

　災害復興学には原子力災害のように人災が原因となる「災害」としての公害問題や基地問題にまで広げていくことが求められる．それは事象としては地域問題であると同時に環境問題であるからである．災害復興学がこうした視点をもたなければ，国策の失敗が地域の問題に矮小化されるからである．

2　福島復興学の研究ステップと支援知

　我々が目指す「災害復興学」の基本的な課題は，東日本大震災と原災という前代未聞の複合災害が生み出し続けている不幸な経験としての「経験知」と学術的ディシプリンとしての「専門知」とを結合させ，被災地・避難地での被災者・避難者の「支援活動」という試行錯誤から，「支援知」をどのように体系的に整理し，防災教育や復興支援研究が社会実装できる理論としてどのように構築していくかにある．

　われわれは，Top-Downによる復旧・復興はたとえ「善意」であったとしても，支援する側の論理で進められることがほとんどであり，被災地や被災者の実態から離れた結果しか残さないことを知っている．われわれが目指す「支援知」は「学びながら知恵を生み出す」という過程そのものであり，これは被災

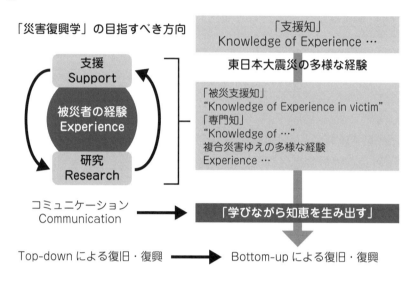

図2　災害復興学のフレームワーク
出所：髙木 亨（2015）。

者避難者と研究者との絶え間ないコミュニケーションを不可欠としている（図2）（Yamakawa & Yamamoto.2017）。

　では福島復興学は一体何を目指しているのか。まず原子力災害の被害実態を科学的に明確することが出発点となる。これは4つの研究ステップに沿いながら，「支援知」研究として活かしていくことが求められている。その目指すところは「福島復興学」の確立とその発信であり，地球の未来を考える「Future Earth」を射程においている（次頁図3）。

　第1ステップにおける第1の研究分野は災害・放射線調査であり，われわれは放射能による土壌汚染や農産物汚染の実態を農家や住民とともに，継続的な協働調査として実施し，科学的データの蓄積を進めてきた。第2の研究分野は被災地事業所調査であり，特に南相馬市の原町商工会議所とタイアップし，被災直後から今日に至るまで事業所パネル調査を継続しており，事業所毎の復旧復興の状況を把握している。第3の研究分野は自主避難者を含めたインタビュー調査であり，避難者がどのような避難生活を行いどのような困難

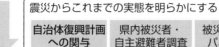

図3 福島復興学の研究方法
出所：髙木 亨（2013）を一部修正。

を抱えているのかを明らかにしている。第4の研究分野は復旧復興計画への関与であり，審議会の委員長として「支援知」を現場と研究との間でフィードバックしながら，その進化を図るべく工夫してきた。

研究の第2ステップは国内外での「災害」の比較研究である。国内においては中越地震・三宅島火山・奥尻津波・熊本地震等の情報を，また国外においては中国（四川）・インドネシア・スリランカ・ウクライナ・ツバル等の情報を，現地調査を通じて収集し，その実態と経験をとりまとめている。

研究の第3ステップは復興プロセスのモデル化である。ここで重要なことは，福島の場合には放射能汚染問題を避けて通れず，その放射能汚染の地理的条件や生業再開に向け，きめ細やかに対応できる復興モザイクモデルを適用し，避難者・被災者の生活支援を行っていくことにある。そこにこそ「支援知」構築の意義がある。

研究の第4ステップは福島復興を世界に発信することや，情報共有化の拠点づくりや教育プログラムの構築である。さらにこうした活動を総括する原子力災害の状況と復興の過程をまるごとアーカイブ化していく作業が求められる。残念ながら本格的なアーカイブ化は今後の作業にゆだねざるを得ない。
　福島の問題は福島以外からではなかなか調査しづらく，特に強制避難者とともに自主避難者の継続パネル調査を重点的におこなうことは，福島で支援研究するわたしたちに課された責務である。復興学は，減災と地域再生プログラムを確立するだけでは不十分であり，被災者の内国避難民化を阻止できるような支援研究とならなければならない（次頁図4）。
　復興学は，多様な「災害」対応し，地域を再生し，それらを踏まえて「事前復興」へと繋がっていくことが求められる。このことは世界の平和と未来の地球に向けての意義を持っており，災害難民予防のための提言や，持続可能な地球をどのように学術として考えていくのか，さらにどのように行動していくのかというFuture Earthの取り組みにも繋がっていく。

3　原災復興支援への5原則

（1）安全・安心・信頼を再構築すること（第1原則）
　原災避難者が分散的に避難した理由は何よりも放射線被曝に対する不安である。避難先の選択は基本的にはより遠くにあるものの，年齢差や性差によって職場や子どもの教育などへの影響が違っている。職場や子どもの教育という縛りが弱い高年齢層は，避難所あるいは仮設住宅に入居する傾向にある。戻りたくない理由の基本は除染が困難であるとか，原災対応での国や東京電力に対する不信とかにある。この不安は放射線量の低下といった「安全」の確認だけでは十分ではなく，みんなが戻ればというダメ押し的な「安心」が求められている。そのため原災に対する安全・安心を実現するためには，以下の諸点が確保されなければならない（山川,2012）[6]。
・基本理念として原子力に依存しない社会の実現を掲げること。
・全原発廃炉の決定と工程表を明示し，原発の新規立地と再稼働を認めない

---

[6]　原災復興支援への5原則は，基本的に拙論（山川，2012）からの抜粋である。

序章　福島復興支援の基本問題　19

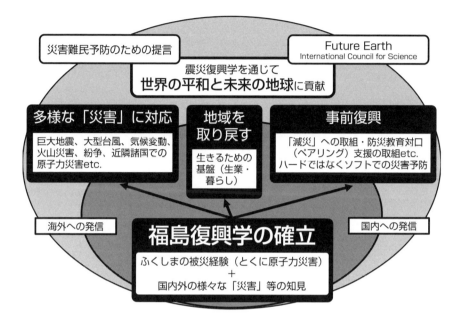

図4　福島復興学のフレームワーク
出所：髙木 亨（2013）を一部修正。

こと。
・原発事故・被害・予測・収束情報を完全開示し，原災が人災としても起こりうることを明確にすること。
・帰還・復旧・復興に向け詳細な放射能汚染地図を定期的に作成すること。
・低線量内外部被曝に関する基準を厳格化し，放射線量のユビキタス的検査体制を整備すること。
・原災地域民及び除染作業従事者に被曝手帳を配布し，低放射線量の影響にかかわる長期的な追跡健康調査を行い，診断・治療にかかわる経費を全面的に保障すること。
・除染作業で発生する放射性廃棄物の仮置・中間貯蔵に関する工程明示し，中間貯蔵地については最終処分地としないためにも，低レベル・高レベルに関係なく放射性廃棄物の移動については福島県内地域のみを対象とし，県外か

らの搬入を禁止すること。
・廃炉終了以前においては，原災地域防災計画を「逃げる」を基本とし，避難生活における負担を全面的に保障すること。

（2）被災者・避難者に負担を求めず，未来を展望できる支援を促進すること（第2原則）

　避難生活から仮設生活へ移動したこともあり，被災者・避難者の生活関心の重点は，放射能への心配から次第に生活資金，そして居住先や移転先への心配へと移ってきている。どのような生活設計を組み立てるのか，特に子どもの学校・教育をどこでどのように受けさせようとするのか，子育て世代の悩みは大きい。特に避難生活や仮設生活がいつまで続くことになるのか，そのメドが立たず，個人的な再出発に向けての準備に取り掛かれない状況にある。しかも多くの避難者は雇用あるいは自営にかかわらず職や業を失っており，生活資金を義捐金や賠償金の受取，年金の受給，貯金の取り崩しなどによって凌いでいる。居住形態別では自己負担賃貸や民間借上での居住者は生活問題で若干の改善がみられるが，仮設住宅では改善が進んでいない。

　生活設計が組み立てられないだけでなく，健康問題も楽観できない。生活問題や健康問題は避難所や仮設住宅で心配であり，自己負担賃貸に居住できる階層は所得に余裕があるためか相対的には困り度が減少している。生活の再出発においては資産格差がもろに表出する。この資産格差はやがて次世代の教育格差をもらし，社会的遺伝子として貧富の格差が引き継がれることなる。原災被災者のみならず，地震・津波被害者に対して長期的な保障を欠かしてはならず，被災者・避難者に負担を求めず，未来を展望できる支援を促進するために，少なくとも以下の諸点が確保されなければならない。
・東京電力と国による全面的かつ地域別での格差づけのない被害補償と包括的な生活の再建を義務付けること。
・事業再開及び雇用確保につながる金融・研修に関する全面的な支援を行うこと。
・仮設・借上住宅等からの原居住地への帰還居住あるいは他所へ移住する権利選択の拡大と保障を行うこと。

・被災者の定期健康診断の実施，検査・治療に関わる医療費の完全無償化すること。
・被災者子息の後期中等・高等教育を含む教育を無償・無負担で受ける権利を保障すること。

（3）地域アイデンティティを再生すること（第3原則）
　戻らない人がいる他方で，故郷に戻りたい人たちも多くいる。間主観共同体としての地域アイデンティティは，地理学の研究成果によれば，自然と人間との相互作用により歴史的に醸成されてきた自然・建造・文化環境が地域という枠組みで整合性や調和性をもつことで強まる 。多くの住民が望むのは，当り前としてあった地域の再生であって，枠組みにそのものを大きく変える「創造的復興」ではない。こうした観点からして，地域アイデンティティの再生に当っては，以下の諸点が重要となる。
・原風景再生を基本とし，緑の生態系を重視する自然豊かなまちづくり。
・地域固有の伝統的文化的価値の維持と祭りの継続。
・自治会（仮設住宅居住者）・広域自治会（借上住宅等居住者・県外避難者）の設立を基軸としたコミュニティの再生 。

（4）共同・協同・協働による再生まちづくり（第4原則）
　まちづくりにおいて情報入手やコミュニケーションの取り方は重要な位置を占めている。復興当局と被災者との間でのまちづくり観の基本的な違いは復興当局が「創造的復興」を掲げ，被災者が「以前の生活再生」を求めているところにある。創造的復興は，まちづくり計画当局が都市計画として策定し，しかし地権者との合意の困難さや財政上での隘路によって予定通り進んでいなかったものを，復興特区制度の活用により土地利用規制の緩和が可能となり，また復興財源の措置で財政上の目途が立つ可能性が出てきたことなど，「千載一遇のチャンス」としてとらえ，復興計画の中に積極的に位置付け，推進しようとしている。国の復興構想会議は，減災対応だけでなく，復興まちづくりにおいても「自助・共助・公助」を掲げ，「共助」の重要性を強調している。そのため事業実施に向けては「まち・むらづくり協議会」といった公的主体とともにボランテ

ィア・NPO などが主導する「新しい公共」としての「まちづくり会社」などが提唱されている。しかしまず役場機能そのものを強化あるいは補完していかなければならない。役場機能の強化のうち最も重要なのは，避難住民との対話機能である。私的活動は公共サービスから切り離されては十分には機能しないし，また私的活動を包括的に支援できない公共サービスは役立たない。私・共・公の活動がうまくかみ合うことで，円滑な復旧復興が可能になるのである。

・役場機能の強化と拡充を図るために職員の増員と自治体間の協力（ペアリングシステム）を強化すること。
・民産学官による住民協働の復興まちづくりを促進のための「場」を設定すること。
・住民の自主性や内発性を基本とし，健康・買物・スポーツ・文化・学習等の交流拠点を設置すること。
・金融・郵便・宅配・買物サービスや医療・介護・福祉サービスなど各種サービスをワンストップあるいはオンデマンドで受け取る仕組みを確立すること。
・居住制限区域・帰還困難区域住民の復興公営住宅のあり方と避難先におけるまちづくりとの連携の強化。

(5) 脱原発・再生可能なエネルギーと国土・産業構造の転換（第5原則）

東電原災以前のエネルギー戦略の視座は「経済効率性の追求（安価化）」「エネルギーセキュリティの確保（準国産化）」「環境への適合（CO_2削減）」である。そのもとでの産業のグリーン化とは基本的には二酸化炭素排出量の大幅削減であり，それは2030年までに原発依存率を50％にまで増やすというエネルギー政策でもあった。しかし東電福一原災以降，エネルギー戦略の視座に「安全・安心」が追加され，2030年までの3つの電源構成シナリオが作られ，国民的議論が始まっている。3つのシナリオとは原発依存度を「ゼロ」「15％」「20〜25％」に置き，「原子力の安全確保」「エネルギー安全保障の強化」「地球温暖化問題解決への貢献」「コストの抑制，空洞化の阻止」という4つの視点から「2030年の姿」を描こうとしている。

このシナリオのいずれを選択するのかは，基本的にはエネルギー戦略ではあるものの，再生可能エネルギーへの依存度を高めることは，地域資源の見直しと危機管理に脆弱な一極集中型の国土構造の転換が必然に求められることに

なる。より具体的には原発エネルギーと化石エネルギーの依存度を下げ，再生可能エネルギーへの依存度を大幅に高めるというエネルギー戦略への転換は，通信情報技術の進展とも相まって，産業構造においては多消費型から省エネ型へ，産業立地においては一極求心のピラミッド型から多極離心のフラット型へ，まちづくりにおいては自家用自動車依存のスプロール型から公共交通と歩いて暮らせるコンパクト型へ，電力エネルギー生産流通体制おいては一極集中・一元管理型から地産地消・多元調整型へ，生活様式における大量消費型から省エネルギー型へ，さらには都市から農村への人口回帰といった国土政策，産業政策，地域政策，社会政策の転換をもたらすことになる。

　こうしたことから「脱原発・再生可能なエネルギーを基軸とする国土・産業構造を転換する」原則においては，以下の諸点が重要になるであろう。

・エネルギー基本戦略として「シナリオ・ゼロ」を採用し原発の再稼働・新規立地を止めること。
・原発廃炉技術の確立に向け国際的研究機関との連携強化とともに担当する人材育成拠点を設置すること。
・再生可能エネルギー発電機等の製造・組立拠点を形成するとともに，再生可能エネルギー発電に関わるメンテナンス人材の育成，そのための教育・研修拠点の整備すること。
・送電網の充実による発送電分離，及び再生可能エネルギーの九電力会社による買取義務と固定買取価格制度の円滑運用により，エネルギーの地産地消を促進すること。
・農林漁業をはじめとする地域資源の見直しと食糧自給率を高める土地利用制度への転換を図ること。
・エネルギー節約の生活様式の確立にかかわり，都市地域における諸機能のコンパクト化と農村地域におけるワンストップサービスの拠点整備と移動負担軽減を図ること。

（山川充夫）

【謝辞】本稿の執筆にはJSPS科研費基盤研究(S)（研究課題番号25220403，研究代表者：山川充夫）の助成を受けた研究成果を使用しています。

【参考文献】

阿部史郎 (2013)「農産物・水産物から見る風評被害」『社会関係資本研究論集』第 4 号，23-43。

原子力災害対策本部 (2011)『原子力安全に関するIAEA閣僚会議に対する日本国政府の報告書――東京電力福島原子力発電所の事故について』。

原子力損害賠償紛争審査会 (2011)『東京電力株式会社福島第一，第二原子力発電所事故による原子力損害の範囲の判定等に関する中間指針』。

小山良太編著／小松知未・石井秀樹著 (2012)『放射能汚染から食と農の再生を』家の光協会。

小山良太・小松知未編著 (2013)『農の再生と食の安全――原発事故と福島の 2 年』新日本出版社。

消費者庁消費者理解増進チーム (2015)『風評被害に関する消費者意識の実態調査（第5回）取りまとめ――食品中の放射性物質等に関する意識調査結果』。

東京電力 (2015)『東京電力福島第一原子力発電所の現状と今後の課題について』。

日本学術会議東日本大震災復興支援委員会福島復興支援分科会 (2013)『原子力災害に伴う食と農の「風評」問題対策として検査態勢の体系化に関する緊急提言』。

日本学術会議東日本大震災復興支援委員会福島復興支援分科会 (2014)『東京電力福島第一原子力発電所事故による長期避難者の暮らしと住まいの再建に関する提言』。

濱田武士 (2015)「海洋汚染からの漁業復興」濱田武士・小山良太・早尻正宏『福島に農林漁業を取り戻す』みすず書房，215-303。

半杭真一 (2013)「東日本大震災と原子力発電所事故が福島県農業にもたらした被害――震災発生年における青果物の出荷・流通段階を中心に」『福島県農業総合研究センター研究報告　放射性物質対策特集号』126-129。

日野行介 (2013)『福島原発事故県民健康管理調査の闇』岩波書店。

兵庫県震災復興研究センター (2007)『『災害復興ガイド』編集委員会／塩崎賢明・西川榮一・出口俊一編『災害復興ガイド――日本と世界の経験に学ぶ』クリエイツかもがわ。

福島県 (2015a)『福島県避難者意向調査結果（概要版）（2015 年 2 月調査）』。

福島県 (2015b)『福島の復興に向けた取組』。

福島県立医科大学放射線医学県民健康管理センター (2015)『平成 25 年度県民健康調査「こころの健康度・生活習慣に関する調査」結果報告書』。

復興庁・震災関連死に関する検討会 (2012)『東日本大震災における震災関連震撼する報告』。

復興庁 (2015a)『復興の現状と課題』。

復興庁 (2015b)『東日本大震災における震災関連死の死者数（平成 27 年 3 月 31 日現在）』。

山川充夫・小山良太・石井秀樹 (2014)「唐木英明氏「福島県産農産物の風評被害に関する日本学術会議『緊急提言』の疑問点」への回答」『Isotope News』No. 723, 38-43。

山川充夫 (2012)「被災地域復興グランドデザイン考」後藤康夫・森岡孝二・八木紀一郎編『いま福島で考える――震災・原発問題と社会科学の責任』桜井書店，133-166。

山川充夫 (2013)『原災地復興の経済地理学』桜井書店。

山川充夫 (2014a)「原災地復興の視点」福島大学うつくしまふくしま未来支援センター編『テキスト災害復興支援学』八朔社。

山川充夫 (2014b)「原災避難者の帰還意向の変化――強制避難と自主避難との違い」『歴史と地理』No. 678, 18-31。

山川充夫（2016a）「福島復興問題の基本視点」室崎益輝・岡田憲夫・中林一樹監修／野呂雅之・津久井進・山崎栄一編『災害対応ハンドブック』法律文化社，150-152。

山川充夫（2016b）「地域再生を阻む福島原発事故と放射能汚染——原子力災害による被害構造の累積性」日本学術会議東日本大震災復興支援委員会原子力発電所事故に伴う健康影響評価と国民の健康管理ならびに医療のあり方検討分科会・社会学委員会東日本大震災の被害・影響構造と日本社会の再生の道を探る分科会・帝京大学（大学創設50周年記念事業）主催公開シンポジウム予稿集『原発事故被災長期避難住民の暮らしをどう再生するか』6-16，2016年9月19日，於：帝京大学医学部大講堂。

山川充夫（2016c）「地域再生を阻む福島原発事故と放射能汚染——原子力災害による被害構造の累積性」日本学術会議東日本大震災復興支援委員会汚染水問題対応検討分科会主催学術フォーラム予稿集『原子力発電所事故後の廃炉への取り組みと汚染水対策』88-91（於：日本学術会議）。

山川充夫（2017）「強制避難者の自主避難化を抱けるために——原災避難待機制度の確立と住宅費補助の継続」『学術の動向』第22巻第4号，62-65。

除本理史・渡辺淑彦編著（2015）『原発災害はなぜ不均等な復興をもたらすのか——福島事故から「人間の復興」，地域再生』ミネルヴァ書房。

除本理史（2016）「原発事故による「ふるさとの喪失」：「社会的出費」概念による被害評価の試み」植田和弘編『被害・費用の包括的把握』東洋経済新報社，51-79。

Yamakawa, Mitsuo & Yamamoto, Daisaku eds.(2016). Unravelling the Fukushima Disaster, London and New York, Routledge.

Yamakawa, Mitsuo & Yamamoto, Daisaku eds.(2017). Rebuilding Fukushima, London and New York: Routledge.

第1章　東北地方太平洋沖地震と原子力災害

I　三陸沖でこれまで発生した主な地震と，2011年東北地方太平洋沖地震（Mw9.0）の前震，本震，余震，誘発地震について

1　はじめに

次頁表1にこれまでに三陸沖で発生した主な地震の一覧を示す。このように三陸沖では有史以降にM（マグニチュード）7〜M8クラスの地震が繰り返し発生してきたことがわかる。中でも大きな津波が発生したことで知られるのが，869年の貞観地震（M8.3-8.6），1611年の慶長三陸地震（M8.1），そして1896年の明治三陸地震である。

貞観地震では東北地方太平洋沖地震に匹敵するほどの大きな津波が発生したことが，産総研の調査などによって明らかにされている。宍倉ほか（2010）は，仙台平野や石巻平野において貞観地震の際の津波堆積物が現在の海岸よりも3km以上も内陸部で複数確認してほか，津波浸水シミュレーションも合わせて行っている。

慶長三陸地震は現在の青森県，岩手県，宮城県での被害が大きかったことから，長らくの間三陸沖を震源とする地震であると考えられていたが，近年の調査によって震源はもっと北側の北海道東沖から千島海溝付近であった可能性が指摘されている（例えば，平川2012など）。また，地震の規模に関しても，平川（2012）は慶長三陸地震の際に北海道で20m以上の津波が発生した可能性が高いことや被害が東日本の太平洋岸一帯に及ぶことなどから，地震の規模をM9クラスである可能性が高いとしている。

明治三陸地震は1896年6月15日に岩手県釜石市の東方沖200kmを震源として起こった，M8.2の地震である。地震動による被害は軽微で，地上におけ

表1　これまでに三陸沖で発生した主な地震の一覧

西暦	地震名および規模	備考
869	貞観地震（M8.3-8.6）	仙台平野で津波が3km程陸地を遡上。
1611	慶長三陸地震（M8.1）	津波による犠牲者が約5,000名。
1677	延宝八戸沖地震（M7.9）	約100年毎に発生する三陸沖北部の固有地震。
1763	宝暦八戸沖地震（M7.4）	同上。
1793	寛政地震（M8.0-8.4）	津波が八戸から九十九里まで襲来。死者約100名。
1856	安政八戸沖地震（M7.5）	約100年毎に発生する三陸沖北部の固有地震。
1896	明治三陸地震（M8.2）	津波による犠牲者が約22,000名。
1933	昭和三陸地震（M8.1）	昭和三陸地震のアウターライズ地震。
1936	金華山沖地震（M7.4）	最大震度5。1978年の1回前の宮城県沖地震。
1968	十勝沖地震（M8.2）	震源は三陸沖北部の固有地震域。
1978	1978年宮城県沖地震（M7.4）	造成されたばかりの新興住宅街の地盤が崩壊。
1994	三陸はるか沖地震（M7.8）	三陸沖北部地震の固有地震発生域の南側で発生。
2003	三陸南地震（M7.1）	太平洋プレートの内部で発生。最大震度6弱。
2005	2005年宮城県沖地震（M7.2）	宮城県沖地震の震源域の南部のみが動いた。
2011	東北地方太平洋沖地震（Mw9.0）	日本の観測史上最大規模の地震。原発事故が発生。

る最大震度は4であった。地震に伴って，本州における観測史上最高の遡上高（38.2 m）を記録する津波が発生し，22,000人の犠牲者を出した。陸羽地震などをはじめとする多数の誘発地震が発生したほか，37年後に発生した昭和三陸地震（M8.1）は明治三陸地震のアウターライズ地震であると考えられる。

2　東北地方太平洋沖地震について

（1）前　震

最も有名な前震は，本震の2日前に発生したM7.3の地震であるが，活発な地震活動は2011年の2月頃から継続していた。また，本震の震源とそこか

ら約40km離れたM7.3の前震の震源との間の区域で，東北地方太平洋沖地震の震源に近づいていくゆっくりすべりが2回発生した。1回目は2011年の2月中旬から2月末まで，2回目はM7.3の前震が発生した3月9日から本震が発生した3月11日までの間である。

（2）本　震

M7.3の前震が発生した3月9日以降は三陸沖で活発な地震活動が続いた。本震は，2011年3月11日の14時46分に牡鹿半島の東南東約130kmの地点を震源として発生した（次頁図1）。震源の深さは24kmで，非常に大きな津波が発生しその一部は太平洋を横断してチリに到達した。最大震度は宮城県栗原市で観測された震度7で，宮城県，福島県，茨城県，栃木県の合計37市町村で震度6強を観測した。地震の揺れは5分間以上も継続し，震源から遠く離れた九州地方でも鹿児島市で震度1を観測した。首都圏の広い範囲で震度5強を観測し，鉄道が運転を停止したほか帰宅困難による混乱が深夜まで続いた。

本震は国内観測史上最大規模（1900年以降に世界で発生した地震で4番目の大きさ）であったが，Mw（モーメントマグニチュード）9.0と発表されたのは地震発生の2日後である。気象庁は本震の発生3分後にMj（気象庁マグニチュード）7.9と判定（頭打ちはないと判断）し，同日16時に修正して発表された気象庁Mは8.4であった。これは，国内の広帯域地震計がほぼ振り切れたためMwの計算に対応できなかったためである。なお，国外の地震波形データを用いて算出された値であるMw8.8が3月11日の17時半に発表された。

（3）余　震

ここでは，東北地方太平洋沖地震（Mw9.0）の震源断層で2011年3月11日以降に発生した地震を余震，東北地方太平洋沖地震の震源断層から離れた場所で発生した地震を後述する誘発地震と呼ぶことにする。東北地方太平洋沖地震の発生以降余震は毎日発生しているが，これまでのところ最大の余震は本震から30分後に発生した茨城県沖を震源とするM7.6の地震である（図1）。茨城県鉾田市で震度6強，同県神栖市で震度6弱を観測したほか，茨城県

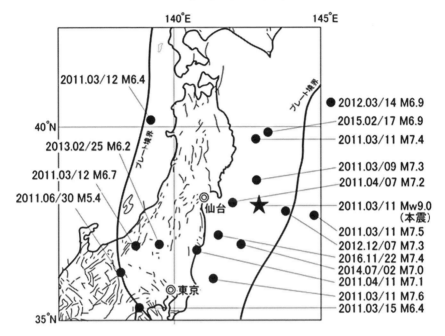

図1　東北地方太平洋沖地震の前震，本震およびおもな余震ならびに誘発地震の震源一覧

出所：瀬戸・中村，2017。

の広い範囲と千葉県ならびに栃木県の一部の地域で震度5強を観測した。余談であるが，筆者は東北地方太平洋沖地震の発生当時はつくば市にある㈱産業技術総合研究所に勤務しており，つくば市で勤務中に地震に遭遇した。東北地方太平洋沖地震の本震の際も数分間に渡って揺れ続けたが，個人的には本震の30分後のM7.6の余震の方の揺れが大きく感じた。

　東北地方太平洋沖地震の本震から約1ヵ月後の2011年4月7日には宮城県沖を震源とするM7.2の余震が発生した（図1）。宮城県仙台市と同県栗原市で震度6強を，宮城県と岩手県の広い範囲で震度6強が観測され，4名の犠牲者が出た。その後は，2012年12月7日に宮城県沖を震源とするM7.3の地震が，2014年7月2日には福島県沖を震源とするM7.0の地震が，2015年2月17日には岩手県沖を震源とするM6.9の地震が発生し，これらは東北地方

図2　11月22日の福島県沖地震のメカニズム

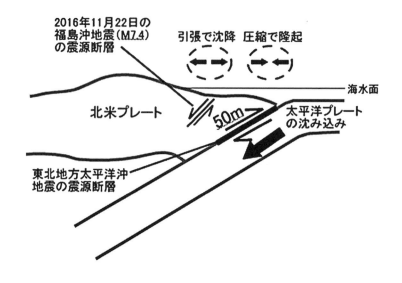

太平洋沖地震の余震であると考えられる。

　2016年以降に発生した東北地方太平洋沖地震の余震で最も規模が大きいのは、2016年11月22日の福島県沖を震源とするM7.4の地震である（図1）。福島県白河市など16の市町村で震度5弱を観測した。震源の深さが10kmと浅かったことから、地震発生の3分後の6時2分には福島県に津波警報が、青森県太平洋沿岸、岩手県、宮城県、茨城県、千葉県外房に津波注意報が発令された。同日7時26分には、上述の地域の津波警報・注意報に加え、千葉県内房ならびに伊豆諸島にも津波注意報が発令された。同日8時9分には、宮城県に発令されていた津波注意報が津波警報に切り替わったものの、港や建築物などへの大きな被害は認められず同日12時50分に岩手県、宮城県、福島県、茨城県の津波注意報がすべて解除された（気象庁，2016a）。

　今回の地震は東北地方太平洋沖地震（Mw9.0）のようなプレート境界型の逆断層地震ではなく、北米プレートの中で発生した地震である。5年半前に東北地方太平洋沖地震が発生した際に、大陸プレートである北米プレートが東西に引き伸ばされたためその影響で発生した正断層型の地震である（図2）。

図3　観測された津波

出所：気象庁 2016b より作成。

地震の発生に伴い東京電力福島第2原発3号機の燃料プールの冷却が一時停止したほか（放射性物質の漏れはなし），福島県内で9人が負傷し3,199人が避難した．また，福島県内の小中高校112校が臨時休校したほか，沿岸部では車による避難で渋滞が発生したほか，鉄道も一時運転を見合わせダイヤの混乱は同日午後まで続いた（2016年11月23日付，福島民友新聞）．

2016年11月22日5時59分に発生したM7.4の地震は福島県沖を震源とし，その後もほぼ同じ範囲で余震が続いた．一連の地震の震源域を図3に示す．津波が観測された地点は北端では久慈で7時37分に波高0.8m，南端は

八丈島で7時22分と9時45分に波高0.3mを記録した。このように太平洋沿岸の広い範囲で津波を観測し、その波高には0.2m（釜石）から1.4m＋（仙台）まで観測地点により大きな差が認められた。2011年3月11日の東北地方太平洋沖地震とは地震の規模が大きく異なるため、津波の波高は仙台を除いて全て1m以下であり、低かった。このため、防潮堤を乗り越えて陸域に越流した地点はなかった。ただし、一部の漁港では潮位が上がったため、陸上に置いてあった漁具が流されるなどの被害があった。また、宮城県多賀城市の砂押川では津波が河川を遡上する様子が観察され、多くのマスコミによってその様子が報道された。

（4）誘発地震

東北地方太平洋沖地震の発生後、同地震の震源断層付近で発生する余震と並行して、震源断層から遠く離れた場所での誘発地震の発生が相次いだ。東北地方太平洋沖地震の発生翌日の2011年3月12日午前3時59分に2011年長野県北部地震（M6.7）が長野県と新潟県との県境付近で発生した（図1）。この地震は逆断層型の内陸直下型地震で、震源の深さは8kmであった。本震の最大震度は震度6強（長野県栄村）であり、最大震度6弱の余震（M5クラス）が2回発生した。

地震の規模や揺れは2004年新潟県中越地震（M6.8）とほぼ同等であったにもかかわらず、東北地方太平洋沖地震や東京電力福島第一原子力発電所関連のニュースが大半で、この地震の被害は全国ネットではあまり報道されなかった。地震発生当日は積雪が2～3m程あったために、避難も非常に大変だった。一方で、積雪のため土壌水分が少なく、地震の規模の割には地すべりが少なかった。

東北地方太平洋沖地震の発生から4日後の2011年3月15日の22時31分に、静岡県東部でM6.4の地震が発生した（図1）。最大震度は富士宮で6強であったほか、山梨県富士河口湖町などで震度5強を観測した。震源が比較的首都圏に近い地震であったため、特に都内の動揺が大きかった。震源が富士山のマグマだまりの直下で当初は富士山の噴火や東海地震との関連の可能性が指摘されたが、東海地震との直接の関係はないとされた（2011年3月16

日付，日本経済新聞）。

　東北地方太平洋沖地震から1ヶ月後の2011年4月11日には，福島県浜通りを震源とするM7.0の地震が発生した（図1）。震源の深さは約6kmで，福島県浜通り，同県中通り，茨城県南部で最大震度6弱を観測した。この地震の発震機構は東北東—西南西方向に張力軸を持つ正断層型で，図2のメカニズムとほぼ同じである。この原稿を執筆中の2017年9月現在においても，当地域で正断層型の地震は活発に発生している。震源断層の1つである井戸沢断層の西側トレースのトレンチ掘削調査では，ひとつ前の活動時期が12,500～17,000年前と求められ，869年の貞観地震の際に活動した痕跡は見出せなかった（堤・遠田，2012）。2011年4月の福島県浜通りの地震は，海溝型超巨大地震に誘発されて活動する内陸活断層が存在することを示す。

　2011年6月30日には長野県中部を震源とするM5.4の地震が発生した（図1）。この地域では東北地方太平洋沖地震の発生後から地震活動が活発化しており，東北地方太平洋沖地震によって誘発された可能性が高い。震源は牛伏寺断層と並走する赤木山断層のさらに西方であり，地表付近に活断層は指摘されていない場所であるが，地下では赤木山断層と（場合によっては牛伏寺断層とも）つながっている可能性がある。

（5）津　波

　東日本大震災では15,000人以上の犠牲者が出たが，その大半は津波であった。本震発生直後に岩手，宮城，福島各県の沿岸に大津波警報が出されたが，津波による犠牲者が最も多かったのは宮城県で，次いで岩手県，福島県の順番であった。岩手県～茨城県にかけての太平洋岸と，北海道の一部で3mを超える大津波を観測したほか，太平洋岸の広い範囲で1m以上の津波を観測した。

　日本気象協会（2011）によると，岩手県宮古市から福島県相馬市までの沿岸の津波高は約8～9mであったと推定されている。浸水高は実際に浸水した痕跡の調査などから三陸海岸で10～15m前後，仙台湾岸で8～9m前後と推定されている（日本気象協会，2011）。津波の遡上高は，三陸海岸では30m以上のところがあり，最大値は40mほどであった（東北地方太平洋沖地震津波合同

調査グループ，2011）。また，津波は河口部から河川を遡上し，例えば北上川では津波が河口から約50km上流の地点まで遡上した。宮城県の名取川では堤防を越えた津波が陸地を流れ，海岸から約6kmの地点まで遡上するなど大きな被害が出た。

　国外においてもアメリカ，中国，チリなど10ヶ国以上で津波警報が発令された。アメリカのハワイでは3.7mの津波が観測されたほか，アメリカのカリフォルニアやインドネシアでは津波による犠牲者が1人ずつ出た。

3　まとめ

　歴史的に見ても三陸沖ではこれまでにも大地震が繰り返し発生し，今後も再び発生するのは明白である。中でも，発生の確率が高いのが東北地方太平洋沖地震の余震ならびにアウターライズ地震である。東北地方太平洋沖地震と地震の規模や震源断層のタイプ（衝上断層）が似ているスマトラ沖地震（Mw9.1）は，2004年の本震から10年以上経過してもM8クラスの余震が発生している。したがって，本震の発生から6年が経過した東北地方太平洋沖地震においても，大きな余震の発生が終息したとは考えにくく今後も発生に備える必要がある。

　一般に，地震の最大余震は本震のMから1をひいた数値が目安で，かつ発生場所は本震発生時の変位量が小さい震源断層の両端部付近が多い。この条件を東北地方太平洋沖地震に当てはめると，想定される最大余震の規模はM8.0前後，発生場所は震源断層南端の場合は茨城沖，同北端の場合は岩手沖ということになる。これらのうち，茨城沖では東北地方太平洋沖地震の発生当日にM7.6の地震（2017年9月時点での最大余震）が発生しているが，この地震をもってM8クラスの余震としてひずみを開放しているかどうかについては判断がつかず，今後も発生も視野に入れた災害対策を行っていく必要がある。

　また，アウターライズ地震の発生にも長期間にわたる警戒が必要である。1933年に発生した昭和三陸地震（M8.1）は，1896年にプレート境界で発生した明治三陸地震（M8.2）のアウターライズ地震であるが，M8.2のプレート境界地震が発生して37年が経過してからほぼ同じ規模のM8.1のアウターライズ地震が発生している。この事は，M9クラスの地震である東北地方太平洋沖地

震の場合，昭和三陸地震よりもさらに規模の大きなアウターライズ地震が場合によっては37年の期間よりも長い間隔で発生する可能性を示唆している。

アウターライズ地震はプレート境界よりも外洋側で発生するため，地震の規模の割には陸地の震度が低い場合が多い。しかしながら，震源が浅いために津波の規模が大きくなる。東日本大震災からの時間の経過に伴う住民の防災意識の低下に伴い，津波警報が発令されても避難しない人が多いことは2016年の福島県沖を震源とするM7.4の地震で確認された（瀬戸・中村，2017）。既述のようにアウターライズ地震は陸地の震度が低めに出るために，仮に津波警報が発令されても揺れが小さいことを理由に避難しない住民が出ることも想定されることから，事前の防災教育が非常に重要になってくる。

　4つのプレートがひしめき合うことから地震や火山噴火が頻発し，また四季の明瞭な温暖湿潤気候で梅雨時や秋雨時に大雨が降ることが多く，さらには台風の通り道になりやすい日本は世界でも有数の災害大国であると言える。スマトラ沖地震の事例を見ても，東北地方太平洋沖地震の余震・誘発地震は最低10年以上続くと予想され，国難レベルと言われる首都直下型地震や東海地震も切迫していると考えられる。また，東北地方太平洋沖地震に誘発された内陸の活断層が直下型地震を発生させたり，火山噴火が誘発される可能性もある。過去の地震から学べることは大変多く，過去の事例をしっかりと頭に入れた上で「いつ地震が来てもおかしくない」という認識を持って普段から行動し，有事に備えていく必要がある。このような国に住む我々は，東日本大震災による被害を教訓としつつ災害と向き合いうまくつき合っていくことが，日本という国が持続的に発展していくうえで非常に重要であろう。

（中村洋介）

【謝辞】本稿の執筆にはJSPS科研費基盤研究(S)（研究課題番号25220403，研究代表者：山川充夫）の助成を受けた研究成果を使用しています。

【参考文献】
気象庁（2016a）「平成23年（2011年）東北地方太平洋沖地震」について（第79報），平成28年11月22日05時59分頃の福島県沖の地震。http://www.jma.go.jp/jma/press/1611/22b/kaisetsu201611221100.pdf．
気象庁（2016b）「津波情報：津波観測に関する情報」http://www.jma.go.jp/jp/tsuna

mi/observation_03_20161122125153.html。

宍倉正展・澤井祐紀・行谷佑一・岡村行信（2010）「平安の人々が見た巨大津波を再現する
　　——西暦869年貞観津波」『AFERC NEWS』No.16，2010年8月号，1-10。

瀬戸真之・中村洋介（2017）「2016年11月22日の福島県沖を震源とする地震による津波
　　の発生」『FURE研究報告』117-121。

堤　浩之・遠田晋次（2012）「2011年4月11日に発生した福島県浜通りの地震の地震断層と
　　活動履歴」『地質学雑誌』Vol.118（9），559-570。

日本気象協会（2011）「平成23年（2011年）東北地方太平洋沖地震津波の概要（第3報）」
　　https://www.jwa.or.jp/news/docs/tsunamigaiyou3.pdf。

日本経済新聞（2011）2011年3月16日付，日本経済新聞。

平川一臣（2012）「千島海溝・日本海溝の超巨大津波履歴とその意味：仮説的検討」『科学』
　　82（2），172-181。

福島民友（2016）2016年11月23日付，福島民友新聞。

Ⅱ 東北地方太平洋沖地震に起因する津波とその被害

1 はじめに

 「東日本大震災」とは2011年3月11日に発生した東北地方太平洋沖地震とこれに続いて連鎖的に発生した災害全体を指す。すなわち，地震動・津波・地盤の液状化や原子力発電所事故も含む。この災害により死者15882人，行方不明者2668人という大惨事となった。このうちの多くが津波による死者・行方不明者である。また津波により非常用電源を全て喪失した福島第一原子力発電所では水素爆発が発生し，広い範囲が放射性物質で汚染され現在も避難が継続している。そこで本稿では東日本大震災の中でも特に津波に注目して，津波とその被害について考察を試みたい。

2 東北地方太平洋沖地震により発生した津波

 津波の発生機構について，その詳細は別稿あるいは既出の論文に譲るとしてここでは概要を述べる。海底で地震が起きた場合，海底地形に変形が生じ，水塊を押し上げる。これが津波の始まりである。したがって津波の発生は地震の「揺れ」によるものではなく，地震による海底地形の変位がその原因である。また，地震による海底地すべりの発生が津波の原因となることも報告されている（小平・富士原，2012）。海底地形の変位によって発生した津波は海中・海上を伝播して陸地に到達する。この時，平時よりも海面が高くなるため陸地深くまで海水が侵入し，人的・物的被害を引き起こすのである。津波は水深が深いほど速く伝播し，水深が浅いほど高さを増すという性質を持っている（栗山，2011）。津波の伝搬速度は水深4000mで720km/h，水深500mで250km/h，水深100mで110km/h，水深10mで時速43km/h，水深1mでは34km/h程度である。他方，波高はそれぞれ1m，1.7m，2.5m，4.5m，8.0mと高くなる傾向がある。津波被害の大小は一般には地震発生から津波到達までの時間の長短と津波の波高とに依存すると考えられる。言い換えれば，避難できる時間が確保できるか，陸上のどこまで津波が到達するか，最

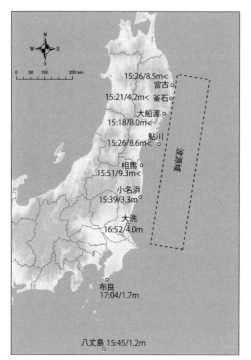

図1　東北地方太平洋沖地震により発生した津波の最大波高の観測時間と波源域

出所：気象庁（2011）より作成。

大浸水深はどれくらいかによって津波被害の大小は大きく変わる。ここで上に述べた津波のもつ性質，「水深が深いほど伝搬速度が速く，水深が浅いほど波高が高い」ということを考えると津波被害の大小は波源の位置と被災地との距離および伝播経路にある海底の起伏（＝海底地形）に大きな影響を受けることが分かる。東北地方太平洋沖地震のようなプレート境界型地震の場合，海底地形の変位は広範囲に及ぶ。したがって津波の発生源である「波源域」も同様に広範囲となる。東北地方太平洋沖地震の波源域は岩手県から茨城県の沖合までのおよそ550 kmと考えられている（気象庁，2011；図1）。

　東北地方太平洋沖地震はこのように波源域が長大であるため，東北日本太平洋沿岸に大きな被害をもたらした。図1に示されているのは最大波高の到達時間と最大波高である。第一波の到達時間と波高ではないことに注意が必要である。東北地方太平洋沖地震の発生時刻は14時46分である。図1をみると最大波が到達した時間が最も早かった地域は宮古，釜石，大船渡，鮎川であり15時18分（大船渡）〜15時26分（宮古・鮎川）に最大波を観測している。続いて相馬，小名浜，大洗，八丈島に最大波が到達し，その観測時間は15時39分（小名浜）〜15時52分（大洗）であった。布良では17時4分に最大波を観測し，他の地点よりも最大波の到達時間が遅い。布良と八丈島について

みると波源域からの距離は布良の方が近いものの，最大波の到達時間は八丈島の方が速い。これは布良が地形上は波源域の影になることや，波源域から八丈島近海まで水深が浅い区間がないことに起因すると考えられる。また，宮古，釜石，大船渡，鮎川に最大波が早く到達した理由は波源域と陸域との距離が近いためと思われる。もっとミクロな視点でみると津

表1　海外の波高2m以上の観測値

観測地点	国名	津波高（m）
クレセントシティ	アメリカ	2.47
アリカ	チリ	2.45
コキンボ	チリ	2.42
サンタクルーズ島	エクアドル	2.26
カルデラ	チリ	2.14
タルカワノ	チリ	2.09
ポートオーフォード	アメリカ	2.02
ポートサントルイス	アメリカ	2.00
カフルイ	アメリカ	2.00

出所：気象庁（2011）より作成。

波の速さは海岸線の凹凸からも強い影響を受け，この影響がもっとも顕著にみられたのは岩手県の三陸海岸である。リアス式海岸である三陸海岸は海岸線が入りくんでおり，さらに湾口の向きもさまざまである。このため，三陸海岸では津波被害にも地域差がみられた。

　図1の最大波高をみると相馬の9.3m以上から八丈島の1.2mまでの間である。実際には例えば三陸海岸では30mという記録や福島県沿岸部での14mなどの記録が残されている。全ての記録を詳細に調査する必要があるが，岩手県（三陸海岸）と宮城県，福島県で波高が高い傾向があり，これらの地域よりも南では相対的に波高が低かったのではないかと思われる。このような波高の地域差は上に述べた津波の発生機構や津波の持つ性質（水深が深いほど速く，水深が浅いほど波高が高い）により生じている。いずれにしても多くの地点で津波が防潮堤を乗り越え，あるいは破壊し海水が陸域に高速で進入した。このことが東日本大震災で津波により大きな被害を受けた原因である。

　東北地方太平洋沖地震では海外でも高い波高の津波を観測した。太平洋沿岸で大きな海底地震が起きた場合，沿岸全体に津波が到達することは例えば1960年のチリ地震でよく知られている。この津波は太平洋沿岸全域に到達し，日本にも被害をもたらした。東北地方太平洋沖地震で最大波高2m以上を観測した国外の観測地点を表1に示す。表1に示したほかにも太平洋沿岸各国で

表2　東北地方太平洋沖地震における津波情報と

	2011年3月11日						
	14:49	15:14	15:30	16:08	18:47	21:35	22:53
岩手県	3m	6m	10m<	10m<	10m<	10m<	10m<
宮城県	6m	10m<	10m<	10m<	10m<	10m<	10m<
福島県	3m	6m	10m<	10m<	10m<	10m<	10m<

大津波警報
津波警報
津波注意報
解除

出所：気象庁（2011）より作成。

　東北地方太平洋沖地震による津波が観測されている。表1はその中でも波高の高い（2m 以上）地点を示している。海外で最も高い津波が観測されたのはアメリカのクレセントシティで 2.47m である。この他、海外で 2m 以上の値を観測した地点はいずれも日本とは太平洋を挟んだ反対側の地域に位置する。水深が深いほど速く伝播するという性質を反映し、遠方まで津波が到達することをよく示している。こうした津波の性質をみると海底地震による「揺れ」は沿岸地域にのみ被害をもたらすのに対し、津波はかなり広範囲に被害をもたらす危険があることがわかる。

　さて、日本では地震発生当時、津波に関するどのような情報が出されていたのだろうか。表2に当時気象庁が発表した津波に関する情報をまとめた。なお、表2においては東日本大震災で津波被害が特に大きかった岩手県、宮城県、福島県を取りあげている。

　表2をみると14時46分の地震発生から3分後に岩手、宮城、福島の各県には大津波警報が出されている。警報発出時の予想津波高さは3〜6m であり、実際とは乖離した値であった。15時14分になると津波の第一波が到達するなどして情報が集まり、宮城県の予想最大高さは 10m 以上に、岩手県と福島県では 6m にそれぞれ引き上げられている。この後、15時30分になると岩手、宮城、福島の3県全てで 10m 以上との予想が出された。大津波警報は翌12日の3時20分まで継続し、13時50分に大津波警報から津波警報へ、20時20分に津波警報から津波注意報へ切り替えられている。12日の13時50

予想高さ

	12日			13日
3:20	13:50	20:20		7:30
10m<	発表なし	発表なし		発表なし
10m<	発表なし	発表なし		発表なし
10m<	発表なし	発表なし		発表なし

分以降，津波高さの予想がされていない理由は津波の減衰にともない波高の予想を取りやめたためである（気象庁，2011）。地震発生から2日目の13日7時30分に津波注意報が解除された。

　さて，表2をよくみると，地震発生時の津波予想高さが当初3〜6mであったのにも関わらず，突然10m以上に引き上げられている。また，大津波警報の解除と同時に10m以上という予想津波高さがなくなり，津波警報へ切り替わっている。このことは津波の波高や到達時間を予想することがいかに難しいかを端的に示している。すなわち，当初の予想よりもはるかに大きな津波が来襲したため，急遽予想津波高さを大幅に高くし，津波が減衰したと判断した時に大津波警報を津波警報に切り替えている。安全寄りに判断し，警報，注意報を出し，津波の高さを予想した結果であろう。また当時は余震も続いており，余震による津波を警戒していたことも表2のような情報を気象庁が発出した理由の一つであると考えられる。

3　太平洋沿岸における津波の伝播

　東北地方太平洋沖地震に起因する津波について図1に示した。しかしながら，この時の津波は規模が大きいため波高や時間が精密にわからない部分がある。そこで，本稿では2016年11月12日に福島県沖で発生した東北地方太平洋沖地震の余震とみられる地震で発生した津波を例に若干の考察を試みる。

　2016年11月22日5時59分に発生した地震の規模はM7.4で福島県沖を震源とし，その後もほぼ同じ範囲で余震が続いた。ここでは次頁表3にこの地震による津波の高さとその観測時間を示す。

　観測地点は北から順に，横軸は時間経過の順に表記した。横軸について時間経過の順に示してあるだけで，時間の経過を均等に表示してあるわけではないことに注意して欲しい。それでも震源に近い地点から遠い地点に向かって順

表3　津波の到達時間と

	6:49	7:03	7:04	7:06	7:08	7:13	7:15	7:19	7:20
久慈港									
宮古								0.3	
釜石							0.2		
大船渡					0.3				0.3+
石巻市鮎川			0.3						
仙台港									
相馬				0.9					
いわき市小名浜	0.6								
大洗					0.5				
神栖市鹿島港									
勝浦市興津		0.3							
館山市布良						0.3			
八丈島八重根									

出所：瀬戸・中村（2017）。

に津波が到達したことが分かる。この傾向は6時49分のいわき市小名浜で観測した波高0.6mを最初として7時37分の久慈港で観測された波高0.8mの津波までは明瞭である。しかしながら，2016年の津波で最大波高を記録した仙台港での記録をみると7時25分に0.8m，8時3分に1.4m＋の波高となっている。5時59分の地震により発生した津波は例えば大船渡には7時8分，最北の久慈港には7時37分に到達している。5時59分に起きた地震の震源との位置関係から考えて，仙台港で8時3分に記録された波高1.4m＋の津波が5時59分の地震に起因するとは考えにくい。したがって表1にまとめた津波は全てが同じ地震に起因するものではなく，5時59分以降に発生した地震による津波も含まれている可能性が高い。特に7時25分に仙台港で観測した波高0.8mの津波以降観測された宮古，釜石，石巻市鮎川，神栖市鹿島港，館山市布良，八丈島八重根の津波は5時59分の地震に起因する津波の第二波，第三波なのか，別の地震によるものかの判別がつきにくい。この時間帯には図3で示した震源域で活発に地震が起きており，その中の地震に起因した津波であることが十分に考えられる。他方，仙台港で8時3分に観測された

波高（単位：m）

7:22	7:25	7:37	7:54	7:56	8:03	8:09	8:11	8:58	9:03	9:06	9:45
	0.8										
						0.4+					
							0.2				
			0.4+								
						0.8					
	0.8			1.4+							
									0.3		
		0.8+						0.3			
0.3										0.3	

波高 1.4m＋の津波が相馬やいわき市小名浜では全く観測されていない。この理由については現時点で議論する材料を持たないので，本稿ではこの事実の指摘のみにとどめる。

　波高について，仙台を除く全ての津波観測点で 0.3m から 0.9m と 1m 以下であった。他方，仙台では 8 時 3 分に波高 1.4m の津波を観測しており，この高さは今回の津波の中では突出して高い。津波の波高は震源からの距離のほか，湾口の平面形・向きや海底の凹凸など陸域・海域双方の地形に左右される。ただし，仙台の場合は同じ時間帯に相馬や小名浜で津波そのものが観測されておらず，一概に地形が関係して波高が高くなったとは考えにくい。ただし，仙台の西に位置する鮎川では 8 時 11 分に波高 0.8m の津波を観測しており，この津波と 8 時 3 分に仙台で観測された津波が同じもの（同じ地震に由来するもの）ならば，鮎川と仙台との 0.6m の波高の違いは地形による影響があったことも考えられる。

　もう一つ事例を挙げて検討したい。2016 年 3 月 22 日早朝に地震が発生し，津波が陸地に来襲した。筆者は当日午後に相馬港を中心とする地域において

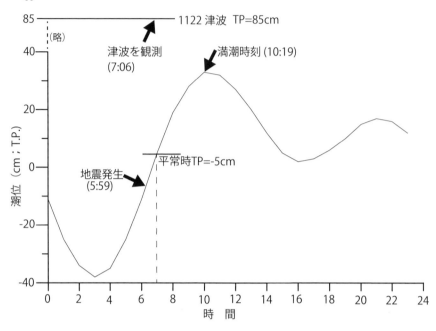

図2　相馬港の潮位変化
出所：瀬戸・中村（2017）。

　津波の痕跡を調査した。相馬では7時6分に波高0.9mを記録した（前頁表3）。津波による被害を考える際には潮汐を考慮し，陸上の高さを表す標高との関係を明確にする必要がある。標高は東京湾平均海面（TP）を0として日本水準原点をもとに決められている。他方，気象庁が発表する潮汐表は観測基準面を0として潮位を表している。したがって，海面変化（津波）による陸上への影響を考える際には潮汐表の観測基準面を東京湾平均海面に補正し，地上の高さを表す標高と同じ基準で高さを示さなければならない。気象庁（2016）によると相馬の観測基準面は東京湾平均海面 +0.88mである。この値を補正して得た潮汐の値を図2に示す。

　図2から分かるように5時59分の津波発生時は10時19分の満潮時刻に向けて潮位が上昇している途中であった。図2は高さの基準を東京湾平均海面（TP）に補正してあるので縦軸の潮位はほぼそのまま「標高」として読むことが

できる。津波を観測した7時6分は津波のない平常時であれば海面は標高−0.05m にあるはずであった。ここに波高 0.9m の津波が来襲し，海面高さは標高 0.85m まで上昇した。このように津波は相馬に到達したが，標高に換算して 0.85m という高さであったため，津波が防潮堤を越えることもなく，また港湾施設への影響もなかった。

波高 0.9m の津波は海面を標高 0.85m まで押し上げた（図2）。この時の津波では幸いにして人的被害はなかったものの，防潮堤外，例えば海水浴場などに人が大勢いるときに同様の津波が海岸に到達したらどうなるであろうか。今回と同じように波高 0.9m の津波が押し寄せ，標高 0.85m まで水位が上昇したら人的被害がでることはほぼ確実であろう。

全国的に見ても今回の津波で人的被害が出ることはなかったものの，津波の発生・到達時間や時期（季節的なものも含む）によっては大きな被害がでても全く不思議はなかったと考えられる。津波の危険性は 2011 年の東日本大震災で多くの人が認識することとなったが，たとえ波高が 1m に満たなくても，時と場合によっては十分に人命の脅威となり得るのである。

以上，2016 年 11 月 22 日の津波を例に津波発生とその伝播状況を考察した。津波の伝播状況は図2に示すように複雑であった。図1で示した東北地方太平洋沖地震の例では前述したような傾向を読み取ることができるが，実際にはかなり複雑な伝播をしたのではないだろうか。津波の最大波高が 10m を超えるような超大型の津波ではさまざまな証拠が流されてしまうことや，精密な観測が難しい。このことから，フィールド調査に基づく津波伝播の研究においては 2016 年の例のような比較的小さな津波の事例を用いて解析する方が良さそうである。

4　津波による被害

津波による被害は①直接被害（人的被害，物的被害）と②間接被害の2つに大別することができる。直接被害とは津波が陸上に侵入することによって生じる被害で，人的被害と物的被害とに分けられる。人的被害とは津波により人間が水中に投げ出され，ケガをしたり亡くなったりすることである。物的被害とは津波により動産，不動産を問わず，人間の財産がダメージを被ることであ

写真1　津波に流された集落

る。三陸海岸ではこの直接被害により大きな直接被害がでた。次頁写真1に岩手県山田町の例を示す。

　写真1は岩手県山田町田の浜集落をUAVで空撮し、作成したオルソ画像である。写真左が海であり、屋根は漁業関連施設である。写真中央の部分が津波によって流された集落の跡地で、ここでは火災も発生した。写真右端は「新宅地」と呼ばれる場所で繰り返し来襲する津波から逃れるために造成された古い人工平坦面である。本来は新宅地に住居をおき、今回被災した写真中央部は人が住む場所ではなかった。しかしながら、前回の地震から東日本大震

災の間までに再び集落が立地し，今回被災したのである．

　間接被害とは直接被害によって生じた事柄が原因で起こる被害である．例えば津波により取引先を失うことによって生じる被害，津波によって住む家を失い長期避難を余儀なくされる被害等があろう．間接被害とはいえ軽視することは決してできず，避難生活中に亡くなったいわゆる震災関連死など極めて重大な被害を引き起こすことも多々ある．

　福島第一原子力発電所の水素爆発も間接被害に当たるのではないかと思われる．福島第一原子力発電所の場合，津波による直接被害としては停電と非常用電源の喪失であり，これらをトリガーとした水素爆発と広範囲の放射能汚染は間接被害であると言える．

　時系列では直接被害が先に起こり，その後時間をかけて間接被害が徐々に現れる．空間的には直接被害は狭い範囲で起こり，間接被害は直接被害のそれに対して広い範囲に影響を及ぼす．福島第一原子力発電所事故のように間接被害が放射能汚染にまで進むと被害の時間的空間的範囲が一気に拡大する．また，被害を受ける時間が長くなれば長くなるほど，多くの被害が累積する．すなわち，最初の被害を克服しないうちに次の被害を受けてしまうことになる．このことは東日本大震災で我々は十分に経験済みであるし，今もまだ継続している事象である．

5　津波による被害をなくすために

　本稿では津波の発生機構や伝播についていくつかの事例を挙げて検証と考察とを試みた．また，津波被害については時空間系列での整理を行った．冒頭で述べたように東日本大震災の中で最も大きな被害をもたらしたのは（直接的には）津波災害である．今後津波から集落を防御する，あるいは被害を軽減するにはどうすれば良いか，東日本大震災は大きな議論を起こしている．例えば防潮堤の建設と景観保全とのせめぎ合いである．すなわち，堅固で高い防潮堤を築けば津波に対しては間違いなく強いであろう．しかし一方で,「海の景観」というその土地が持つ財産を捨てることになる．また，高い防潮堤を築くということは津波来襲時に海の様子が陸から見えないという危険性も持っている．この問題について，ある地域では住民主導で景観を優先して防潮堤の

建設を取りやめたところもある。またある地域では景観を犠牲にしてでも防潮堤を建設するという選択をしている。多数派は後者のように思える。また，今回津波で被災した場所に再び集落を戻すのか（帰るのか）という問題も起きている。津波で被災した場所は低平地であり，農業や商業に便利であり，海へのアクセスが良いことから漁業にも適した土地である。しかし反面，津波来襲時には非常に危険な土地である。岩手県山田町田の浜集落でみたように一度は高台に集落移転しても時間が経つにつれ，次第に低平地に経済的利便性を求めて集落が立地する。

　数十年から数百年，場合によっては千年という津波の来襲間隔と一日一日の生活とでは時間スケールが大きく異なる。しかしながら，津波への安全性をとるか，経済的利便性をとるかという選択は残る。津波被害を軽減するためにどうすれば良いか，という課題の解決はそのほとんどが専門家ではなく，津波被災地で暮らしてきた人々の判断にかかっているのである。

（瀬戸真之）

【謝辞】本稿の執筆にはJSPS科研費基盤研究(S)（研究課題番号25220403，研究代表者：山川充夫）の助成を受けた研究成果を使用しています。

【参考文献】
気象庁（2011）「災害時地震・津波速報　平成23年（2011年）東北地方太平洋沖地震」http://www.jma.go.jp/jma/kishou/books/saigaiji/saigaiji_201101/saigaiji_201101_01.pdf（2017年12月10日閲覧）。
気象庁（2016）「潮位表　相馬（SOMA）」http://www.data.jma.go.jp/kaiyou/db/tide/suisan/suisan.php?stn=ZM&ys=2016&ms=11&ds=08&ye=2016&me=11&de=22&S_HILO=on&LV=DL#hilo（2016年12月23日閲覧）。
栗山善昭（2011）「津波の発生メカニズムと被害日本大震災の津波被害について」
　講演資料：http://www.pari.go.jp/files/items/3459/File/20110824.pdf
小平秀一・富士原敏也（2012）「海底地形調査より明らかにされた2011年東北地方太平洋沖地震に伴う地形変動」『地震予知連絡会会報』87，566-569.
瀬戸真之・中村洋介（2017）「2016年11月22日の福島県沖を震源とする地震による津波の発生」『FURE研究報告』117-121.

III 福島第一原発事故と放射能汚染

1 はじめに

　これまで経験してきた災害と東日本大震災との最大の相違点は東日本大震災が原発事故をともなう原子力災害であった点にある。東京電力福島第一原子力発電所（以下，福島第一原発）の事故により放出された放射性物質は福島県をはじめ東日本に広く降下し，住民の健康への影響が心配されるだけでなく，農林水産物の汚染と風評被害，高線量による居住や立ち入りの制限，避難や補償をめぐる家族やコミュニティの分断など，多くの問題を引き起こし現在でもなお復興の大きな妨げとなっている。東日本大震災の被害は直接的な一次被害，それに続く二次被害，三次，四次，…と続くが，ここでは福島第一原発事故による一次的な被害，すなわち放射能汚染とその直接的な影響について述べる。

2 福島第一原発事故

　まず福島第一原発事故の経緯を簡単に振り返っておこう。というのも，事故から数年が経過し，事故そのものの記憶が薄れつつあると同時に，当時のことを詳しくは知らない若い世代も増えてきたと感じるからだ。
　2011年3月11日14時46分，三陸沖を震源とするマグニチュード9.0の巨大地震，東北地方太平洋沖地震が発生した。福島第一原発が立地する福島県双葉郡大熊町では震度6強が観測された。地震発生時，福島第一原発の6機の原子炉のうち1〜3号機が稼働中で，地震の発生とともに自動停止した。4〜6号機は停止中であったが，4号機の燃料プールでは使用済み燃料が冷却中であった。まず地震により，制御や冷却に必要な電力を原発に供給する高圧線の鉄塔が倒壊し，外部電源を失った。このため非常用ディーゼル発電機が起動したが，地震のおよそ50分後に福島第一原発を巨大津波が襲い，海岸近くに設置されていた非常用ディーゼル発電機は海水に浸かり機能停止，福島第一原発は全電源を喪失した。核燃料は運転停止後も膨大な崩壊熱を発す

るため，注水し続けなければ原子炉内が空焚きとなり，核燃料が自らの熱で溶け出しメルトダウンを起こす。そのため，消防・自衛隊まで動員しての必死の注水作業が続けられたが，その頃すでに1・2・3号機ともにメルトダウンによって燃料が融け落ち，圧力容器を損傷していた。

メルトダウンの影響で，原子炉内では水素ガスが大量に発生し，建屋内に充満した。停止中の4号機建屋内にも配管で繋がった3号機から水素ガスが流入した。この結果，3月12日に1号機で爆発音が発生したのを皮切りに3月14日から16日には3号機，2号機，4号機と相次いで爆発や火災が発生し，放射性物質が大量に放出される事態となった。また，格納容器内の圧力を下げるための排気操作や配管等の破損による蒸気漏れなどによっても放射性物質が放出された。このとき放出された放射性物質の量は機関や試算方法により異なるが，放射性希ガスが500〜2000 PBq（単位 PBq = 10^{15}Bq），放射性ヨウ素が120〜500 PBq，放射性セシウムが6〜30 PBqと推定される。

放射性物質の大気への放出とともに，放射能を含む汚染水の海洋への流出も発生した。核燃料の冷却のため格納容器内に注水する必要があったが，破損した格納容器からは高濃度の汚染水が建屋内に漏洩し，一部は海に流出した。また，震災により破損した原子炉建屋には1日に約300トンの地下水が流入し，これも汚染水となっている。

3　放射性物質による汚染と住民の避難

1号機建屋での爆発と放射能漏れにより，当初福島第一原発から3km圏内だった避難指示が3月12日には20km圏内に拡大され，住民の緊急避難が開始された。また，3月15日には20〜30km圏に屋内退避指示が出された。その後の航空機モニタリング調査等により，原発から北西方向に30km圏を超えて高濃度汚染地域が広がっていることが判明し，計画的非難区域に指定され，全住民が避難した。また，20km圏内は警戒区域に指定され，避難指示だけでなく立ち入りも禁止された（次頁図1）。

次々頁図2は文部科学省航空機モニタリング調査による放射性セシウムの沈着状況である。放射性セシウム汚染は汚染源から同心円状に広がっているわけではなく，福島第一原発から北西方向にもっとも高濃度で沈着しており，福

第1章　東北地方太平洋沖地震と原子力災害　51

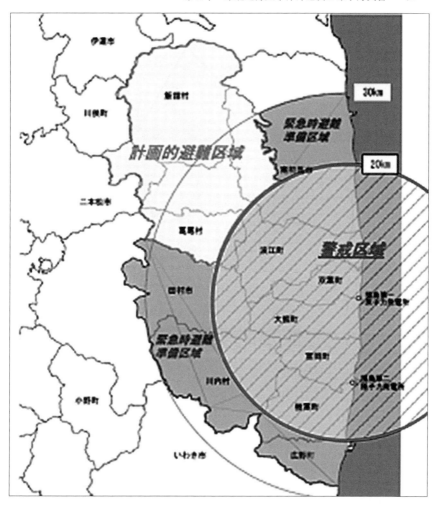

図1　避難区域の状況（2011年4月22日時点）

出所：福島県ホームページ http://www.pref.fukushima.lg.jp/site/portal/cat01-more.html。

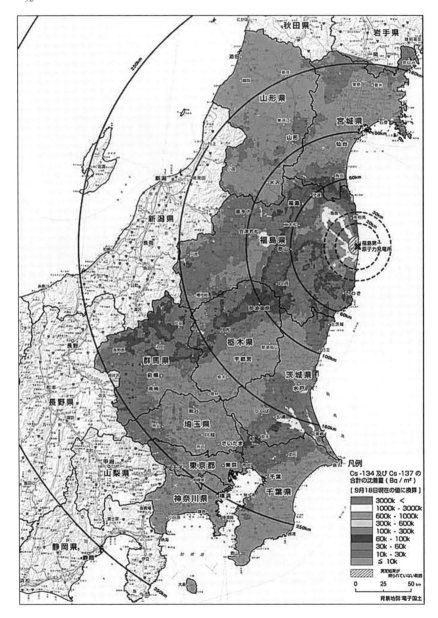

図2　放射性セシウムの沈着量分布

出所：文部科学省。

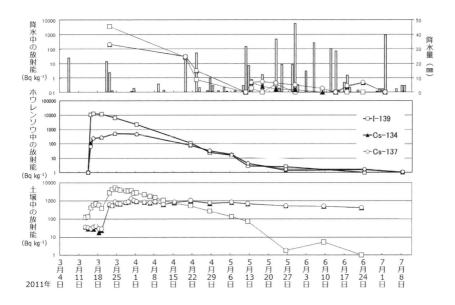

図3　つくば市で観測された降水量および降水，ホウレンソウ，および土壌中のヨウ素131，セシウム134および137濃度

出所：Ohse et.al., 2015.

島県北部から中通り地方を南下するように比較的汚染濃度の高い地域が広がり，栃木県北部から群馬県北部にまで続いている。また，福島第一原発から南方向では汚染濃度が比較的低いものの，茨城県南部から千葉県北部にかけて比較的汚染濃度の高いホットスポットと呼ばれる地域も存在する。このような放射性セシウムの分布は，放射性物質が大気中を移送されてきたときの天候が大きく影響している。

　ホットスポットとなった茨城県つくば市において原発事故直後から降水，畑の野菜（ホウレンソウ）および土壌の放射能を測定した結果を図3に示す。福島第一原発から約170km離れたつくば市に放射性プルーム（放射性物質を含んだ大気塊）が最初に到達したのは3月15日であった。この時つくば市では一時的に空間線量率が増加するものの，放射性プルームが通過した後には再び低下した（佐波ら，2011）。ホウレンソウの放射性ヨウ素（ヨウ素131）濃度はこの

時点で大幅に増加しており，主に大気からの乾性沈着によって汚染されたことがわかる。ところが，土壌の放射性セシウム濃度（セシウム134および137）はこの時点ではさほど増加していない。次に放射性プルームが通過したのは3月23日頃であったが，この時茨城県南部では原発事故後初めてまとまった雨が降っていた。この降水には非常に高い濃度の放射性ヨウ素と放射性セシウムが含まれていた。土壌の放射性セシウム濃度はこの降水後に大幅に上昇し，その後は高い濃度のまま推移した。空間線量率も増加し，放射性プルームの通過後もあまり低下しなかった。このことから，土壌への放射性セシウムの沈着は降水による湿性沈着が主であったことが判る。前述の東日本における放射性セシウム沈着量の分布も降水の有無が影響している。大気シミュレーションでは，放射性プルームはその時の風向によって福島第一原発からほぼすべての方向に移送されたと推測されているが，その時に雨や雪が降っていたかどうかによって放射性セシウムの沈着量に差異が生じたものと考えられる。

4　放射性物質による農林水産物の汚染

　福島第一原発事故直後から福島県や周辺各県において農産物から高い濃度の放射性ヨウ素などが検出され，食品等について含まれる放射性物質の暫定規制値が設けられた。この暫定規制値では，一般的な食品について放射性ヨウ素では2,000Bq/kg，放射性セシウムでは500Bq/kgが上限とされたが，福島県にとどまらず周辺各県においても葉物野菜を中心にこの値を上回るものが数多く検出され出荷停止の措置が取られた。

　事故直後の葉物野菜の規制値超過は主に放射性ヨウ素の付着によるものであったが，ヨウ素131は半減期が8日と比較的短く，事故から数ヶ月でほとんど検出されなくなり出荷停止は徐々に解除された。しかし，放射性セシウムのうちセシウム134の半減期は2年，セシウム137の半減期は30年であり，その後の農林水産物汚染と放射線被ばくの主体となった。

　付着による汚染の次に問題となったのが，葉面や樹皮などの表面に大気から直接沈着した放射性セシウムが，転流と呼ばれる植物体内での移動によって果実などの可食部に入り，比較的高い濃度が検出される事態であった。大気中の放射性セシウム濃度は事故の翌月以降急速に低下し，大気からの直接

吸着の影響はほとんどなくなった。しかしながら，一部の果樹などでは事故直後に吸着したものが樹体内に残っており，果実から検出される場合があった。果樹農家で樹皮の高圧洗浄や，植え替えなどの対応をとったことで，翌年以降は転流による影響は大幅に軽減した。

　土壌に沈着した放射性セシウムは経根吸収によって作物へ移行するが，その移行割合は一般的には低いことが知られていた。放射性セシウムが土壌から作物の可食部へどの程度移行するかを示す指標として，次式で示される移行係数[(1)]が用いられる。

　移行係数は，土壌中の放射性セシウム濃度に対する作物中の放射性セシウム濃度の比を表す値であり，作物ごとに計算される。移行係数に土壌中の放射性セシウム濃度を掛けることによっておおよその作物中放射性セシウム濃度を求めることができる。しかしながら，土壌から作物への放射性セシウムの移行は土壌中の養分状態や放射性セシウムの存在形態に強く影響されるため，移行係数は一般に1桁から2桁の幅をもつ。白米の移行係数は0.00021～0.012と報告されており（Tsukadaら，2002），これに基づいて2011年のイネの作付け基準が決められ，土壌の放射性セシウム濃度が5,000Bq/kg以下であれば作付けが許可された。計算上では土壌中の放射性セシウム濃度が5,000Bq/kgであったとしても，白米中の濃度は最大でも60Bq/kg程度ということになるはずであった。その年の9月には事前の抜き取り検査結果などから福島県産米の安全宣言もだされた。ところが，実際に2011年秋に収穫された玄米を検査したところ，福島県内の複数個所で生産された米から暫定規制値を超える放射性セシウムが検出され，新聞などでも大きく報道され，福島県産食品の信用を大きく損なう結果となってしまった。

　その後の調査研究から，放射性セシウム濃度が高かった米が生産された圃場では土壌中のカリウム濃度が低かったこと，カリウム肥料を充分に施肥することによって放射性セシウムの吸収を抑制できることが解り，低減対策としてカリウム肥料の施肥と放射性セシウム吸着資材の投入が行われた。また，土壌中の放射性セシウムが粘土鉱物の一種である層状ケイ酸塩鉱物に特異的に

---

(1) 作物中のセシウム-137濃度（Bq/kg）／土壌中のセシウム-137濃度（Bq/kg）。

強く固定されて農作物への移行性が大きく低下したこともあり，翌年には新たに安全基準として制定された100Bq/kgを超過する米はほとんど無くなった。また，福島県では2011年産米の規制値越えを受けて翌年から全量全袋検査を実施し出荷されるすべての米を検査しているが，5年経過時点でほぼすべて不検出となっている。野菜，果樹などのその他の農作物についても，5年経過時点で放射性セシウムほとんど検出されない。

　放射能汚染の林産物への影響はさらに深刻だった。福島県は面積の7割が山林であり，もともと「山の恵み」が積極的に活用されていた。しかし福島第一原発事故によって，山菜，キノコ，野生鳥獣の多くから高い濃度の放射性セシウムが検出され，出荷停止や接種制限の措置が取られた。特にキノコ類は放射性セシウムを集積する性質があり，高い濃度になりやすい。福島県はシイタケ栽培用原木の一大産地であり全国に原木を出荷していたが，汚染された原木で栽培されたキノコ類はやはり高い濃度の放射性セシウムを含有することから原木の生産も出荷も停止しており，山林の荒廃を招いている。

　放射性物質による汚染は水産物にもおよび，事故の年には多くの魚類から高い濃度の放射性セシウムが検出されて出荷停止となった。海産物についてはその生理的特性から放射性セシウムの排出速度が早く，5年経過時点ではほとんどの魚介類から放射性セシウムは検出されなくなった。しかし，淡水魚類では放射性セシウムの排出速度が遅く，5年経過時点でも一部の魚類では比較的高い濃度が継続的に検出されている。

（大瀬健嗣）

【謝辞】本稿の執筆にはJSPS科研費基盤研究(S)（研究課題番号25220403，研究代表者：山川充夫）の助成を受けた研究成果を使用しています。

【参考文献】

ICRP (1996) "Age-dependent Doses to Members of the Public from Intake of Radionuclides" ICRP Publication 72.

大瀬健嗣・木方展治・栗島克明・井上恒久・谷山一郎 (2011)「つくば市における福島原発事故直後の放射性核種の推移」『日本土壌肥料学会つくば大会講演要旨集』。

Kenji Ohse, Nobuharu Kihou, Katsuaki Kurishima, Tsunehisa Inoue, and Ichiro Taniyama (2015) "Changes in the concentration of 131I, 134Cs and 137Cs in leafy vegetables, soil, and precipitation in Tsukuba City, Ibaraki, Japan, during four months after the Fukushima Daiichi Nuclear Power Plant accident" Soil Science and Plant Nutrition. 61. 225-229.

佐波俊哉・佐々木慎一・飯島和彦・岸本祐二・齋藤 究（2011）「茨城県つくば市における福島第一原子力発電所の事故由来の線量率とガンマ線スペクトルの経時変化」『日本原子力学会和文論文誌』10，163-169。

消費者庁（2012）『食品と放射能Q&A』。

Hirofumi Tsukada, Hidenao Hasegawa, Shun'ichi Hisamatsu, Shin'ichi Yamasaki (2002)"Transfer of 137Cs and stable Cs from paddy soil to polished rice in Aomori, Japan" Journal of Environmental Radioactivity. 59 pp351-363.

農林水産省（2011）『農地土壌中の放射性セシウムの野菜類及び果実類への移行の程度』。

農林水産省（2013）『放射性セシウム濃度の高い米が発生する要因とその対策について』。

第2章　被災地の人々とその生活

I　原発被災地における避難所での自治再生の取り組みと避難所の役割

1　東日本大震災における「ふくしま」の状況

　東日本大震災は，被害が甚大であった地域だけ見ても岩手県，宮城県，福島県の3県にまたがるという広域的で，かつ，地震，津波に加え原子力災害を含む複合型であり，避難者総数もおよそ50万人という，これまでわが国が経験したことのない巨大災害である。とりわけ，原子力災害にみまわれた福島県においては，厳しい状況が続いていると言わざるを得ない。例えば，震災関連死は岩手県，宮城県が震災関連死の割合が1割に満たないのに対し，福島県の場合は直接死を越えており，生活の再建についても未だ先が見えない不透明さを抱えている避難住民も少なくない。また，原子力災害によって強制的に避難させられた地域においては，地域コミュニティの維持ができずバラバラで避難せざるを得なかったために，住民同士が結ばれることで築いてきた，いわば地域社会の基礎をなすコミュニティの仕組みを喪失したままという状況も生んでいる。
　これらのコミュニティ機能の喪失や広域的な避難などの事象は，今後わが国において予測されている首都直下地震や，東海・東南海・南海地震等，広域的でその被害の甚大さが想定されている災害についても起こってくるものと考えられる。実際，首都直下型地震が発生すれば，避難者数は最大で約700万人，そのうち避難所生活者は約460万人と想定されており，残りの240万人

の1部は県外避難者となる可能性がある，と指摘する声もある[1]。

　東日本大震災当時，筆者は富岡町，川内村の住民が，発災時から約5ヶ月強過ごした福島県郡山市に位置し，2,500人以上が避難していたいわゆる大規模避難所である，ビッグパレットふくしま避難所の運営に4月11日から，福島県庁の職員として携わっていた。当時のビッグパレットふくしま避難所における被災者の抱えていた状況は，感染症も発生し「人が死ぬかもしれない」というところまで追い込まれていた。被災者の表情も乏しく，希望を失いすべての意欲を喪失しているかのように見えた。しかし，それ以前に，筆者が運営支援を行っていた福島県相馬市のある小学校に設けられた150人規模の避難所では，被災者の誰もがといっても過言ではないぐらいに，自らにつながる誰かの命を失っていた。そうした状況下にもかかわらず，時折，笑顔などもみられるなど，比較的表情も豊かに感じられたのはなぜなのか。その背景として，避難を強制された地区でなく，地域におけるコミュニティが完全に崩壊せずにその役割を一定保っていたことに着目をしたい。住民同士のつながりが，それぞれの心の崩れを防ぎ，非日常の空間である避難所の中にあっても，役割分担がなされ，比較的規律的な生活を行うことができていた。それまでの地域内における住民自治の基盤が避難所の中でも作用したのではないか。発災後の初動期におけるケアが，その後の被災者の自立に大きく関わってくると考えられるが，こうした時期にどのような手だてが，被災者自身の自立に向けた動きを加速していくことができるのか。また，そうした問題を抱えた避難所における生活支援の拠点はどのような役割が期待されるのか。

　本論では，筆者が関わった具体的な避難所における取り組みをとおして，初動期の支援をする際にどういった視点が大事になるのかについて明らかにするとともに，避難所における運営の視点で重視された事項についても考察していくことで，今後予測される災害時に設置される避難所についてどういう視点をもって運営にあたればよいか提起をしていきたい。

---

(1)　関西学院大学災害復興制度研究所『震災難民——原発棄民1923-2011』関西学院大学出版会出版サービス，2012年，53頁。

2 避難所の実態と運営の視点

（1）福島県ビッグパレットふくしま避難所に避難するまでの状況

　筆者は，当時在籍していた福島県庁の職員として2011年4月11日よりビッグパレットふくしま避難所に閉所を迎える8月31日までの169日間にわたり，その運営支援にあたった。

　東日本震災時，福島県郡山市にあるビッグパレットふくしまは，震度6弱の地震にみまわれ，建物も土台がゆがみ，天井板がところどころ抜け落ちるなどの被害で，避難所としては適切とはいえない状況にあったが，緊急時であることから，応急的な処置を施し被災者を収容するに至った。そこに収容されたのは，その多くが富岡町および川内村の被災者であった。ビッグパレットふくしま避難所では，最も多い時で2,500人以上が避難生活を送っていた。いわゆる大規模避難所である。その避難に至るまでの状況を，当時，ビッグパレットふくしま避難所に支援に入っていた中越防災安全推進機構の稲垣は次のようにまとめている。[(2)]

　　富岡町総務課の聞き取りをもとに富岡町の避難状況を報告する。
　　2011年3月11日，14時46分，東日本大震災発生。すぐに富岡町災害対策本部を設置し，防災行政無線による海岸沿いの住民の避難誘導を行う（震災による死亡者19名，行方不明者6名）。15時30分，津波の第一波が到達，地震と津波によりインフラが壊滅的被害を受ける。大きなインフラ被害と余震が多いため，地震・津波による被災者の避難所を設置する。
　　翌12日，6時頃，原発に係る避難を自主判断し（国，県からの連絡・指示はなし），隣に位置する川内村に富岡町民の受入を要請する。7時頃，原子力災害による避難指示を発令，バス・自家用車での避難が始まる。川内村には約6,000名が避難。川内村は17箇所の避難所を富岡町民に開放し，川内村民が炊き出し等の支援を行う。15時頃，災害対策本部要

---

(2) 稲垣文彦「福島第一原発事故にともなう富岡町，川内村の避難状況と復興の課題」『日本災害復興学会誌「復興」』日本災害復興学会，2011年，No. 3，1頁。

員を残し，役場職員を富岡町民が避難している川内村，三春町，郡山市，田村市方面へ移動させる。15時36分，1号機水素爆発，爆発により災害対策本部も川内村へ移動する。

　13日，それまで使用できていた固定・携帯電話の通話ができなくなる。衛星携帯電話のみ使用可。川内村は孤立状態に陥る。情報が遮断され，支援物資も届かなくなっていた。食料とガソリン不足が顕著であった。

　14日，11時01分，3号機爆発。

　15日，6時10分，2号機で爆発音，4号機爆発。原子力保安院より屋内退避で大丈夫との情報が入る。

　16日，7：00，富岡町長と川内村長が話し合い，川内村よりの避難を決定する。9時，避難開始。約60km離れた郡山市内のビッグパレットふくしまに約2,500名（内約1,500名が富岡町民）が避難する。深夜，避難が完了する。

　こうした状況下で避難してきたために，通常時には働くはずの役場の指示命令系統も，十分に動いていなかった。また被災者も，それぞれに避難をしたため従来地域にあったコミュニティも崩壊した状態で避難所に入るようになっていった。まさに，東日本大震災を起因とする原子力災害によって，広域避難，地域分断の避難を余儀なくされたのである。3月21日には，福島県内で避難所数が486ヵ所，避難者数が37,574名であった。次頁図1は，2011年の3月から12月までの県内の避難所設置数と避難者数である。

　このため，避難所の中では，避難のコーディネートをする人もなく自治も再生されることもなく各々がそれぞれ与えられた場所で生活を送っているという状況であった。当時の模様を，筆者が編集代表をした『生きている　生きてゆく──ビッグパレットふくしま避難所記』より転記する[3]。

　〜段ボールで区切った仕切りと硬いコンクリートの上に毛布を2，3枚敷

---

(3)　ビッグパレットふくしま避難所記刊行委員会『生きている　生きてゆく──ビッグパレットふくしま避難所記』アムプロモーション，2011年，216頁。

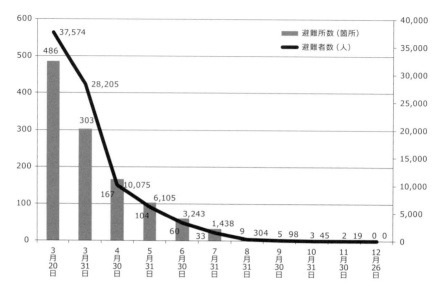

図1 福島県内の避難所数および避難者数の推移（2011年）
出所：福島県災害対策本部資料より筆者作成。

いただけのところに多くの方々がじっと身を横たえている。それも通路部分にまでびっしりで，しかも通路も50センチくらいと，すれ違うのがやっと。ビッグパレットふくしまは，もともとイベントホールで非常に広い場所なのですが，4階部分は壊滅的な被害でまったく人が立ち入ることができないほどでしたし，広いホールも危険が大きいということで当初は入れず，結局，1，2，3階の通路も含めた場所に避難してもらっていたんですね。エレベーターもエスカレーターも止まっていたのですが，2階，3階にも障がいをお持ちの方や高齢者，要介護者の方に入っていただかざるを得ない状況でした。入所者のみなさんは，どなたも表情が暗く，目をじっと閉じたまま仰向けに寝ていたり，若い人は携帯電話やゲーム機をただいじっていたり，食事の配給のころになると身を起こし，食べて，また横たわるという無気力な感じでした。これが3月10日まで，社会に一定の責任をもって暮らしてきた方々なのかと…。～

通常，避難所の運営主体でない県が，避難所に職員チームを派遣して常駐させることはない。それにも関わらず今回の災害時において例外的に職員を配置したのは，富岡町と川内村という複数の自治体の住民と役所が同居して全体的な統制がとれていなかったことに加え，2,500名以上もの被災者が震災の爪痕が色濃く残る施設内に秩序と管理が不十分な状態でひしめき合っていたため（次頁写真1，2）衛生状態も悪く，被災者の中から30数名ものノロウイルス患者が発生して隔離されるという状況を抱えていた。また，被災者間の風紀上の問題もいくつか発生していた。

さらに，生活不活発病の蔓延も心配されていた。そうした混沌とした中で，緊急に支援が必要な状態にあるとの，県災害対策本部の判断からの県庁チームの配置であった。

（2）ビッグパレットふくしま避難所の実態

この大規模避難所である，ビッグパレットふくしま避難所での169日間の取り組みを被災者支援の視点で，運営支援に入った時点から被災者の実態をつかむまでを「混沌期」，実態から課題を抽出し生活基盤を確保する期間を「生活基盤期」そして，被災者が避難所運営の役割を担おうとする「自治萌芽形成期」の期間に区切って考えてみたい。

「混沌期」の取り組み

まず取り組まれたのが被災者の保護である。実際に，筆者が4月11日には震度5強の余震もあり，まだまだ地震災害についても予断を許さない状況があった。そうした中で担当役場職員への避難所内の課題や今までの取り組み内容について聞き取り調査を行ったところ，避難所内の避難経路図の作成も行われておらず，被災者の名簿の作成も，十分な確認作業もなく不確かなデータのまま使用されていた。後でわかる事実として，避難所内に郡山市のホームレスが居住していたこともあった。いかに混沌とした運営であったことを示す一例である。なぜ，そうした運営上の問題が生じたのか，その背景として運営体制の課題を指摘しておきたい。それまで運営にあたっていた役場職員は，4日間労働に従事すれば，1日休暇という勤務体制であったにもかかわらず，被

写真1　ビッグパレットふくしま避難所2階廊下部分（4月下旬撮影）

写真2　ビッグパレットふくしま避難所1階通路部分（4月下旬撮影）

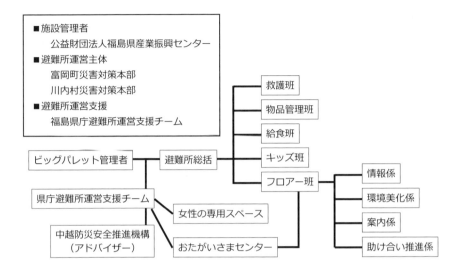

図2　ビッグパレットふくしま避難所の運営組織図
出所：支援当時の資料を基に筆者作成。

災者対応に追われ実際には休みをとれる状況ではなく，日中の安否確認や被災住民への相談等の業務に加え，日常業務をこなしていた。さらに，夜間は被災とともに避難所内に寝起きしていたことから，24時間態勢のまま1ヵ月もの間いた。まさに，運営側である役場職員も被災者でありながら被災住民のケアにあたらなければならない状態におかれていたわけである。ここでは詳細に述べるゆとりはないが，運営側スタッフの身体的精神的ケアの必要性についても大きな課題として今後検討をしていかなければならない。そのため，手つかずであった作業を，県庁チームが引き受けることとした。具体的には施設の避難経路図の作成，避難所における避難者名簿を精査した上での再作成であった。

「生活基盤期」

混沌期の取り組みと並行して，富岡町と川内村の自治体をつなぐ連絡体制と支援体制の整理と組織図の作成をおこなう中で，避難者支援体制の再構築が進められた（図2）。通常，避難所に入所する場合は，コーディネーターがいて，

それぞれ被災者の身体的精神的状況を勘案した上で，適切な場所を振り分けることとなるが，避難時の状況からそうしたコーディネートは行われていなかった。そのため，要介護者のなかでもエレベーターやエスカレーターが止まってしまった2階や3階で避難生活を送ることになってしまった者もいた。また，ビッグパレットふくしま避難所自体が被災していたということもあって，あくまで応急的な施設の修理だったために，すべての場所に被災者を収容できなかったこともありトイレの入り口で生活を送る者もいた。

その後，無秩序に家族単位で占拠されていた区画の再整理に着手し，避難者の身体状況や出身，家族構成などに応じて生活スペースを再編した。こうした状況にいたった背景には，避難所の運営全体での情報の共有と即時の判断ができる司令塔が実質的には不在だったといえる。それぞれの担当部署は，疲労困憊の状態にありながらもそれぞれの任務をこなしていたが，全体として情報が共有されていなかったために，機能間の連携が十分でなく総合的な支援につながらなかったことと併せて，次々と判断を迫られる事態に対して，全体を俯瞰して適確な判断を出すことができてなかった。つまり全体のマネジメントをすることができないでいたということを意味する。一例をあげると，救護班が午前と午後に避難所全体をラウンドしていた際に，血圧の高い被災者がかなりの数に上ることが確認された。その要因として食事の塩分過多に問題があるのではないかとの結論も出ていた。しかし，部署間の情報共有が十分でなかったために，食事を取り扱う部署の給食班は献立に必要以上のチェックを入れることなく，被災者に提供していた。そこで，県庁運営支援チームが，情報共有の場を設定し，救護班と給食班が取り組める環境を整えることで，血圧の問題は沈静化していった。また，被災者の名簿づくりについても，救護班の協力を得て，被災者台帳の様式とその入力作業および被災者の避難所内における現在地把握のフロアマップの更新は県庁運営支援チームがおこない，被災者への被災者台帳への記入呼びかけとフロアマップを作成するにあたり現在地の把握については，救護班がおこなうという相互に役割分担をすることを毎日定時におこなうことで，情報共有と課題共有がなされていった。以上の取り組みが少しずつ功を奏し，被災者も支援者も，一定の落ち着きができていった。緊急避難とはいえ，ある程度の期間，人々の暮らす空間としての不可欠

な秩序と生命を守る基礎が構築できたことで，次の段階である被災者の自治活動に徐々に移行していった。

「自治萌芽・形成期」
　ノロウイルスなどの感染症の蔓延を防ぐため，2階，3階にいる要介護者などに平場での生活を保障するために，4月中旬に住環境の整備を開始することとした。応急処置が比較的容易にでき，なるべく広いスペースということから施設内多目的展示室のBホールに，新たに居住スペースを設けることとした。一度，居住のスペースを決めた被災者は，運営側が移動をお願いしてもなかなか動かないということから，紙管と布を用いた間仕切りを採用し，内部にはマットレスを敷き詰めることで，よりよい居住条件を設定することで，働きかけを容易にさせた。これには，学生ボランティアなど多くのボランティアの力を結集することで，短時間での作業を終えることができた（次頁写真3）。
　移動した被災者には，整然と並ぶ入居スペースを好意的に受け入れる意見も多かった。また自らのスペースのところに，入居者を示す表札をつけるように促すことで，一人ひとりのテリトリーもあきらかになり居住空間としての快適性も高めることができた（次頁写真4）。こうした状況を踏まえて，ビッグパレットふくしま避難所全体で自治的組織を立ち上げるのではなく，こうして区画整理していった場所からつくっていった方が，より被災者に寄り添った運営支援ができるのではないかということから，区画整理を終えたBホールに住む被災者の自治的集団づくりに移行することにした。回覧板と称したチラシで自治会結成準備会の開催を呼びかけ，4月25日の19時から準備会が開催された。約80世帯のうち77世帯が集まってきた。なるべく意見が出やすいようにと車座に座席を配置した。運営スタッフによる事前の打ち合わせでは，被災者が初めて集団での集りを持つのだから①どんな意見でも話を聞くということ，②意見に対して反論はしないということ，意見を聴取する初めての場ということで被災者はかなりストレスもため込んでいることが想定されるので③役場職員が矢面に立つのではなく，県庁運営支援チームがクッションの役割を果たすという意味で進行を務めることが確認されていた。開催直後，一人の被災者が手を挙げ発言を求めた。配った資料を丸めて，行政への不満をまくし立てるように言い

写真3　完成し，入居を終えたBホール（4月撮影）

写真4　ビッグパレットふくしま避難所内
Bホールに設置した間仕切り（4月撮影）

写真5　Bホール自治会準備会開催風景（4月撮影）

始めた。それをきっかけとして続々と被災者が避難所生活での不満と改善点が述べられた（写真5）。

　これは，これまで被災者の声を聴く公式な場がなかった避難所で，直接的に声を聴くということに対して積極的な意味として，2つのことがあげられる。1点目は，被災者の現在の精神的状況や現在の避難所における環境整備等の課題が明確になったことである。2点目は，被災者が自ら語ることで，心に持っていた閉塞感や不安感などを吐露することができたということである。終了間際に，開催直後に声を荒げて発言をした被災者が発言を求めてきた。指名すると「今までこうした場が持たれることなく1ヶ月以上こうして過ごしてきたが，今日こうした場をつくってくれてありがとうな」という発言がそれを裏付けている。翌日にはこうしてあがった声をもとに集約された要望事項をまとめ，また回覧板という方法によって被災者にフィードバックされた。中には，すき間があいた壁の修復などすぐできる事項もあれば，賠償問題の迅速化という避難所の

運営上では解決が困難な政治的な課題についても出されていたが，すぐできることから着手し，3日間のうちに要望事項の約半分を実行した上で，新たにBホール自治会の班長会議がもたれた。そのねらいとしては，①要望事項に対して，避難所運営側の対応と進捗状況について報告をする，②どう考えても対応が困難な事項について議論して結論を出す，という2点である。2点目の困難な事項については，被災者のすべての世帯に電源タップを配付し，電力を供給することという事実上不可能な要求もあった。こうした運営側が努力のしようがない困難な事項については，いったん要望を出した被災者側に投げかけ，ともにその解決の道筋を探っていくのが民主主義的な解決方法であるという原則に従っての方法で臨んだ。すると，実行不可能なものについては実行不能として，被災者が相互に少ない電源を譲り合って使用すべきであるとの班長会議の結論をみた。また，その場で，共用の電気ポットに水を汲むこと，ゴミの廃棄，フロアーの共用部分の掃除を，当番制でやっていくことも併せて決めることができた。

　6月中旬過ぎに，Bホール自治会の代表が，運営側にお願いがあるということで訪ねてきた。要望内容を聞くと，太鼓を準備できないだろうかという相談だった。使用目的を尋ねても答えず，いつまで避難所にいられるのかを質問してきた。さらに質問の意図を尋ねると，被災住民が応急仮設住宅やみなし仮設住宅などに移動する前に，最後にふるさとの唄である「相馬盆唄」での盆踊りを開催したいということだった。これは，居住区から強制的に避難させられた住民のふるさとを忘れないという気持ちとふるさとへいつか帰りたいという強い思いをあらわす，ひとつの例である。そうした被災者の思いに，運営側も共感し翌日には「夏祭り実行委員大募集」のチラシが避難所内に配付された。7月16日，17日の2日間にわたって夏祭りが開催された（次頁写真6）。そのころには，避難所内には200名程度しか被災者は残っていなかったが，夏祭りに参加した被災者は3,000名を超えていた。これは，被災者自身が同郷の被災者との交流を持ちたいという思いとふるさとへの思いから被災者自身が発案し，被災者自身が実行委員となって実現させた事業である。ここに避難所運営の基本的視点がある。

写真6　ビッグパレットふくしま避難所の夏祭り風景（2011年7月17日撮影）

3　避難所の役割と今後の運営上の課題

　ここでは，(1)で述べた，筆者が支援を行ってきたビッグパレットふくしま避難所における運営の視点と，自治的な避難所運営を行ってきたということから，運営責任者に聞き取り調査を実施した，福島県JICA二本松避難所と岩手県大船渡市赤崎地区避難所における運営の視点を重ねてみることで，運営における重要，かつ，基本的な視点について考察する。

　紙面の関係から，福島県JICA二本松避難所と岩手県大船渡市赤崎地区避難所の調査の詳細についてここでは述べることができないが，それぞれの避難所運営における取り組みをみた時，いずれも住民との一体感を醸成しつつ，自治的な動きをそれぞれつくることを避難所の運営の軸に据えている共通点があることに気づかされた。

　まず，ビッグパレットふくしま避難所では，避難所運営における取り組みを被災者支援の視点で，運営支援に入った時点から被災者の実態をつかむまでの期間，実態から課題を抽出し生活基盤を確保する期間，被災者が避難所運

営の役割を担おうとする期間の3つに区分して整理しているが，その3つめの「自治萌芽・形成期」には，被災者の居住するエリアごとに住環境を整えていくことで，エリアごとにまとまる機運が醸成されていったことから，自治組織の確立に向けて取り組みにつながっている。そうして生まれた自治組織は，自らのエリアにおける掃除やお湯当番などの役割分担だけでなく，ふるさとの祭りをやりたいという気持ちの高まりにまで発展することとなった。

次に，JICA二本松避難所である。運営責任者はJICA二本松避難所の状況を，県災害対策本部の臨時的な見回り活動の中で知っていたため，着任する前から機能停止状態になっていた自治会の再建が課題であるとの認識を持っており，着任後すぐに再建に着手し，定期的に自治会の役員会を開くなど自治的組織の再建にも成功している。避難所の主人公は，被災住民であるとの基本的な考えをもとに，被災住民の望む避難所のイメージをつくりあげるのと同時に，どういう状況に置かれているのかという実態を把握し，課題を明確にした上で，さまざまな事業の展開につなげている。これらの取り組みは以下の3点にまとめることができた。

① 施設側と被災住民側を結ぶコーディネートを丁寧に行ってきた。
② 情報紙を発行するなどきめ細かな情報の提供を行ってきた。
③ 各層の被災住民が，集まりまとまることができる場を提供した。

次に，岩手県大船渡市赤崎地区避難所であるが，運営責任者は従前から，自分たちの地域住民は，自分たちで守ると考えていた，と聞き取り調査で述べており，そうした地域に根ざした意識は，自主防災組織を赤崎町9地域の連合会組織にし，組織の充実を図ってきたことにもつながっている。

赤崎地区避難所の取り組みは，以下の5点にまとめることができる。
①被災住民の実態把握に関すること
②避難所内の住環境の整備に関すること
③自治組織立ち上げや被災者による避難所運営のための役割分担に関すること
④ 被災住民の意見をまとめるなどのコーディネートに関すること
⑤ 地域とのネットワークに関すること

こうして避難所を運営するにあたっての視点を重ねてみると，共通する事項

が以下の5点に整理できていくことがわかった。
　① 被災者の実態や課題を的確に把握する。
　② 被災者の声を集約し，生活環境の改善に向けた調整をする。
　③ 被災者が交流できる場を保障する。
　④ 自治的な組織を確立し，被災者の参画で取り組む。
　⑤ 地域における専門機関や団体等とのネットワークを活用し，避難所内の課題解決にあたる。

　これらが，避難所の規模や条件などにかかわらず，避難所運営において不可欠な取り組みの柱であるといえる。避難所内において，性別や年齢，障がいや持病など抱えている状況はさまざまである。適切な支援を行うにはそうした個々の実態を適確に把握するということが望まれる。また，そうした状況から，生活環境に関する要求も多岐にわたることが予測される。それらの要求に対しての調整機能も望まれるところである。さらに，被災者の避難所運営への参画という視点から，被災者の交流の場を設けることで自治的な動きを加速させるなども重要な視点である。加えて，避難が長期化すればするほど，避難所内部の力だけでは問題の解決が困難になってくる。それを打開できるのが，避難所外の専門機関や団体等とのネットワークによってなし得る取り組みである。こうした視点に基づく取り組みが，災害の初動期における対応といえよう。また，指摘しておかなければならないのは，避難所の運営にあたる側が，震災以前から地域住民の側に寄り添うという視座を持っていたことである。そういう構えを持っていたということを前提にして，運営する側に求められることを考えると，被災住民の状況や実態を現象面で捉えるのではなく，そこを出発点として，その根源となるものを探り当てていく「想像力」であり，そこで見いだされる課題に対して適切な事業を展開できる「企画力」と「実行力」，「調整力」である。さらに，厳しい状況であってもそこを突破しようとする「確信に裏打ちされた楽観性」や「判断力」なのではないだろうか。

　これまで避難所は一般的にはどう捉えられてきたのだろうか。避難所の定義として災害対策基本法では，次のように規定している「避難のための立退きを行った居住者，滞在者，その他の者を避難のために必要な間滞在させ，又は

自ら居住の場所を確保することが困難な被災した住民，その他の被災者を一時的に滞在させるための施設をいう。」(法第49条の7)。また，岩手県は，「市町村避難所運営マニュアル作成モデル」を，県内市町村向けに提案しているが，そこでは避難所の目的として「避難者に安全と安心の場を提供し，また，避難者自らがお互いに励まし合い，助け合いながら，生活再建に向けて次の一歩を踏み出す場」と位置づけている。さらに，避難所が担うべき主な役割として

　(安全・生活等) ①安全の確保 ②水・食料・生活物資の提供 ③生活場所の提供

　(保健，医療，衛生) ①健康の確保 ②トイレなどの衛生的環境の提供

　(情報，コミュニティ) ①情報の提供・交換・収集 ②コミュニティの維持・形成

をあげている。一人ひとりの被災者の最終的な着地点はどこにあるかを考えると，生活再建にあるというのは異論がないところであろう。しかし，前述の岩手県が作成した「市町村避難所運営マニュアル作成モデル」においては「生活再建に向けて次の一歩を踏み出す」というだけで，具体的な生活再建に向けての策には言及していない。2016年4月に発災した熊本地震における熊本学園大学避難所の取り組みは，福祉担当の行政職員を交えて，避難者の今後の生活について相談窓口を開き，一人ひとりの生活の見通しができるまで対応を重ね，そうして出口を確保した上で避難所を閉所に導いていた。この取り組みからもわかるように，避難所の役割は，被災者の最終的な着地点である生活再建に向けて，避難所退所以降の自らの暮らしについて一人ひとりが見通しを持ち青写真が描くことができるための取り組みを行うということが大きな役割ではないか。

　また，熊本県益城町広安小学校避難所での取り組みとして，被災住民を避難所の主体として運営することを基本としながら，行政職員に加えて，専門的知識を持つ市民活動団体も運営に携わることで自治を基本とした，いわばトライアングルの形での避難所運営を行ってきた。そうした外部からの力も積極的

---

(4)　岩手県ホームページ https://www.pref.iwate.jp/dbps_data/_material_/_files/000/000/021/930/kihontekijikou.pdf。

に取り入れていくという受援力も避難所運営の重要な視点である。

　これまで大規模な災害が発生する都度に，これまでの災害の教訓は活かされたのかという趣旨の発言が多くなされてきた。しかし，重要なのは，災害の教訓は活かされたのか，と問いかけることではなく，災害の教訓を活かすような社会システムはどのようにあればよいかという方向性を持った研究や実践なのではないか。東日本大震災や熊本地震を振り返ると，特に行政組織が災害支援の立ち上がりにおいて，情報共有や支援物資の受け入れなど円滑とはいえない対応が見られた。これは行政自身が災害対応の経験が乏しかったことと中心的な役割を果たす行政職員が被災当事者であったことなどが要因として考えられる。内閣府は，熊本地震を踏まえた応急対策・生活支援策の在り方についての報告書で，「国は，避難所運営に関する専門家チームを育成し，平常時からも避難所の運営や開設・運営訓練に関する支援を行うとともに，発災後もアドバイスを行える仕組み作りを行うことが重要である。」とまとめている。

　こうした災害支援時の陥没点に対して，初動期から中・長期にかけて被災地外から支える社会システムの構築が望まれる。例えば，避難所への対応としては，平時から内閣府防災などの国の機関が，あらかじめ委嘱をしておいた災害研究者や実務家の混成支援チームを大規模災害発生後，24時間以内に現地派遣し，被災地自治体の災害対策本部に入って初動期対応を行い，当面の支援についてのレールを敷いてしまうということなどが考えられる。

　そうすることで，前述の生活再建までの暮らしの青写真を早期に組み立てることにつなげていけるのではないか。

（天野和彦）

【謝辞】本稿の執筆にはJSPS科研費基盤研究(S)（研究課題番号25220403，研究代表者：山川充夫）の助成を受けた研究成果を使用しています。

---

(5)　内閣府ホームページ http://www.bousai.go.jp/updates/h280414jishin/h28kumamoto/pdf/h281220hombun.pdf。

II 大規模インタビュープロジェクトからの報告

1 はじめに

　2011年3月11日以来，直接的な原発事故被災者となり，強制的に避難を余儀なくされた人々がいた。避難区域外に暮らしていた住民の中にも，自主的に避難した人々がいた。同じ地域でも，避難せずに日常の暮らしを続けている人々もいる。「風評被害」にさいなまれながら果樹や米を作り続けている農家，汚染水のために漁業から身を引いた人々など，福島県の人々は，あの事故をどんなふうに認識し，自分たちの体験をどのように語ったのだろうか。人々の語りを記録し，次世代へ伝える資料として残すこと，それが大規模インタビュー調査の目的である。

　福島第一原発事故に関連した調査には，行政が実施する意向調査などを中心に，アンケート調査を主とした量的調査が多い。科研費基盤(S)では，2013年4月から4年間にわたり，「2000人インタビュープロジェクト」の名のもとに福島県人，あるいは何らかの形で関心のある人々に対してインタビュー調査を実施した。今まで類のない大惨事の中で人々は，被災当日やその後の日々をどのように行動したのか，政府から避難指示を受けて，避難者となった人々はどのような避難の経緯をたどったのか，避難指示区域外の人々でも自主的に避難した母子たちはどのような決意をもって行動したのだろう。避難指示区域に近い住民たちは避難せずにどんな心持で避難者たちを受け入れたのか，また，避難したくてもできないと決め，地元で生活を営み続けながら，放射能汚染という見えないものにどのように対処したのだろう。本稿では，資料提供者たちの反訳テキストの抜粋から語った内容を報告する。

2 どのような人々の声をどの方法で収録したか

　本インタビューの対象は，①避難を余儀なくされた人々，②自主的に避難した人々，③避難支援者たち，④避難しなかった人々，⑤福島県あるいは原発事故に関心を持った人々，⑥メディアその状況を伝えた県外の人々など多岐に

わたっている．収集されたインタビュー事例には，強制避難者，自主避難者（関西・関東近郊），放射線対策に取り組む県内外からのボランティア，県内で活躍するNPO，農業従事者たち，漁業従事者たち，建築・不動産業，建設業，観光，介護福祉関係者たち，情報発信・メディア関係者たち，宗教関係者たち，学生たち，そして地域別には，二本松東和地区，平薄磯地区，新地・相馬，いわき・広野，南相馬市の特定地域に集まった人々などの声が収集されている．

　各インタビュアー（研究者，ジャーナリスト，編集者）がそれぞれのテーマに沿って半構造化形式の聞き取りをし，一人当たり1時間から2時間の音声データを収録している．実施期間は2013年9月～2017年4月で，収録された343の音声データは反訳され，そのテキストをB5判13巻別冊2巻の冊子として作成してある．

3　避難者たち――強制避難，自主避難――

　原発事故によって，2011年5月におよそ16万人という未曾有の避難者が発生したことが記録されている（福島県庁2017年1月20日アクセス）．さらには，1年後の2012年5月がその数のピークであり，16万4,865人だった．その後，減少の一途をたどるが，6年が経過した2017年3月時点でも5万6,285人が避難した状態にある（福島県庁2017年10月）．その内県外に避難しているのはおおよそ3万3,000人である．避難者には，強制避難者と自主避難者に分類されるが，自主避難者数については，必ずしも明確な数字が発表されているわけでない．

　2011年3月11日から1ヶ月後，政府は原発災害地域を警戒区域（南相馬市の一部，浪江町，双葉町，大熊町，富岡町，楢葉町，川内村の一部），計画的避難区域（飯舘村，南相馬市，葛尾村），緊急時避難準備区域（広野町，川内村の一部を除いた地域，田村市の一部を除いた地域）に設定した．その後，12月16日に事故の収束宣言を出し，避難指示区域の見直しを行った．規制された区域から避難した人々を強制避難者と呼び，これらの区域外からの避難者たちを自主避難者あるいは区域外避難者と呼ばれている．政府は2017年3月，避難指示解除区域と居住制限区域の避難指示を解除した．

自主避難の特質のひとつに「母子避難」があげられる。インタビュー集の中で取り上げられた母子避難者たちは，福島市や郡山市などの中通り地域から京都府，大阪市，兵庫県などの関西方面へ，あるいは東京都区内，近郊に避難した人々である。彼女たちの避難の決断の背景には，我が子の健康を案じてが主である。福島県を離れて少しでも放射線量の低い地域や親族が住む場所へ避難している。夫を故郷に残し，家族離散という状態での避難の結果は，貧困状態，あるいは離婚という状況を生じている。政府からの支援は，住宅だけという自主避難者たちの立場は，自己責任論で片づけられる風潮と，強制避難者とは格段の違いがある補償によって，「災害弱者」を生み出したのだ。「どうぞ，私たちの存在を秘密裏にしないでください」「政府はなぜ本当のことを言ってくれなかったのか」と語った自主避難者にとって，自ら選んだ避難の道から6年余り，住宅支援がなくなる2017年3月がターニングポイントになっている。また，帰還困難区域が次々と解除されることによって自主避難状態となる現象も出てきている。

　避難者たちは，避難所や親族宅に身を寄せたりなど，数カ所移動したあげく仮設住宅あるいはみなし仮設住宅，そして災害公営住宅へと移動している。自主避難者のなかには，事故後1年後あるいは4年後に避難した事例もある。北海道から沖縄まで，日本全国の各都道府県が避難者を受け入れた。収録事例は，東京，神奈川，埼玉，大阪，京都に避難した人々である。自主避難者の多くは，家族離散を覚悟のうえでのことであり，様々な結果をもたらしている。大家族で構成していた山村の暮らしから，核家族そして母子家族という家族形態の変化を先取りしたものとも言えるだろう。数年間の母子避難生活後に帰還した事例では，家族間の軋轢に困惑する母親も多い。強制避難者たちは，仮設住宅の狭い間取りのために，大家族が離散する形で居住することを強いられた事例もある。そういった避難したことに起因する家族形態の変化や，急激な環境の変化によって，持病を悪化させたり，孤独死を生んだりしている。また，賠償金によって住宅の購入を容易にした半面，新天地での人間関係に苦悩する人々もいる。

4 避難者となることを選択しなかった住民たち

浜通り以外の住民たちの多くは，それぞれの理由から避難することを選択せずに，そのままその場所で生計を営んでいる。農業や観光業に従事する人々へのインタビューから見えてくることは，避難指示区域外でも「風評被害」に悩まされる人々の姿である。一方，建築・建設業は震災特需の恩恵に浴している。

以下，「　」の語りの部分はインタビュアーのリサーチメモと反訳テキストから筆者が抜粋引用したものである。

（1）農業に従事する人々

第一次産業に従事する人々が直接的に受けた被害はことさら大きい。農業従事者たちは土地の汚染と「風評被害」を受けた。福島市で果樹園を経営する安藤（仮名）さんは4代目である。

「両親と妻の4人で，桃，サクランボ，りんごを生産していた。昭和50年代の農家収入は高かったが，今は低い。震災原発後に逃げるという選択はなかった。ここで生まれてここで生きていくしかないのだ。農耕民族だからこその強み，今までだって普段から降り注ぐ自然災害に立ち向かって生きてきた。そんな中でも経済活動は継続してきたのだ。そして，この原発災害でも共同して安心材料を提供するための畑の放射線量を測定し管理している。NPOを立ち上げ協力して土壌汚染を測定した。先が不透明な状態においても土地の手入れは欠かせない。こんな災害に逢っても負けることはない」（2013年10月聞き取り）。科学的数値を知り，実際に放射線量を測定し，その方策を専門家とともに見出している。

月舘町で果樹農園を営む伊藤さん（仮名）は，「3月15日は20ミリシーベルトもあった場所にいた。正直，逃げようと思ったし，もう未来はないと思った。ネットで調べた。WHOの水の20ベクレル基準，自分の体にもそもそも6,000ベクレルあることを知って安心した」と述べている。

「人工放射能が自然放射能よりも危険であることは誰も証明できない。放射線量も畑は高いが気にしない。日々の暮らしに追われているとだんだん意識が

薄まる。そもそも目に見えないし、周囲でも体調おかしくなる人もいない。県外にそういったことは伝わらず、悪い風評が定着してしまった。怒り心頭だったのは2011年6月までで、行政や東電あらゆる組織に対してだ。その後はまたかで腹も立たないが、責任だけは取るべきだ。忘却の彼方に追いやってしまうのはやめてほしい。また、放射線教育を小学校からきちんとすべきである。そして、正しい知識を持った人間が増えればいいのだ。土壌クラブの仲間の存在は大きい。理不尽なことが多かったが、福島を援助してくれる人たちに出会えたことが救いだった。震災前のお客は戻らなくても、新しいお客を開拓したい。贈答用は売り上げも5割まで落ちて、今やっと6割だ。福島ブランドをどう復活させるかが課題だ」(2013年10月聞き取り)。

　政府は、農業従事者に対する賠償として、災害前の売り上げを補填している。日々の暮らしには困らない状態ではあったとしても、土壌汚染や「風評被害」と戦いながら、将来への見通しを立てようと奮闘している。

　(2)「風評被害」と観光・旅館業
　「風評被害」に見舞われた業界は、一次産業だけではなくサービス産業、観光業にも直接的に影響を及ぼしている。震災後は、首都圏からの教育旅行の冷え込みによって売り上げは3割方減少したと喜多方にある観光業者は述べている。会津地方は、放射線量も比較的少なく、大熊町などをはじめとする強制避難者を受け入れる仮設住宅も建設されているにも関わらず、「風評被害」に見舞われているとその業者は語る。県外の人たちにとっても放射能に汚染された観光名所にわざわざ子供たちを行かせるには、リスクがあるからだろう。

　会津地方だけでなく、浜通りのいわき市でも風評被害に立ち向かっている。行政が一体となってその対策に取り組む事例では、行政の担当者が観光業者に積極的にかかわっている様子が伺える。

　「風評を払拭するために外に出て、毎週のように土日にイベントをしている。なにが正しいのかわからなくて手探りではあるが、心が折れそうな観光事業者の人たちの姿を見ていると、短期的でもいいからお客さんが来るイベント等をやって励ましたい気持ちがわいてくる」と語る。観光としての魅力づくりのために短期的・長期的なものを考えていると言う(2013年9月聞き取り)。

中通りの温泉旅館は，団体旅行客が減少し，個人旅行化の傾向で，一部屋ごとの単価が下がり，稼働率が悪い。岳温泉の旅館経営者は，この災害でカタルシス，変わるチャンスをもらったと考える。どん底から這い上がるチャンス，その旅館の女将は，「逆境に負けない思いをみんなが持てるようになる。単純な物理的復興ではなく，人情的な復興が必要なのだ」と説く。

　飯坂温泉にある旅館の女将は，今までにないお客を受け入れて何とか震災後を凌いできたという。

　「仮設住宅建設作業員の方へご飯を出して，行ってらっしゃいと言う生活が続いた。観光のお客様ではないので最初は戸惑ったが，がんばって作っていただこうと私たちもがんばった。旅館の売上げが前年度よりも増えてしまい，東京電力からの補償金がもらえなくなった。200人の定員に対し230人くらいが連泊していた。週末の土曜日には満室だった。最近は除染関係者たちが大勢利用している。除染作業の前後に線量を測る業務の会社の人々から実際に除染作業をする方々だ。震災後は復興関係のお仕事関係の方々で成り立っている。4年経った今でも続いている」と客層の変化に驚きながらも対応していると述べる (2013年11月聞き取り)。

　郡山市のタクシードライバーは，「仮設住宅に避難してきた人たちの態度が昼夜問わず悪すぎる。電話の時点で高圧的な態度をされた。人間はお金を持つと変わるんだなと思った。今までの生活がなくなり何もすることがなく，遊ぶしかなく，態度が変わったのではと同情もするが，その瞬間は我を忘れるくらいひどかった。震災から4年が経ち，タクシー業界の売上げも以前に戻ってきたかと思う。震災直後に売上げは一気に伸び，そしてある程度で一気に落ちた。放射能問題で外出を控える人が増えたためだと思う」という印象を述べている (2015年3月聞き取り)。

（3）建築・不動産業や建設業は震災後の好景気

　温泉旅館と同様に「除染」という今までになかった仕事が建設業の不況を盛り返したようだ。震災以前は，公共事業が縮小され，建設業界は縮小傾向だった。須賀川市の建設業者は語る。

　「実際，震災がなかったら福島県の建設業は半分以下になっていたかもしれ

ない。震災前は本当に冷え切っていて，そこに震災があって，辞めた人も引っ張り出されて盛り返している状況ではある」。だが，除染作業，復興住宅の建設などの震災復興に関連した事業が終わったときの見通しについては悲観的だ（2013年3月聞き取り）。

郡山市の建設業は，「除染が3年くらいはあるのかな。その先は，事業予算があるかどうか。東京オリンピックにみんな行っちゃうんじゃないか。東京の道路は中途半端なところも多いし。全部整備しないといけない。そっちに予算を回して，地方に回ってくる予算はなくなっちゃうんじゃないかなと思う」。一方で，太陽光パネルなどの設置業務で新しい回路を見出す会社もあると言う（2013年4月聞き取り）。

除染会社の経理担当している女性は，業務に関わる視点から，「子どもたちが使うところは，早くきれいにしてください。今除染して出る廃棄物はフレコンパックに詰められるが，それは陸上競技場に置いている。もともと子どもたちが村の運動会をやったり，プロのサッカー選手がサッカー教えに来てくれたりとかした場所がいまはフレコン置場。県内外から人がたくさん来るのに，そこにフレコンパックがある。除染したのかどうかが，公共の場所でも，除染していないところが何ヵ所かあると思う。中間処理場が決まってないので，前はあまり見えてこなかった汚染土も満杯状態になってきて，姿が見える。小学校，中学校の校庭の下にも汚染土は埋まっている。いつ取り出すの?という感じ」（2013年4月聞き取り）と働く母親としての忌憚のない意見を述べる。

（4）介護福祉サービスに携わる人々

福島市の介護の現場で働く加藤さん（仮名）は，「時間が過ぎて壊れたものが直り，戻ってきた人たちを見て落ち着いてきた。モチベーションとして一時的に下がったものも上がりつつある。もともと，人材不足の状況は震災後も変わらず，仕事として厳しいからだ。処遇改善手当を充実する必要性がある」と主張する（2014年10月聞き取り）。

郡山市の介護施設で経理関係の仕事をする芝さん（仮名）は，避難しなかったものの「地場産品は，線量チェックをかいくぐって出荷しているという『潜りこみ販売』もあると聞いたので信用できず，九州から取り寄せた。給食再開の

ときには，自分の子供だけお弁当というのもどうか…。との思いもあり，仕方がないと受け入れた」と母親の揺れ動く心情を吐露している。そして，現在の介護福祉の状況を「人員の面から言えば，国の基準には達しているものの，現場は常に忙しく人手が足りていない」（2014 年 3 月聞き取り）と，日常的な問題を指摘する。

　また，総務関係の仕事をする浜さん（仮名）は「周囲で避難した人はいません。しかし，考えてもきりがないのでどこかで割り切らなければ，という思いを皆さんどこかで持っていると思う。避難に関しては，妻と話し合ったのですが，子供にとって家族が離ればなれになるのは良くないと考え，今の状態の様子を見ながらこちらで生活を続ける事にした」という。

　職場の介護施設では，浪江町や大熊町からの避難者を受け入れた。「介護職はあまり人気がある職ではないし，介護職の専門学校も定員割れを起こしていると聞く，給料も安いですし，他の職種の求人があれば，わざわざ介護職を選ぶ人はいない」と悲観的に述べているが，「郡山市の方がいわき市よりはお給料が高い，求人を出しても応募が少ないので，単価を上げているのが現状だ」。介護保険内での運営になるので，どこの施設も収入は限られている。それ以外の部分で，例えば福利厚生を整備したり，女性が働きやすい環境を整える事で対応して行くしかない。関東よりも福島の方が介護に関する費用は安いので，関東の高齢者が福島の施設に入居する事も多々ある。今のところの見通しとしては 2025 年までは入居者は増えて行くと思うが，介護する側の労働者が足りていません」（2014 年 3 月聞き取り）と，この業界に対する率直な意見を述べる。

（5）全国からなぜ南相馬市，「夢たびと BASE」へ

　この施設は，南相馬市でボランティアをしていた若者が，ゲストハウスのようなコミュニティベースをつくり，イベント，トークなどを通して，旅人への夢を語るというもので，様々な職種の人々が夢を求めて集まってくる。もっとクリエイティブな形で南相馬の力になりたいという若者たち，地方を活性化したい。オリンピックが開催される頃に，南相馬を日本や世界の人々にいいイメージを持ってもらえるようにしたいという思いから始まった。

大学生の佐藤君（仮名）は，夢たびと BASE を作った経緯を次のように話す。
「震災後は普段の生活に戻った。自分はボランティアには参加しなかった。友人の K と二人で，福島の風評被害をなんとかしたいと考えるようになり，福島にプラスのイメージを作ろう，と話し合った。具体的には祭りをしようとかアイデアを出し合った。2012 年 11 月に夢たびと BASE を作って，口座を作り資金を募った。当時の南相馬の人の「自分たちは見世物じゃない」という閉鎖的な考えは，一時的なものだと予想していた。これから南相馬を風化させないように自分たちにしかできないことをやろうと話し合った。その後の二人で考えたことは，南相馬のムービーを使い，何かやろうと思った。しかし，それらの活動は簡単なことではないと感じ始め，挫折をした。自分たちは祭りをしたりギネス記録作ったり，地元に誇りを持てることをつくり，世界に発信したかった。初めて見たゲストハウスは廃墟に感じたが，2012 年の 8 月初めから BASE 作りが始まった。みな建築の知識はゼロだが，測量の知識はあった。最初はたくさんの人が亡くなった地域なので自分は怖かったが，この地域でアルバイトはしていたので，その 7〜8 割のお金を BASE 作りに使った。その夏は宿泊者が多かったが，電気もガスもないので怖がられた。しかし地元の協力で少しずつ修復を進め，管理人さんに，内装など手伝ってもらった」(2014 年 11 月聞き取り)。

（6）情報発信・メディアの役割

地方紙のある記者は，「3 月の終わりに，南相馬で無人状態になったが，残った住民のためにパンを焼いている人について書いた。4 月半ば，飯舘村で 5 年前くらいから知っている女の人たち，彼女がどうしているか気になって，4 月 15 日に飯舘村に行った。ふんばるという連載のために，通うようになった。同朋，っていう言葉，同じ郡，同朋のために役に立てないか，と初めて思った。同朋を意識して助けたいと思ったのは初めてだった。出身地の相馬地方，特別なものになった。えこひいきだけど，仕方がない。ジャーナリストだから公平にと言われるけど，そこの人間の一人であり，その間の葛藤も抱えながら，それが地方紙だと思う。自分も住民の一人であって，ともに生きながら，内側の声を発信していくのが仕事だ。切り取って報じることが多くなって，何も信用できないという心情になっていた。県の放射線アドバイザーの学者が 3 人来て，

安全ですと言って帰ったのに，すぐ避難指示が出る。信用できない。何を信用していいかわからない。いろんな情報が村に入ってきて，混乱させられていた。分断されていった。放射能の恐怖。物差しがなくなってしまった，混乱している中で，経過を追っていかなければならない。復興という言葉は実態がない。風評が残ってしまい，農家が言うには，もうやる人は1，2割じゃないか。絵空事に聞こえる。とても残酷なこと。年が改まり，忘れ去られる。救いようがない。ジプシーだという人もいる。浜の方は，すっかり変わった風景になってしまった」(2014年12月聞き取り)。

　さらに，他の地方紙の記者は，「2011年5月ごろ，福島市内でも線量がまだ高い時期だが活気を取り戻しつつあった，南相馬には人の気配がない。印象的だったのは，消防署に挨拶してまず「よく取材にきてくださいました」と言われたことだ。政府から禁止されても，警戒区域には，メディアとして入るべきだった。住んでいる人もいるし，実際に見ないことには語れない」(2014年12月聞き取り)。地元の人が報道で傷つけられることがたくさんあったと語ることができるのは地元紙の記者としての共感があるからだと言う。

　一方，全国紙の記者は，より俯瞰的に「大きな事件や災害発生時は，ピンポイントの取材をしがちだが，全体を見ている記者の存在も必要だ。しかしながら，一番の問題は，福島から記者いなくなってきていること。話題から去った。ニュースがない。機能的に記事を生産するには，首長など情報の蛇口で拾うのが多くなってしまい，現地のことが伝わらない。福島はやっかいだ。いろいろ言われていて整理しないといけないが，受け入れるしかない人がいっぱいいて，わきまえながら紙面をつくるのは難しい」(2014年12月聞き取り)とも語る。ここには，地方記者とは異なる全国紙の新聞記者の中立的であろうとする態度が伺える。

　テレビ局で報道に関わった記者は，現在大学でドキュメンタリーの作り方を教えていると言う。

　「もともと地域特有の問題が報じられず，中央官庁垂れ流した管制報道への違和感をすごく持っていた。福島の原発事故についても事故後半年で中央ではほとんど報じられなくなり，これは報道の役割を果たしていないと思って，意識的に取り組んだ。テレビは，ヒエラルキーの中でメディアとしての責任を果た

していない。日本のテレビの報道は関東中心。視聴率主義。震災後半年くらいまでは，津波，震災についてニュース見てもらえたが，夏から視聴率的にもとれなくなり，節目しか報じない。それは私自身，気付かない痛みを感じ取って，表現して伝えていく仕事だと思っている。地方が存在しないジャーナリズムは薄っぺらで解説口調であるが，生身の感情があって生きていて，摘出して出せるのは，共感力しかない。徹底してミクロでやるしかない。○○の事例はこうですと」(2014年12月聞き取り)。地方のリアリティを伝えるときに，どこに立っているかが大事であるとの姿勢を述べる。

(7) 浜通り地域の人々
〈いわき・広野町の人々〉
　いわき町づくり関係者の取り組みをテーマにしたNPO活動に従事する会川さん(仮名)は，「町の活性化のための様々なイベントを企画している。いわきを出ている若者が戻ってきた方がいいんじゃないかってもらえるような街を作ってみたい」(2014年7月聞き取り)と言っている。
　フラダンス講師のアウさんは，「たいへんな思いをしている方を前にフラを踊っていいのかわからなかった。避難している方にワンコインで習える講座をやっている。2年ぐらいになる。生徒は3人。フラで元気になるのかどうかわからないけど。ショーとしてのフラではなく，文化としてのフラを教えている」(2014年7月聞き取り)。
　広野町で居酒屋を営む角さん(仮名)は，「広野に戻ってる人たちに何かしたいと思って今はやっている。住民有志で「がんばっ会」を立ち上げて会長をしている。2012年6月から，50〜70代近くの人6人ぐらいで始めた。若者たちも何かやりたいんだろうけど一歩踏みだせないのかな。子供中心のイベントを多くやっている。親子で田んぼ，流しそうめんとか。福島のものっていちばん安全だと思う。震災後，生まれも育ちも広野だってこだわりがあって広野を復興させたい気持ちが強い」(2014年4月聞き取り)。

〈新地・相馬に暮らす人々〉
　介護福祉関係者，漁業関係者，教育に携わる人たち，農業従事者，そして

旅館業など，様々な職種の人々が，それぞれの立場で震災当時の様子からその後3年間の様子を語っている。仮設住宅の自治会長の横川さん（仮名）は，震災後の4月下旬からの現状を次のように語っている。

「当初は280人111世帯が住んでいたが，3年過ぎた現在は，45戸ぐらいが空き部屋になっている。仮設入居時は皆さん元気だったが，だんだん夫が亡くなったりして，心が病んで行く人もいる。支援物資は十分だった。衣類は皆喜んだが，だんだんこの狭い部屋ではおくところがないなど，やはり仮設住宅は2年で限界だと思う。部屋を借りても住んでいない人も出てきている」（2014年10月聞き取り）。

K小学校の校長だった森さん（仮名）は，避難時の課題をあげている。

「児童の中には津波がきて，自宅の2階で難を逃れた子もいた。もっと高台へ逃げなさいという放送をしても良かったかも知れないと思う。冷静になって，適切な行動をとること，今回の津波は想定のずれがあった。そんなに大げさに言うな，不安をあおるなとも言われたが，今回は違うのだからと説得できたかもしれない。震災後の変化は，価値観だ。津波ですべてを失った時，お金で買えないもの，文化，人との関係性を震災時はつないでいたと思う。遠くから思いを込めてきてくれる人，いろんなものを集めてプレゼントしてくれた人，人の役に立てたら嬉しいという人に出会ったのはとても貴重だ。新地町は住みやすく，離れる選択はなかった。コンパクトな町で，震災を機にのんびり暮らしていた住民が外部からの刺激を受けている」（2014年9月聞き取り）。

保育士の有働さん（仮名）は，「震災後の園児は外にでると，友達に砂を投げる，ルールがわからない。遊べなかったからだろう。今はその都度教えている」という。新地は放射能の影響も少なく，離れるという考えはなかった。被ばくしているのではと特別視しないでほしい，ホールボディカウンター，甲状腺検査，は続けてほしい，やっぱり，娘が子どもを産む時は影響がないか心配している」（2014年10月聞き取り）。

松川浦のノリアサリ漁師で，民宿を経営する草野さんは，震災後は客層が変わり，主に除染作業員や，住宅建築工事に携わる人たちが宿泊していた。松川浦での漁ができるようになってほしいし，風評被害への対策をきちんと政府は取ってほしい。原発さえなければ海苔とアサリでやっていけるのだが，除

染作業がなくなったら，民宿も倒産するだろう」(2014 年 10 月聞き取り)。見通しが立てにくい，結論が出せない状況を嘆く。

　相馬市の保育士は，子どもたちの成長に影響を及ぼしている現状を伝えている。
「やはり，子どもたちはその時々で必要な遊びがある，階段上がって滑り台から滑る，走る，登るなど，その時期にできなかったので，すべり方，遊び方がわからない，体力も落ちている。成長の過程で身につける。防災の意識は高まっている，無線も保育園に入るようになったし，防災ずきんはユニセフからの寄付だ。園庭にモニタリングポストがあって，数値の心配はしていない。給食は毎日出しているが，福島産のものは使っていない。毎日，放射線量を量って公表している」(2014 年 10 月聞き取り)。

〈たいら薄磯地区の人々〉
　薄磯には塩屋埼灯台と海水浴場という大きな二つの観光資源がある。特に，灯台は美空ひばりの代表曲「みだれ髪」で有名になっている。今でも彼女のファンが足を運ぶ場所だ。塩屋埼薄磯観光組合は 60 年の歴史があり，地元にも根付いていた。年間行事は，観光シーズンに合わせて行う海岸清掃や道路掃除のほか，美空ひばりの命日に灯台下で行う供養祭などがあった。
「海水浴場は平成元年前後がピークだったのかもしれない。最盛期のころは，日焼け大会や宝探し，ビーチバレーなどの催しを行って盛り上がった。レジャーの多様化で少しずつお客さんが減ったが，それでも震災前の 2010 年の夏は市内の海水浴場のなかで一番の客入りだった。他の海水浴場が軒並み下火になっているなか，毎年，海の家が 3〜4 軒建つのは薄磯だけだったと思う。海岸の堤防工事が終われば，いずれは他地区のように海水浴場も再開するのだろう。しかし，汚染水問題が解決しないなか，お客さんが来るのだろうか」。やる人が少ない。中には津波被害で亡くなっている人もいるのし，以前のようにはできないと組合長は語る (2014 年 10 月聞き取り)。
　薄磯地区で民宿を経営していた鈴木さん (仮名) は，震災当時を次のように語った。
「大津波が来るという予報も始まった。しばらくして，庭から海を見たら遠くの水平線のところが盛り上がって，色も黒く変わっているのが見えた。これは

大変だと思い，避難するにも時間がないので，家族と一緒に民宿の屋上に避難した。近所の3軒ぐらいの人が走ってうちに逃げて来て，建物に津波が入ってくるのと同時に2階に上がった。豊間からも親子が避難して来て，5世帯ぐらいの人と一緒に一夜を過ごした。次の日は地区の人が全員，豊間小学校に集められて，みんなで避難することになり，歩いて県道沿いの葬祭場まで行った。私は母を背負って歩いた。乗ったバスごとに避難先が決まっていたようで，私たちのバスは中央台東小学校行きだった。そこには，薄磯，豊間から集まった100人ぐらいの人がいて，3号機爆発のころまで3～4日はいたと思う。原発の危険な状態が伝えられるようになると，少しずつ他県に避難する人が出てきた。私たちも私の弟がいる千葉県に行った。そのあとも家族だけは千葉に1か月ぐらいいたが，私は次の日に薄磯に戻ってきた。近くの妹の家に寝泊まりしながら，民宿のバスを動かして道を作ったり，毎日，遺体の捜索を手伝ったりしていた。しばらくして落ち着くと，たいらに借り上げ住宅を借りてそこにみんなで移り住んだ。遺体捜索が一段落し，今度は自分の家の片づけが始まった。大規模半壊，床上浸水だったので，まずは床の下の泥をかきださなければならなかった。近所では3軒ほど，津波の被害を免れて無事だった家があったが，その人たちも毎日来て，おにぎりを差し入れて助けてくれた。震災以来毎日，同じような工事の風景を見て過ごしている。最近は，この景色に慣れすぎてしまい，何も感じなくなってしまった。震災のすぐあとは，道を通るたびに，『ここの誰さんが亡くなったんだな』『ここではあの人が…』と亡くなった人や行方不明の顔が思い浮かんだのだが。近頃はなぜか，当時のこともうまく思い出せなくなっている」(2014年11月聞き取り)。

　復興協議委員会のメンバーである岸本さん(仮名)は，どうしたら薄磯に人が戻ってくるか，復興協議委員会で話し合っている。「今までは，町を作ろうなんて考えたこともなかった。自然と町ができていたし，私たちがどこかに引っ越していったとしても，そこに元々町はあるものですし。町を自分たちで作るなんて，なかなか考えられない。でも今度は，自分たちで作っていくことを考えなくちゃいけない」(2014年12月聞き取り)。元来，人同士のつながりが深く，外部からの人が入ってくるのを好まなかった地域性がある。彼女の父は地区外出身で，50年もこの地区に住んでいるにもかかわらず，「自分はよそものだか

ら」と今でも言うという。もとから薄磯に住んでいた，「薄磯愛」が強い人が戻ってくると感じている。復興に向けて情報発信をしている。

おわりに

　本節では，インタビュー集の中からほんの一端を紹介してきた。情報が錯綜する中，自主的に避難した人々や政府の指示のままに避難を強いられた人々，両者とも日常の生活拠点を根底から変えざるを得なかったことは確かである。賠償金が異なることで，避難者同士でも様々な軋轢も生んだ。同じコミュニティ内でも分断が生じた。経済的に精神的に追い込まれた避難者という「災害弱者」を生んだことも確かである。一方，避難せずにいた人々も放射能汚染に日々恐れながら，普通を装うことで日常を保っていた。悩みながらもコミュニティの再建や町の復興に携わっている人々もいる。そのような状況に置かれた人々の数年間の経験を記録として残すことは貴重である。普通の人々の経験を語りにして残すこと，次世代が語り継ぐことが必要である。

　「復興」とは被災者の生活基盤を整え，彼らが幸せになることだとするならば，彼らの経験した語りの中にそのヒントがあるのかもしれない。今後の教訓にどのように生かされるのかは数十年後を待たなければならないが，少なくとも，当時の人々が経験した事柄の一端から何かをつかむことはできるはずである。その一助になれば幸いである。

（堀川直子）

【謝辞】本稿の執筆にはJSPS科研費基盤研究(S)（研究課題番号25220403，研究代表者：山川充夫）の助成を受けた研究成果を使用しています。
　インタビューに協力してくれた方々に敬意を表します。

【参考文献】
福島県避難者支援課 http://www.pref.fukushima.lg.jp。
堀川直子「大惨事と自主的判断——福島原発災害後の「母子避難」の意味を問う」高倉浩樹・山口　睦編『震災後の地域文化と被災者の民俗誌——フィールド災害人文学の構築』新泉社，2018年。

III 原子力災害による長期的被害とその可視化
―― 原爆被災と被爆者の事例から ――

1 原子力災害の長期性と不可視性

　原子力災害が引き起こす被害が甚大かつ複雑なものとなりうることは誰もが認めるであろう。しかしそれが実際に起こった場合，いかなる被害が，どのような範囲に，どの程度，いつまで生じるのかについて，具体的に明らかにすることは簡単ではない。原子力災害からの復興においては，放射能／放射線による被害という容易ではない存在と取り組まざるを得ない。福島で2011年に発生し，今もなおその渦中にあり，そしてこれからもなお続くであろう問題は，まさにそのような性質を持っている。

　放射線による被害との付き合い方は難しく，「復興」を困難にしている。特に困難をもたらしているのは，その影響や被害が長期的に及ぶ可能性があることと，見えづらく不可視であることの2点である。

　このような「わからなさ」は，それ自体で，ある種の固有の被害をもたらしうる。自覚がなくとも実際には被害を受けているのかもしれない（いわゆる「第二種の過誤」）。逆に，被害を受けたと自認しているにも関わらず実際には問題とすべきほどではないのかもしれない（いわゆる「第一種の過誤」）。いずれも「過誤」ではあるが，間違えた個人の責任を問うのは適切だといえるだろうか。なにしろ放射線は「わからない」のであるから。また，後者の第一種過誤の場合，つまり実害がなかった場合でも，それが「被害なし」だとは言いきれない。被害の自認を持ちながらの人生を余儀なくされるという意味では，その人の生活が破壊されたと見なすに十分なのではなかろうか。

　このような原子力災害の長期にわたる「わからなさ」に対して，われわれはどのように対処することができるだろうか。まずとるべき道は，正確な科学的知識を求めて少しでも「わかる」ようにすることであろう。そしてもうひとつの道は，先行する原子力災害の経験から，実際に人々がそれにどのように対処し，

どのような結果や成果を得てきたのかを学ぶことであろう[(1)]。また他にも選択肢はありうるだろうが、本稿ではこのふたつの道のうち後者のアプローチからの議論を進めることにしたい。1945年8月の原爆被災——特に広島の場合——とその後の70年以上に及ぶ復興過程を事例に取り上げて、原子力災害の長期性と不可視性にまつわる諸問題について考察する。

2　さまざまな「復興」の時間

1945年8月6日の朝、広島に投下された原子爆弾は、史上初かつ最大規模の核／原子力による災禍をもたらした。その被害の甚大さは、広く知られているように、広島という都市がまるごと壊滅したといっても過言ではないほどのものであった（広島市長崎市原爆災害誌編集委員会編, 1979）。

広島は極めて深い痛手を受けたが、被害の大きさの割には、物理的な次元での復興は思いのほか早かった。1949年に日本初の特別法として制定された平和都市法（広島平和記念都市建設法）を強力な後ろ盾として、国による補助も受けつつ、都市基盤の整備は急速に進んだ（松尾, 2017）。被爆から13年後の1958年には、復興がひと区切りしたことを示すかのように、広島復興大博覧会が行われている（広島復興大博覧会誌編集委員会編, 1959）。

他方で、人と社会への影響は容易には消えなかった。むしろ時間とともに問題は深く複雑になる面もあった。

身体の面では、放射線による健康への影響が懸念され続けている。もちろん被爆直後の時点では放射線による急性障害は顕著にあり、広島では被爆8ヶ月後までの急性期死亡者のうち20%、つまり2万人以上が放射線障害を死亡要因としているという[(2)]。後障害については、発がんリスクが生涯にわたって高くなることが明らかになっている。がん以外の様々な疾患に関しても、被爆者は罹患率や死亡率が他より高くなっている（ただし医学的にはそれが放射線の直接の影響だとは証明されてはいない）。被爆二世への遺伝的影響も懸念されて

---

(1)　このふたつのアプローチは相互排他的なものではない。むしろ複眼的に両方のアプローチをとることが、問題をよりよく理解するためにも望ましい。

(2)　このことは、外傷や熱傷などを死亡要因とする他の多数の犠牲者に、放射線の顕著な影響がなかったことを意味するものではない。

きたが，医学研究では現在のところ否定されている（放射線被曝者医療国際協力推進協議会編，2012）。

　心理面では，多くの被爆者が深刻な傷を抱え続けていることが，様々な研究によって明らかにされている。被爆後しばらくは身体面への影響や後遺症に関心が集中していたなかで，いち早く心理面での影響を明らかにしたのは，精神医学者のR. リフトンであった。リフトンは1962年に広島にて被爆者70余人への面接調査を行い，原爆によって「見えざる破壊」を受け，心の内に刻まれた「罪意識」や「死」を抱えたまま生きざるをえない被爆者像を描き出した（Lifton, 1967）。心の被害に関する研究はリフトン以降も様々に行われていくが，被爆後半世紀が過ぎようとも決して過去の問題とはならず，今なおアクチュアルな問題となっていることが浮き彫りにされている（中澤，2007）。

　さらに社会的な次元にまで視野を広げると，原爆による被害や影響は，様々な問題が絡み合うようにして社会に根を張るように固着しており，長い時間を経ても消し去ることができないばかりか，時にはさらに増幅されていくことがわかっている。たとえば青木秀男（1977）は，社会のなかに被爆者への「近づきがたさ」が生まれ，それが被爆者差別へとつながるさまを明らかにしている。濱谷正晴（2005）は，大規模サーベイ調査の分析を通じて，被爆者の〈不安と苦しみに満ちた人生〉を描き出すと同時に，そうした被爆者に長らく「受忍」と「沈黙」を強い続けてきた社会のあり方を問うている。

　このように原爆の被害は重層的に及んだ。それと同様に，それからのリカバリーないし復興の過程も重層的な歩みとなった。そしてその複数の層の間にはズレや矛盾も生じた。比較的早く解消する被害も，長く持続する被害も，あるいは原爆後に新たに生じる被害さえもあった。その中で物理的な次元での復興が先行したのは，それ自体は良いことであったのは言うまでもないが，他の被害の残存から目を逸らさせてしまう一因になったことは否定できない。

---

(3) リフトンの被爆者研究は，その後発展していくトラウマやPTSDといった概念の重要な源流となっている。

3　原爆被害の不可視性と可視化

　原爆による身体への被害は，とくに被爆直後においては生死に直結する激烈さが広く見られたし，その後しばらくの間もケロイドに代表される表徴がしばしば伴った。しかし時間がたつにつれて，人々の心身への影響は，むしろ不可視性に特徴づけられるものが中心になっていく。

　この不可視性は，何より放射線とその影響が目に見えづらいものであることによる。また，それに加えて，時間の経過とともに誰が被害者なのかが見えづらい状況になっていったことも，きわめて重要である。広島の住民は誰もが原爆の被害者だと自明視できたのは，被爆後ごくわずかの期間だけであった。広島市における被爆者健康手帳所持者の対人口比をみると，被爆17年後の1962年には，すでに2割を割り込んで19.3％となっている[(4)]。

　放射線による被害の不可視性は，非被爆者も含めた世間一般に恐れや不安が広がることにつながった（山本，2015）。さらに，敗戦後1952年まで続いた連合国軍による占領体制下においては，原爆に関する報道や言論は厳しく制限されており（Braw, 1986），原爆や放射線の被害を語ること知ろうとすることは抑圧された。いわばタブーとなることで，問題を忘却させ，拗らせ，被害者への援護や補償を不十分にし，さらには差別等の二次被害を生むことにもなった[(5)]。

　タブーとして抑圧された原爆体験を改めて可視化しようとする試みは，被爆後10年を経過した頃になってようやく動き出している。さらに，それが本格化し大きなうねりを形成するまでは，被爆20年後の1965年頃まで待たねばならない。

　こうした可視化の動きが生じたのには重要な背景があった。そのひとつは，

---

(4)　広島市において被爆者健康手帳所持者の対人口比が10％を割ったのは1990年，5％を下回ったは2014年のことである（広島市，2016；n.d.）。
(5)　放射線による障害の「伝染」や「遺伝」を恐れた結婚差別に代表される被爆者差別の存在は，表立って語られない常識として世間一般で広く知られてきたが，その実態を記録した資料は思いのほか少なく，整理がなされていない。今後忘却されることのないよう社会的に取り組むことが求められていると思われる。

他の核／原子力問題との関連で改めて原爆放射能の被害に注目が集まったことである。1954年にビキニ水爆実験で第五福竜丸が被爆した事件は，社会一般の関心が核／原子力や放射能に向けられる契機となり，また，原水爆禁止運動に火をつけることとなった（第五福竜丸平和協会編，1976）。それに伴い，とくに放射線による被害を中心とした原爆災害の実相とその10年間の歩みに，遅ればせながら目を向けようとする機運が高まったのである。

もうひとつの背景は，上述した流れと密接に関連するものであるが，原爆被害者への国家補償を求める運動が高揚したことである。社会のなかで大きな声を上げる力を持ち得ない状況に置かれていた被爆者たちであったが，1956年になって初めて包括的な形での組織化を進めることに成功した。「あの瞬間に死ななかった私たちが今やっと立ち上がって集ま」り結成された日本原水爆被害者団体協議会（被団協）は，政府に対して原爆被害に対する国家補償を要求する運動に，先頭に立って取り組んでいった（日本原水爆被害者団体協議会，2009）。こうした運動がひとつの頂点に達するのは1960年代中盤であり，1968年に公布された原爆特別措置法[6]は，そうして勝ち得た貴重な成果であった。

大づかみにいって，被爆者に対する調査や研究，とりわけ生活状況や心理的社会的状況に注目した調査や研究が行われるようになるのは，被爆から20年が経った1965年頃からである（浜ほか編，2013）。それ以降は，誰がどのような被害を受けたのかを可視化し再発見しようとする試みは，多様に展開している。しかし，不可視のまま放置されていた20年もの時間は，非常に重い意味を持つ。社会が被爆者への原爆被害に注目するまでには，核／原子力に関する世論の盛り上がりと，被爆者自身が立ち上がることが必要だったのである。

4 「被爆者」という主体の形成

原爆被害の可視化は，被爆後相当の時間を要したが，ひとたび軌道に乗ると様々な形で着実に進んでいった。その際に特に重要な意味を持ったのは，

---

[6] 被爆者に対する援護や補償に関する法的な枠組みの大要については直野（2011）を参照されたい。

それまでに知られていなかった「被爆者」というカテゴリーが構築され，世間一般に定着していったことであった。

直野章子（2015）によると，「被爆者」というカテゴリーは当初から自明のものではなく，原爆被災の後から時間をかけて生成されたものであったという。そもそも「被爆」という語の意味合いも，もとは「空爆を受ける」ことを指しており，原爆の放射能に晒されることを指示するものではなかったという。

当時の報道や言論のなかでは，原爆被害者（とくに生存原爆被害者）をどう呼称していただろうか。いくつかランダムに事例を見てみよう。

原爆報道の歴史において最大級の衝撃をもたらしたのは，占領が終了し報道の自由を一応回復した直後に刊行された『アサヒグラフ』の「原爆被害の初公開」特集号（1952年8月6日号）であるが，その中では「被爆者」の語は一度も使われていない。それに相当するような語もあまり使われておらず，一部に「原爆被害者」「原爆生き残り」という表現を見るにとどまっている。他の新聞報道においても，「原爆患者」「原爆生存者」（毎日新聞1949年4月12日）であるとか，「原子爆弾生存者」（朝日新聞1956年12月1日）といった語を用いる記事を確認することができる（小田切，1988）。

直野（2015）は『中国新聞』の記事での「被爆者」の語の用例を調査している。それに従うと，原爆投下から5年間ではわずか7件しか使われていなかったのが，1954年を境にぐんと増え，その後は原水爆禁止運動関連の記事で多用されるようになり，原爆被害者をさす総称として定着していったのだという。

同じように国立国会図書館に所蔵された資料を調べてみると，タイトルに「被爆者」を含んだ資料は，1954年までにわずか12しかない。それが1950年代後半から急速かつ着実に増えていき，一旦1980年代後半から落ち込むものの，2005年以降は再び元の水準を回復している（次頁図1参照）。この中でさらに注目すべきは分野別に見た資料数である。医学・自然科学分野の専門的な資料を除外してみると，「被爆者」を表題に含むものが現れるのは，実質的に1965年以降のことだといってよい。[7]

---

(7) この段落の記述は筆者によるNDL-OPACでの検索の結果にもとづいている。個々の資料が医学・自然科学分野のものであるかどうかは，表題，著者，掲載誌のみを参考にして筆者の主観で判断している。大づかみな目安として理解していただきたい。

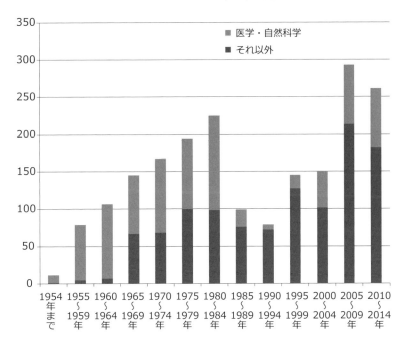

図1 国会図書館に所蔵された「被爆者」を表題に含む資料の数
出所：NDL-OPACでの検索結果より筆者作成（2017年9月）。

　つまり、もともと「被爆者」は主として医学・自然科学系の専門用語として使われ始め、それが社会一般に定着するのは、被爆から20年が経過した1960年代中盤以降であった。それはちょうど、前述したように被爆者への国家補償を求める運動が高揚した時期でもあった。

　この時期的な一致は単なる偶然だろうか。決してそうとは思われない。そこには「名付けのポリティクス」とでもいうべきメカニズムが存在していると考えたい。このことについて直野（2015）は「被爆者運動と『原爆被害者』の主体化」として論じている。彼女が述べる通り、「被爆者」という固有の名称が与えられることで、日本中世界中に散在し見えづらい存在となっていた多数の被爆者たちは、ひとつの主体として社会的に明確な位置付けを獲得していくのである。

　「被爆者」というカテゴリーが定着する過程の中で大きな役割を果たしたの

は，1957年に制定された原爆医療法（原子爆弾被爆者の医療等に関する法律）であった。この法律で定められた補償は内容も範囲も十分とはいえなかったが，その対象となる者を「被爆者」として定義している点では，大変に画期的なものであった。

　原爆医療法における「被爆者」の定義は，「原子爆弾が投下された際当時の広島市若しくは長崎市の区域内又は政令で定めるこれらに隣接する区域内にあつた者」で，かつ「被爆者健康手帳の交付を受けたもの」という規定が基本となっている。(8) この定義の特徴は，被害や障害の状況や程度ではなく，原爆投下の時点で「どこにいたか」で判断する点にある。広島の場合は当初は爆心地から2km以内，その後段階的に拡大し現在では5km程度までがその「区域」に定められている。

　1945年8月6日に爆心地から半径5kmの同心円内で起こったことは，いうまでもなく一様でも均質でもない。その中にいた数十万人の人々は，多種多様な原爆体験をしていたはずである。爆心地から1km地点にいた人と5km地点にいた人では，具体的な被害のありさまもその後の問題状況も全く異なってくるだろう。もとより個々人の原爆体験の内実や意味は距離だけに還元されるものではないだろう。しかしそうした違いを基本的には無視して，この法は「被爆者」という一つのカテゴリーを与えたのである。

　「被爆者」というカテゴリーは，ひとたびそれが形成されると，一人一人にとっての固定的な「属性」ないし「身分」として機能した。行政による被爆者認定という公的なハードルがあったが，一度それを通過して被爆者手帳を持つことになると，生涯「被爆者」でいつづけることが運命づけられた。(9)

---

(8) この他にも入市被爆者や胎内被爆者なども「被爆者」として定義されている。また，のちに廃止されるが，当初は一般被爆者と区別する「特別被爆者」というカテゴリーも存在していた。原爆医療法やその他の関連する法や制度について，あるいはそれにもとづく被爆者援護の働きについては，広島市（1996）や直野（2011）などで概要を知ることができる。

(9) 被爆者手帳は更新という概念もあるにはあるが，その返納は想定されていないし，被爆者認定の解消という仕組みも作られていない。このような「被爆者」という身分の特性があるがゆえに，それに抵抗を感じ，資格がありつつもあえて被爆者認定を申請しなかった例も少なくない。

「被爆者」の均質なメンバーシップは，「被爆者」という集団を，その内部にある多様性を一旦括弧に入れることで，大きく力あるものにしたのではないだろうか。原爆を体験した数多くの人々は，「被爆者」となることで固有の集団を形成する一員となり，社会的にケアされ，国によって補償されるべき対象としての具体性を帯びるようになった。また，そうした補償の実現を目指して戦う主体としての立場を確立していった。

　もちろん「被爆者」というカテゴリーのこうした特性がもたらす問題もあった。原爆を体験した人であっても自分自身を「被爆者」と自認することに困難を感じる場合も当然にある[10]。それはアイデンティティの葛藤などの問題につながってくることであろう。また，固定的な「属性」「身分」であることは，上述したエンパワーメントの効果も考えられる一方で，差別へと容易に展開するスティグマ化が生じる要因ともなりうる。

　このような「被爆者」カテゴリーの社会的構築による原爆被害の可視化が，いかなる意味を持ちどのように評価できることであったのかについては，明快な結論を簡単に提示できることではないかもしれない。しかし確実に言えるのは，「被爆者」がいなければ，被爆者問題も被爆者対策も存在し得なかったことである。その社会的な重要性は忘れるべきではない。

5　原子力災害からの「復興」のために

　原子力災害による被害は様々な領域に様々な形で及ぶが，なかでも人と社会に対する被害に着目するならば，それからの「復興」のためには，「誰が」「なぜ」「どのように」「いつまで」社会的にケアされるべきかについての合意形成が重要になるといえるだろう。なぜならば，これまで原爆被災の事例から見てきたように，原子力災害であるがゆえの問題として，誰が被害者なのか，どのような被害が及んでいるのか，被害がいつまで持続するのかが不可視になりがちだからである。本稿では十分には触れなかったが，少なくとも原爆後の歴史

---

(10)　たとえば「被爆者」であるA氏は，命を奪われた無数の人々のことを考えると，生き延びることのできた程度にしか傷を負わなかった自分が「被爆」したと名乗るのは忍びない，自分は「被爆者」ではなく「生き残り」であるにすぎない，という旨の発言をしている（2017年8月6日，広島市中区にて行われた被爆証言会にて）。

的経緯についてのみいえば，それらのいずれもが過小評価されがちであったのは否定しえない事実である。

　以上のような文脈を念頭に置いて考えるならば，「被爆者」というひとつのカテゴリーが形成され世間一般に広がっていったことは，被害の過小評価や忘却に抗うための前提条件として，無比の役割を果たしたということができるだろう。世間一般に広まった「被爆者」像には，ステレオタイプ的な認識や偏見・差別につながる種も含まれていたかもしれないが，その大きな存在感や象徴的な意味合いは，重要な積極的役割を果たした(11)。今ここに「被爆者」がいること，「被爆者」が苦しみを抱えて生きていることを知らしめる力を持ったのである。

　ここで翻って，原爆災害の事例から他の原子力災害，とくに福島が経験している原子力災害へと視点を広げてみたい。言うまでもなく広島と福島で生じたことには大きな差異があり，安易な比較や類推は慎まねばならないが(12)，放射能／放射線による被害を受け，その影響と長期間にわたって向き合わねばならなくなる（あるいはそのようになる可能性がある）多くの人々が生み出された点では，非常に近い出来事であったといえる。

　福島の原発事故はさまざまな被害をもたらしたが，今のところ，人の身体への放射線による影響は甚大なものとはいえないように見受けられる。しかし，原子力災害の被害を受けた人々にとって，それはすでに過ぎたこと，解決したことなのかといえば，必ずしもそうだと断ずることはできないであろう。放射能／放射線は「わからなさ」を多分に含んでいる上に，その影響や後影響はかなり長いタイムスパンで問題となる可能性がある。さらにそれは，心理面や社会生活上での問題などへと波及していく契機を多分に含んでいる。

　とすれば，発災からある程度の時間が経過した現在であるからこそ，改め

---

(11) 「被爆者」という語が持つインパクトは海外にも及んでいる。例えば The Random House Dictionary of the English Language や Collins English Dictionary においては，'hibakusha' が見出しとして立項されている。
(12) 改めて指摘するまでもないが，広島が「戦争」であったことと福島が「事故」であったことは根本的な相違である。また，原子力災害としての共通点である放射線による被害に局限してみても，それによって大量の死がもたらされた広島と，そうではない福島とでは，かなり状況が異なっていることは確かである。

て長いタイムスパンでの問題へ対処できるような体制を構築していくことが必要になってくる。そこでは，原子力災害が心身や社会生活に及ぼす影響を持続的に調査することや，その時その状況に応じたサポートを提供できる仕組みを作り維持していくこと，爾後も何らかの新しい被害が生じる可能性に目を向けることなどが柱となるだろう。

　こうした対処を実現するためには，その基盤として，社会的な理解と合意を形成していくことが欠かせない。しかしそれは「時間との戦い」となる。つまり，時間の経過とともに生じるであろう忘却，風化，関心の喪失との戦いである。それはまた被害者自身にとっても同様である。内的外的な抑圧は起こりうる。少なくとも広島の経験では，長期に及ぶ抑圧があり，それから解放されるまで20年もの歳月が必要であった。いかに長期戦を乗り切っていくかが問われる。

　福島での原子力災害の被害者は，複合災害である東日本大震災の被害者として「被災者」と呼ばれた。さまざまな災害において一般的に使われる「被災者」というカテゴリーは，その災禍によって被害を受けた者にあまねく付与される。「被災者」の名辞は社会的なケアやサポートを当然受けるべき地位を表徴するが，復興が進むにつれて，被害者たちは「被災者」という地位を返上していく。また，ある一定の時間が経過すると，社会はその被害者たちを「被災者」と呼ぶことを止めるようになる。つまり，「被災者」というカテゴリーには，長期的な展望へとつながるような要素はあまり含まれておらず，むしろ被害者には早々に「被災者」でなくなることが期待されるという意味で，かなり短かめの時間感覚がつきまとう。「被爆者」とは異なり，「被災者」は生涯を通じて背負うべきものではないのである。

　原子力災害の被害者を呼称するには「被災者」というカテゴリーでは不足である。長期戦に耐えるだけの持続力を持たず，また，原子力災害の固有性を表象するだけのイメージの広がりに欠けている。これから避け難く生じるであろう忘却や風化との戦いのなかで，数多くの被害者が結集し主体的存在として力を得なければならないのではなかろうか。もちろん，だからといって福島の被害者を「被ばく者」と呼べば良いという単純な問題ではないであろう。しかし，原子力災害の被害者は，「被災者」のままでいるのには止まらず，何者かになっていく必要があるのではないかと思われる。また，誤ったスティグマを

過剰に押し付ける危険性を恐れつつも、社会一般としても被害者たちを他ではない何者かとして認識していくべきではないかと思われる。原子力災害からの復興はそこから始まる。時間の経過とともに被害者と被害の存在を不当に忘れていくことは避けねばならない。

（松尾浩一郎）

【謝辞】本稿の執筆にはJSPS科研費基盤研究(S)（研究課題番号 25220403, 研究代表者：山川充夫）の助成を受けた研究成果を使用しています。

【参考文献】
青木秀男（1977）「「被爆者差別」に関する態度と行為の分析」『商業経済研究所報』15：65-90, 広島修道大学。
Braw, M. (1986) *The Atomic Bomb Suppressed: American Censorship in Japan 1945-1949*, Liber International.（繁沢敦子訳『検閲——原爆報道はどう禁じられたのか』新版，時事通信出版局，2011年）
第五福竜丸平和協会編（1976）『ビキニ水爆被災資料集』東京大学出版会。
浜谷出夫・有末 賢・竹村英樹編（2013）『被爆者調査を読む——ヒロシマ・ナガサキの継承』慶應義塾大学出版会。
濱谷正晴（2005）『原爆体験——6744人・死と生の証言』岩波書店。
広島復興大博覧会誌編集委員会編（1959）『広島復興大博覧会誌』広島市。
広島市（1996）『広島市原爆被爆者援護行政史』。
広島市（2016）『広島市統計書（平成28年度）』。
広島市，n.d.，『被爆者健康手帳交付状況（各年度末現在）』, http://www.city.hiroshima.lg.jp/www/contents/1123468924687/index.html（2017年9月閲覧）
広島市長崎市原爆災害誌編集委員会編（1979）『広島・長崎の原爆災害』岩波書店。
放射線被曝者医療国際協力推進協議会編（2012）『原爆放射線の人体影響』改訂第2版, 文光堂。
Lifton, R. J. (1967) *Death in Life: Survivors of Hiroshima*, Random House.（桝井迪夫ほか訳『ヒロシマを生き抜く——精神史的考察（上・下）』岩波現代文庫，2009年）
松尾浩一郎（2017）「平和都市の形成と変容——被爆都市広島の復興過程とシンボルの役割」『法学研究』90 (1), 407-429。
直野章子（2011）『被ばくと補償——広島，長崎，そして福島』平凡社新書。
直野章子（2015）『原爆体験と戦後日本——記憶の形成と継承』岩波書店。
中澤正夫（2007）『ヒバクシャの心の傷を追って』岩波書店。
日本原水爆被害者団体協議会（2009）『ふたたび被爆者をつくるな——日本被団協50年史』あけび書房。
小田切秀雄監修（1988）『新聞資料原爆』日本図書センター。
山本昭宏（2015）『核と日本人——ヒロシマ・ゴジラ・フクシマ』中央公論新社。

第3章　福島の復興過程

I　福島の復興過程と災害経験知の伝承

1　はじめに

　災害とは主として自然現象が人間生活に負の影響を与える現象を指す。災害を引き起こす自然現象にはさまざまな種類がある。自然現象の例としては，竜巻，台風，土砂災害，洪水，火山噴火，地震，津波などが良く知られている。また，2011年に福島で発生した原子力災害は純粋に自然現象だけではなく，人間の過失も原因の一つであった。

　人間は災害によって受けた負の影響から，被災前と同程度あるいは被災前よりもさらに発展した地域を再構築しなければならない。この再構築の過程を復興プロセスと呼ぶ。日本はさまざまな自然災害が発生する災害大国であり，上で述べたような災害が毎年のように発生している。このような背景を持つ日本では研究者，行政，NPOなどあらゆる立場で災害対応の経験を蓄積してきた。こうしたこともあり，過去3回の国連防災会議はいずれも日本で開催された（第1回1994年は横浜，第2回2005年は神戸，第3回2015年は仙台）。

　災害を時系列でみると大きくは防災→被災→復興のサイクルである。したがって過去の災害への対応例を知識として蓄積することで，その次の災害を軽減する可能性が見えてくる。本稿では，東日本大震災を含めた多様な災害について(1)災害復興プロセスの時系列区分とその空間的展開，(2)異種災害における復興プロセスの共通点とそこから得られる災害の知識，さらに(3)災害の記録と伝承について述べる。

2 復興の時系列区分とその空間的展開

　ここではいくつかの自然災害とその復興過程および復興の空間的展開について述べる。事例として，2000年三宅島噴火，2004年新潟県中越地震および2011年に発生した東日本大震災を挙げる。まずはそれぞれの災害について概要を述べる。

　三宅島は海底数百mからなる単体の火山である。海底にある山麓は直径約40kmで，海底部分も合わせた火山全体の高さは約1600mである。この火山の海上部分が「三宅島」である。海上部分である三宅島は直径約8km，標高約700mの大きさを持つ。2000年三宅島噴火の始まりは，2000年6月26日の夕方，火山性群発地震を観測したことであった。以下の記録は東京都総合防災部による。6月27日に三宅島西方の海底で小規模な噴火が起こった。7月に入ると山頂直下で微少な地震が発生し，4日には有感地震が観測された。この有感地震を受けて三宅村は山頂付近への立ち入りを禁止した。8日にはカルデラが大きく陥没した。14～15日にかけては山頂のカルデラから火山灰が噴出した。この火山灰はこれまで三宅島でみられた黒色のスコリアとは異なり，白色をしていた。白色の火山灰は固結すると水を通しにくい性質を持つため，土石流などの原因となった。とくに，7月26日の豪雨による火山泥流災害は島内一周道路をはじめとする島内インフラに甚大なる被害を引き起こした。さらに8月18日には噴煙柱が14,000mの高さに達する2000年三宅島噴火の中で最大規模の噴火が発生した。同月29日には，噴火による噴煙柱が神着地区，坪田地区に崩れて落下し，低温火砕流となった。

　2000年三宅島噴火の最大の特徴は二酸化硫黄を含む大量の火山ガスの噴出であった。二酸化硫黄の放出は2000年7月に日量8万トンを超える量を記録し，以後2001年までは日量数万トンを記録し続けた。2003年から2007年までは日量数千トンまで減少し，2010年以降は日量1千トン以下にまで低下した。火山ガスの大量噴出は1985年の噴火災害を経験し，ある程度は噴火災害に「慣れた」島民にとってはまさに想定外であり，さらには長期避難の原因ともなった。一連の噴火活動を受けて2000年9月2日に三宅村から全島民に対して島外避難指示が発令された。その後，三宅村は現地災害対策本部を

表1　2000年三宅島噴火の概要と全島避難および一時帰宅

年	月	噴火の概要	島民の避難・一時帰宅
2000	6	地震が多発．海底噴火の発生．	
	7	山頂で噴火し，カルデラが陥没．	
	8	噴煙柱が高さ14,000mに達し，水蒸気爆発や低温火砕流が発生．火山ガスに対する注意が出る．	
	9	噴煙が観測され，連日数万トンの火山ガスを放出．	島外避難指示（全島避難）
	10	噴煙が観測され，連日数万トンの火山ガスを放出．	
	11	噴煙が観測され，連日数万トンの火山ガスを放出．	
	12	火口周辺で400℃近い高温と火映現象を観測．	
2001		火山ガス　　　　　30,000t/day	一時帰宅（8回実施）
2002		火山ガス　5,000〜30,000t/day	一時帰宅（43回実施）
2003		火山ガス　3,000〜10,000t/day	一時帰宅（87回実施）
2004		火山ガス　2,000〜 5,000t/day	一時帰宅（76回実施）
2005		火山ガス　2,000〜 5,000t/day	避難指示解除（2005年）

出所：東京都（2007），気象庁（2013）より作成．

ホテルシップ（かとれあ丸）や神津島の村営ロッジに移しながら災害対応に当たった。住民の日帰り帰村は2002年4月に始まり，2005年の全島避難解除まで継続した（表1）。

2005年の全島避難からの復興過程は次のようであった。(1)復旧関係者の夜間滞在を開始することで，帰島に向けた先遣隊の役割とした。(2)島内の商業者に生活用品売店の運営を委託し，島内の商業者の帰島を実現した。(3)作業員宿舎の環境改善のため，民宿を作業員宿舎とし，民宿関係者の帰島も可能とした。このようにして島の復旧工事に関係する業者へのサービスを避難中の島民に請け負ってもらうことで，徐々に帰島の下地を作っていき，最終的に2005年に避難指示解除となった。ただし，避難指示解除後もなお火山ガスにより立ち入り制限区域が残るなど，観光を第一の産業としていた三宅島にとり，大きなダメージとなった（髙木・瀬戸，2014）。これは同じ噴火の影響を受けた三宅島の中でも復旧・復興に地域差があることを示している。2000年三宅島噴火の事例では避難から帰村，さらには復興に至るまで一貫して火山ガスの

影響を受け続けた。火山ガスを放射線に置き換えて考えると東日本大震災における福島の事例とよく似た側面を持つと言える。

次に2004年新潟県中越地震について概説する。2004年10月23日17時56分頃，新潟県中越地方の深さ13kmの位置でMj6.8の地震（新潟県中越地震）が発生した。この地震により，新潟県の川口町で震度7，小千谷市，小国町で震度6強，長岡市，十日町市，栃尾市，中里村，越路町，三島町，川西町，刈羽村，旧堀之内町（現魚沼市），旧広神村（現魚沼市），旧入広瀬村（現魚沼市），旧守門村（現魚沼市）で震度6弱を，東北地方から近畿地方にかけて震度1から5強を，それぞれ観測した（気象庁，2004）。また，同日18時11分頃にMj6.0，18時34分頃にMj6.5の地震が発生し，いずれも最大震度6強を観測した。新潟県（2004a）の報告によると，2004年11月24日の時点で，この地震による被害は死者40名，負傷者2,859名，全壊・半壊家屋7,822棟，道路の破損6,062箇所，ならびに地すべり・崖崩れ442箇所等となっている。この中で旧山古志村では地震発生翌日の10月24日10時に全住民に避難勧告が発令され，さらに25日には避難指示に切り替えられた。その後，12月22日になって避難した全村民の仮設住宅入居が完了した。2004年新潟県中越地震は市町村合併が進められている最中で起きた。地震の発生後も市町村合併は続き，山古志村は2005年3月で閉村し，長岡市と合併した。2006年になると避難指示解除や国道291号線の開通，虫亀および種芋原診療所の再開および小中学校の再開など旧山古志村の復旧・復興が大きく進んだ。その後，2007年12月23日に「やまこし帰村式・感謝の集い」を行い，さまざまな復興が続く中である種の区切りをつけた。このように旧山古志村では一応の区切りをつけるのに3年を費やしている。他方で全村避難をしなかった後述の半蔵金集落などはもう少し短い時間で農地の復興を成し遂げている。三宅島の噴火同様に同じ災害の被災地でも復興に地域差があることが分かる。2004年新潟県中越地震では被災地が中山間地であったため，少子高齢化を始めとするさまざまな問題が震災により浮き彫りとなった。以下では耕作放棄地の拡大を事例に新潟県中越地震における社会問題の顕在化について述べる。

瀬戸・中村ほか（2005），瀬戸・高田ほか（2009）は旧山古志村に隣接する

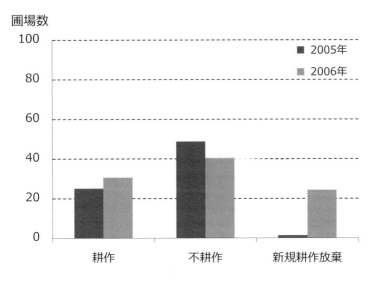

図1 耕作放棄地数の変化
出所：瀬戸・高田（2009）を一部改変。

　半蔵金集落で震災による耕作放棄地の拡大を2005年と2006年の2時点で調査している（図1）。図1のうち、「不耕作」とされている圃場は耕作放棄に至らないものの、調査時に作付けされておらず、その年に作付けする予定がない圃場である。一方、「新規耕作放棄地」とされている圃場は調査時点より後も永続的に作付けする意志がない圃場である。図1をみると耕作地が若干増え、不耕作地も減っている。他方で、新規耕作放棄地は震災直後の2005年よりも2006年の方が大幅に増加している。

　瀬戸・高田ほか（2009）は半蔵金地区の耕作放棄について次のように結論づけている。半蔵金地区では、震災前は耕作放棄された農地は、あまり多くはなかった。しかし、震災後の比較的初期の修復段階において、A. 農地が壊滅的な被害を受け、耕作不能になる、B. 農地に被害がなくても農道が使用不能になり、耕作が困難になる、C. 耕作者の住んでいた家屋が被害を受け、農地から遠いところに耕作者が転居する、D. 地震を契機として被害を受けなかった農地も含め、耕作していた農地をすべて放棄する、E. 地震を契機として地

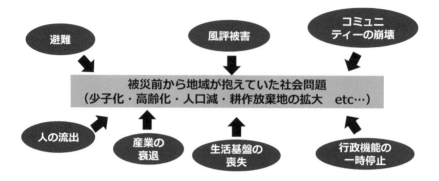

図2　災害によって顕在化する地域の社会問題

下水が得られなくなり耕作できなくなる，などの事象が耕作放棄地拡大の原因として高まった．その後，修復が進む過程でAおよびBは補助金交付や自己資金による修復などで解決の方向へ進んだ．しかしながら残りの問題点については震災後時間がたつにつれて深刻化したことが明らかとなった．最終的に耕作放棄地が震災前と比べてどれくらい増加したかについては最新の調査を待つ必要があるが，少なくとも耕作地全体の30〜40％は耕作放棄されたと考えられる．

この背景には中山間地が被災前から抱えていたさまざまな社会問題が震災により顕在化したことが挙げられる．すなわち，災害が地域社会に与えた負のインパクトによって，さまざまな問題が目に見える形で露出したのである（図2）．

このような現象は後述する東日本大震災の被災地でも見られた．地域が抱える社会問題が急速に露出することは災害からの復興にとり，大きな足かせとなることは想像に難くない．特に後述する東日本大震災では被災地が広大であることや中山間地に限らず都市部も被災し，さらには2000年三宅島噴火やここで紹介した2004年新潟県中越地震よりも被害が長く継続することから，より複雑化・長期化し，被災地域に負の影響を継続的に与え続けることが懸念される．

最後に東日本大震災について述べる．東日本大震災とは2011年3月11日午後14時46分に三陸沖，深さ24kmを震源とする東北地方太平洋沖地震およ

びその後連鎖的に発生したさまざまな災害・事故などの総称である。東北地方太平洋沖地震の規模は Mw9.0, Mj8.4 であり，宮城県栗原市で震度 7 を記録したほか，東北日本の広い範囲で震度 6 強から 5 弱を観測した。この地震により，東北日本太平洋岸が高さ 10m を超える津波に襲われ，多数の死傷者を出した。さらに福島県では津波により福島第一原子力発電所で非常用も含めた外部電源を喪失し原子炉の冷却ができなくなる事態となった。3 月 12 日に同原子力発電所 1 号機，3 月 14 日に 3 号機が水素爆発を起こし，周辺地域が放射性物質で汚染されるという大惨事となった。

　東日本大震災の始まりは前述のとおりである。しかしながら，災害は現在に至るまで継続している。東日本大震災の最大の特徴は広域かつ長期にわたる複合災害であるという点である。東日本大震災を構成する災害は大きくは 4 区分でき，それぞれ時間を異にして発生している。すなわち，(1) 地震動，(2) 津波，(3) 原子炉の水素爆発，(4) 長期・広域避難である。この他に，例えば埋立地や堆積平野では液状化被害が発生し，さらにはダム決壊などの被害もでており，これらも災害として決して小さくはない。上記の中で人的被害を最も多く出したのは津波であり，長期・広域避難に最も影響したのは原子炉の水素爆発であると言えよう。なお，津波もかつてないほどの長期・広域避難の原因となったことをここで指摘しておく。原子炉の水素爆発は相対的に見て津波よりも長期・広域避難の大きな原因となっている。

　さて，東日本大震災について，その復興過程を概略的に述べるのは大変難しい。災害の種類が多様であり，また広域にわたるため，地域によって復興過程が異なるためである。そこで本稿では岩手県山田町の津波被害と福島県双葉郡の津波および原子力災害を例として述べる。

　岩手県山田町では町中心部で約 10m，集落によっては 16～18m の津波に襲われ，岬など海に突出した部分では最大で 30 m の津波が来襲した (山田町, 2017)。この津波により，低平な地形に立地していた集落はほぼ全て流されてしまった。また，家の多くが浸水した。三陸海岸は古くから津波被害を受けている地域である。最近では明治三陸大津波 (1896 年)，チリ地震津波 (1960 年)，昭和三陸大津波 (1933 年) を経験しており，住民も行政も津波のことは多少なりとも気にとめていたと思われる。しかしながら，主にチリ地震津波と同

規模の津波を想定して建設された防潮堤は東北地方太平洋沖地震によって発生した津波によって破壊されたり，乗り越えられたりしてしまった。住民にとっては「想定外」と感じられたことであろう。津波被災直後は集落が物理的に分断され，孤立した避難所での生活を余儀なくされた。避難生活は避難所から仮設住宅へと移り，最終的には新たに土地を買い求めて家を作るという被災者もいた。ただし，三陸海岸沿岸の冬は気温が低く，仮設住宅に入居した高齢者が震災関連死に至るケースもあった。基本的な復興としては道路・インフラの復旧，住民の仮設住宅への入居およびその後の退去，これらとほぼ同時並行的に堤防のかさ上げ工事が進められている。堤防の高さは被災前の高さ 4〜6m に対し新しい堤防は 9.6m である。

　次に福島の原子力災害について概説する。福島第一原子力発電所で発生した原子炉の水素爆発により，主として北東方向に放射性物質が飛散し，浜通りだけではなく，阿武隈山地を越えて中通り，さらには会津地方の一部までが汚染された。この事故による直接の死者はでなかったが，全村避難，全町避難および耕作地の作付け不能，漁業の停止など社会的な影響は極めて大きい。さらには除染物質の保管，処理などの問題もでており，震災から時間が経過しても原発事故によって引き起こされた問題の多くが解決に至っていない。しかも，噴出した問題がさらに異なる問題を引き起こし，相互に関連するため，原発事故が社会にもたらしたさまざまな問題は複雑な様相を呈している。詳細についてはさまざまな文献が発表されているが本稿では，Yamakawa and Yamamoto (2016) および Yamakawa and Yamamoto (2017) を紹介するにとどめる。

　このような原子力災害（事故）によって引き起こされた諸問題は未だ解決の途上にあるが，大局的にみると前述の三宅島，山古志村，山田町と同じような傾向が認められる。すなわち，図 2 に示したような被災前から地域が抱えていた問題が顕在化したことである。災害そのものによる一時的なインパクトは災害の種類（火山噴火，土砂災害，津波，原発の水素爆発）や地域によって異なるが二次的インパクトとも呼べる地域社会への影響は範囲や継続する時間が異なるものの，その本質は同じである。また，復興に要する時間が同じ災害の被災地の中において地域差がみられる点も同じである。瀬戸・髙木 (2014) はこの

第3章　福島の復興過程　111

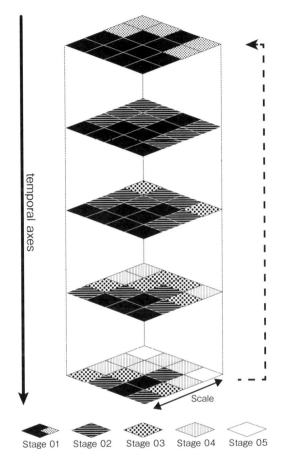

図3　モザイクモデル
出所：瀬戸・髙木（2014）。

様子を「モザイクモデル」として図化し，災害とその復興過程の一般化を試みた（図3）。

　Seto et. al.（2015）は被災後の学校教育現場をモザイクモデルに当てはめ，Stage01：生活環境の破壊（避難所生活），Stage02：学校教育環境の破壊（既存校舎での再開不可能，転居・転校），Stage03：学校教育環境の仮復旧（仮設校舎・仮設の学校体制，転校先での教育再開），Stage04：学校教育環境の大幅

な変化（児童生徒の心身の変化，進路選択の見直し・再構築），Stage05：新しい学校教育環境の出現（復興の完了），とした。被災者自身や地域の事情により，学校教育環境がどの Stage にあるのかはケースバイケースである。この状況は空間的に見ても被災者の属性から見てもモザイク状を呈しており，学校教育環境の復興はモザイクモデルでの整理が可能である。ここで重要なことは，被災者個々を見た場合には，その属性により復興の Stage は大きく変わるが，空間的に見てもある特定の地域で復興の進展が遅いなどの現象が認められることである。このことは災害復興を一般化しモデル化して考えるためには被災者の属性と空間との関わりを今後さらに整理していく必要があることを示している。

3　災害経験知の伝承

　前述のように災害には共通性があり，そこで得た経験を積み重ねることで，今後の災害においてより速やかな復興を遂げることが期待される。東日本大震災発災後，さまざまな主体（自治体，企業，民間）により，震災の記録を集めた「アーカイブズ」が構築されてきた。また，自治体や新聞社を中心に「震災の記録」を作成する動きも広がった。ただし，その多くは写真が中心であったり，時系列に物事を並べた「体験記」であったりすることが多い。もちろん，これらの情報も後世に伝えるべき重要な情報である。しかしながら，前項で述べたような震災で起きた現場での諸問題（例えば長期避難によるコミュニティ崩壊や家族の「分断」など）は三宅島の例でも山古志村の例でも東日本大震災でも発生している。このような問題をどうケアすれば良いのか，どのような施策や工夫が市町村レベル，避難者レベルで行われたのかを客観的に詳しく記録・分析し，次の災害に伝えることは極めて重要なのである。すなわち，単に記録を残すだけではなく，記録を分析した上で後世に伝えることが重要である。岩手県山田町では震災記録誌の編纂にあたり，研究者も交えつつ，過去の災害経験や東日本大震災の現場で何が起きたかを検証した（山田町，2017）。

　福島県では現在「アーカイブ拠点施設（仮称）」の設置準備中である。福島県の場合，前述のようにさまざまな災害が複合して起きている上に，それによって引き起こされた（社会）問題は複雑である。福島県ではこの災害経験を後世に伝えるため，経験を継承する相手を特定せず，「全方位的な」アーカイブ

拠点施設を設置しようとしている(福島県，2017)。福島県の震災アーカイブズの場合は数十年，百年先の資料閲覧者に災害を分析する材料を提供することが主な任務となっている。筆者は，このような震災アーカイブズを構築する時の視点の一つは地域の変容であろうと考えている。すなわち，災害によってインパクトを受けた地域はそのスケールに関わらず，災害前の状態には決して戻らないのである。復興が成功するにせよ，何らかの部分で失敗があったにせよ，地域は被災前とは異なる姿になるはずである。後世に東日本大震災を伝承するための資料はどんなものが良いか。地域にあるものを何でもかんでも収集すれば良いというわけにはいかない。そもそも，資料自体が膨大である。デジタルの資料，紙の資料，実物(例えば震災当時の学校の黒板や津波に巻き込まれて変形した車など)と資料の種類も多岐にわたる。資料収集をする上で，最も重要なことは，①震災前の地域，②震災時(避難が終わるあたりまで)の地域，③震災後の地域を象徴するものは何かを考えて資料を集めることである。すなわち，震災前の地域に「震災」というインパクトが与えられ，被災地域に変容が生じたので，この一連の事実が分かるものを幅広く収集するべきではないだろうか。さらには被災後に地域がどのように変容したのか，今後どのように変わっていくのかを考えつつ，震災資料を収集し，後世に伝えていく必要がある。福島に限らず，被害が甚大であった地域では状況はどこも同じだと思われる。

4　まとめ

本章では，2000年三宅島噴火，2004年新潟県中越地震，東日本大震災における岩手県山田町の事例および福島県の被災と復興の事例を紹介した。これらの災害には復興過程や災害後に二次的に生じる社会問題に類似性があることが分かった。復興過程の類似性については瀬戸・髙木(2014)が提唱した「モザイクモデル」で説明可能であることも示した。これらのことは，これまでの災害の記録から明らかになってきた事柄である。そこで本稿では最後に災害記録の伝承について岩手県山田町と福島県が現在取り組んでいる事例を紹介した。このような記録が蓄積し，さまざまな災害の事例を蓄積することが今後の災害対応をスムーズに行う一助となることは間違いない。

(瀬戸真之)

【謝辞】本稿の執筆にはJSPS科研費基盤研究(S)(研究課題番号25220403,研究代表者:山川充夫)の助成を受けた研究成果を使用しています。

【参考文献】

気象庁(2004)「平成16年(2004年)新潟県中越地震の被災地及び周辺地域に関する地震・気象情報」http://www.jma.go.jp/JMA_HP/jma/niigata.html。

瀬戸真之・髙木 亨(2014)「災害による社会問題の変容に注目した復興プロセスのモデル化に関する研究」『2014年度日本地理学会春季学術大会発表要旨集』DOI:10.14866/ajg.2014s.0_100004。

瀬戸真之・中村洋介・高田明典(2005)「新潟県中越地震とその被害」『2004年度立正大学大学院オープンリサーチセンター報告』pp.186-189。

瀬戸真之・高田明典・中村洋介・松尾忠直(2009)「新潟県中越地震による被災状況と耕作放棄地の拡大の可能性」『地球環境研究11』pp.7-17。

SETO Masayuki, TAKAGI Akira, HONDA Tamaki and IMAIZUMI Rie (2015). Development of disaster reconstruction model and application to post disaster education environment. Proceedings of the 1st Asian Conference on Geography, pp.48-52.

髙木 亨・瀬戸真之(2014)「3章 2000年三宅島雄山噴火による長期避難とその後の復興過程」須山聡編『離島研究Ⅴ』海青社,pp.49-64。

新潟県(2004)「平成16年新潟県中越地震による被害状況について(第66報)」http://saigai.pref.niigata.jp/content/jishin/higai1125_0900.pdf

福島県(2017)「アーカイブ拠点施設(仮称)に関する資料収集ガイドライン」https://www.pref.fukushima.lg.jp/uploaded/attachment/220283.pdf

Mitsuo Yamakawa and Daisaku Yamamoto ed.(2016). Rebuilding Fukushima. Routledge, Oxford, 187P.

Mitsuo Yamakawa and Daisaku Yamamoto ed.(2017). Unravelling Fukushima. Routledge, Oxford, 175P.

山田町(2017)『3・11 残し,語り,伝える 岩手県山田町東日本大震災の記録』272P.

Ⅱ 災害からの復旧復興プロセスと「支援」

1 はじめに

　東日本大震災による福島県の原子力災害は，これまでの災害の概念を大きく変えるものであった。それによる放射能汚染とそれを端緒とする多様な課題は，従来の自然災害への対応だけでは対処することができなかった。公害（≒人為的災害）の構造と同様に，加害企業としての東京電力があり，一方的な被害者としての福島県民という構造が発生した。こうしたことから，東日本大震災による福島県の被害状況を語るには，自然災害を契機として人為的災害を含む災害が複合的に発生した「複合災害，とくに原子力災害」を基本に据えて考えなければならない。後述するように，様々な災害の中に「公害」を位置づけ災害を再整理した（瀬戸・髙木：2014）上で，福島県の災害と向き合い，その対応をおこなうことが大切である。

　しかし，2015年の第3回国連国際防災会議での取り扱いに見られるように，福島県の災害は「自然災害ではない」との位置づけから，そうした議論の場で語られることが少ない[1]。震災の被災県としても「別枠」として扱われている。また，地理学界でも福島の原子力災害については，積極的に取り扱ってはいない（髙木：2015）。「原子力災害は地理学の課題ではないのか」ということについて，筆者は，福島県の原子力災害を三つの視点から整理し，地理学が取り扱うべき課題だとした（髙木：2015）。第一に，原子力災害は広狭様々なスケールにおいて「地域を奪う」災害（＝公害・犯罪）であるということ。第二に，被害の長期化と帰還可能か否かという地域の差異が生まれてしまうこと。第三に，地域の担い手たちが様々な形で分断されてしまうこと。これら三つの視点だけでも被災地域の課題として地理学が果たせる役目は大きいといえる。

---

(1)　開催を前にした2015年3月5日朝日新聞では，日本政府の対応として「枠組みでは原発事故について直接の言及がなされない見通し。ただ，「技術災害」や「人為的要因による災害」のひとつとして，議論の対象にはなる」との見通しで積極的に取り上げない姿勢を示している。

さて，原子力災害をはじめ，災害の本質は，直接的な被害のほか，これまでその地域が抱えてきた地域課題を一気に噴出させることでの被害が大きいといえる。水俣病事件解明と被害者救済に当たった故原田正純医師は「公害が起こって差別が生じるのではなく，差別のあるところに公害が起こる」と語っている（原田：2007）。被災地域では，人々が傷つき困惑するなかで，支援を求める。その支援要請に応え外から多くの人々が支援に入ってくる。こうした姿は，多くの災害で共通するものである。また，時間の経過とともに，その支援ニーズは大きく変化する。その変化したニーズに合わせて（先を予測しながら），災害関連死を含む二次的被害の発生を最小限度に抑えることが重要となっている。復旧・復興へと発災からの時間が経過する中，支援プログラムの内容は，既存の地域づくりのプログラムを援用することで対応できることが多い。「災害だから」というのではなく，被害や課題の本質を見極めることで，既存のプログラムで対応できることが多い。また，日常の取り組みが，被災時に役立ち多くの命を救うことができる。

　本章ではまず，福島県での原子力災害をとらえ直すために災害についてその意味を再検討する。次に時間経過とともに変化する被災地の変化について，モザイクモデルを踏まえて整理をおこなう。そして，東日本大震災後に発生した地震災害である2016年熊本地震での支援活動から，福島県の教訓の活かし方を例示する。最後に災害の継承について検討をおこなう。

2　「災害」について考える――福島県の原子力災害をとらえ直すために――

　そもそも災害とは何か。手元にある地理学系の主な辞典「地理学事典」「人文地理学事典」「地形学事典」には「災害」の項目はなく，「最新地理学用語辞典（改訂版）」にのみ「災害」の項目があった。それによると「地震や洪水などの自然環境の変化によって，人間が生命や財産などを失うことをいう。（後略）」とある。その一方，「広辞苑」では「異常な自然現象や人為的原因によって，人間の社会生活や人命に受ける被害」とある。また英訳としては Disaster が訳語に当たるが，「コウビルド英英辞典」では「A disaster is a very bad accident such as an earthquake or a plane crash, especially one in which a lot of people are killed.」とあり，やはり自然的要因の他，人為的

第 3 章　福島の復興過程　117

要因も含めたとても深刻なアクシデントと表現されている。この二つの解釈で何が大きく異なるのか，それはその原因に人為的なものを含めるのか否か，という点である。この点について『改訂新版 世界大百科事典』（平凡社）では，「災害の概念」という項目で次のように記されている。「災害の本質を考えるとき，人間の存在（社会）とのかかわりのない災害現象はないわけであるから，人間を中心として災害を考える必要がある。しかし，これまでの災害研究の多くが（中略）自然界の物理学的現象の段階で止まっており，人間の存在を含めた全災害現象としての認識は，いまだ一般化されているとは言い難い（後略）」。

　こうした指摘に対して，阪神・淡路大震災以降，防災や減災をキーワードとしてソフト面でのケアや二次被害・三次被害を防ぐための研究の蓄積などがなされてきた。しかし，その多くは自然現象を原因とする災害（いわゆる自然災害）であり，人為的原因による災害については，自然災害とは「別物」として扱われてきた。そうした意識は，2015 年に仙台で開かれた国連防災会議での日本政府の対応でも見えてくる。最終的に「仙台防災枠組（2015-2030）」では，その災害の対象として自然災害のほか「人為的要因による災害」についても明記された。しかし，安倍晋三首相（当時）の開会式挨拶やハイレベル・パートナーシップ・ダイアローグでのスピーチ[2]では，福島県の原子力災害については触れられていない。ハイレベル・セグメントでのステートメント内で「東日本大震災と福島第一原発事故を踏まえ…」[3]と一言触れられているだけである。

　2011 年 3 月 11 日以降，福島県で発生した被害を考えるとき，従来の自然災害を基準とした復旧・復興では語り得ない出来事に直面した。たとえば，放射能汚染への対応策として除染のやり方，農作物へセシウムが移行しないような取り組みなどの直接的なものから，福島県産品の購買拒否，福島県からの避難者への不当な差別，子どもたちへのいじめ，自主避難者の問題，県内で

---

(2) 外務省ホームページ「第 3 回国連防災世界会議ハイレベル・パートナーシップ・ダイアローグ　安倍総理スピーチ」http://www.mofa.go.jp/mofaj/ic/gic/page4_001050.html（2017 年 9 月 13 日閲覧）。
(3) 外務省ホームページ「第 3 回国連防災世界会議ハイレベル・セグメント　安倍総理ステートメント」http://www.mofa.go.jp/mofaj/ic/gic/page4_001049.html（2017 年 9 月 13 日閲覧）。

の強制避難者への差別，賠償金を巡る分断などである。また，この背景にある強制避難地域とそうではない地域の線引きの問題[4]が存在している。

　これらの課題に対し，その対応・対策へのヒントとなるのが，主に高度経済成長期に多くの被害を出した「公害」だと考えた。原子力災害と公害との大きな違いは，被害を発生させた原因がはっきりしているか否かにある。公害の場合，その原因究明に多くの時間が割かれ，被害者救済が遅れた。福島での原子力災害では，その原因ははっきりしており，その点は公害とは異なっている。しかしながら，原因企業が存在していること，企業城下町的な場所で発生したこと，原因企業が「国策」を背負って操業・運転をしていたこと，賠償の範囲を原因企業の体力に合わせたような形で限定しようとする動き。発生地域で獲れる農作物・魚介類の購買忌避や風評被害という問題。被害者（住民）に対する不当な差別，賠償金にまつわる様々な問題。これらは，公害と原子力災害との共通する課題である。

　今回の福島で発生した課題を包括的に考える上で，災害の概念を自然災害に限定された災害から，自然災害のほか人為的要因（公害・人災・紛争等）を含む災厄を「広義の災害」としてとらえ直す必要がある。また，今後起こる可能性がある大規模地震災害などにおいても，「広義の災害」としてとらえておくことで，より自由な対応がとりやすくなる。

3　モザイクモデルと被災地支援

（1）原子力災害の時間経過による被害変化

　原子力災害による福島県の課題は前述のように多岐にわたる。また，震災から6年半という時間の経過とともに，新たな被害（課題）が生じている（山川：2013）。山川は累積的被害と表現するが，それを整理すると次頁図1のようになる。図1は居住形態の変化をキーとして，被害の変化を整理したものである。発災直後は，多くが避難所へと避難をおこなう。この時点で発生する被害が第一次被害である。とくに原子力発電所に近接した浜通りの自治体は強制避

---

[4] 1990年からの雲仙普賢岳噴火の際に，強制避難地域が設定された。その後2000年三宅島雄山噴火での全島避難の例がある。しかし，8町村に及ぶ大規模な強制避難がおこなわれたのは，今回が初めてである。

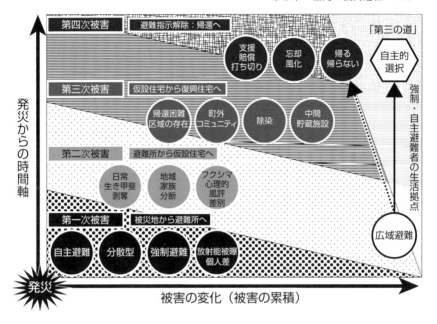

図1　被害の累積性
出所：山川（2013）を一部改変。

難となったため，その多くが中通りを含めた避難所へ，バラバラに避難せざるを得なかった。また，放射能汚染から逃れるための自主避難者も多数存在していた。そのほか放射線被曝，放射能に対する考え方の差異で分断が起こり始めていた。

　次のフェーズは，発災から数ヶ月経過した段階である。この段階での被害が第二次被害となる。避難所から仮設住宅（見なし仮設住宅）へと移る時期ではあるが，強制避難地域の多くは先の見通しが立たなかった。また，不慣れな地域での仮設（見なし仮設）住宅暮らしを余儀なくされ，住み慣れた地域の生活が失われた。それは家庭菜園や山仕事で得られていた「楽しみ（生きがい）」の喪失に代表される。さらに深刻化していったのは，属性ごとの放射能に対する考え方の違いによる「分断」である。家族内・地域内での分断，男女差・年齢差・家族構成の違いなどでの分断が発生した。個々人の状況によって避

難の問題，食べ物の問題，外遊びの問題などで放射能汚染に対する考え方の違いが発生したほか，自分の放射能汚染に対する素直な気持ちを他の人と共有できないという課題もある。さらに，放射能汚染の持つイメージから，福島県に対する差別が発生した。また，汚染されていないにもかかわらず福島県産品を忌避する「風評被害」[5]も発生し，一部では現在も継続中である。これとは別に，被災地域はその放射能汚染度に応じたエリアに再編された。近い将来帰還可能な区域と長期的に帰還できない区域とが明確に分けられ，強制避難地域とそれ以外との賠償金の差異が見えてきた時期でもある。

その後，仮設住宅から復興公営住宅へと移行するフェーズとなる。発災後から1年から数年が経過した段階である。この段階で生じる被害が第三次被害となる。長期間にわたり帰還できない区域がはっきりし，その区域の住民の自治参加をどうするのか，「町外コミュニティ」をどのように考えるのか，といった課題が発生した（現在も継続中である）。加えて，強制避難地域とそれ以外の地域での格差が目立ち始めている。この段階でより注目されたのが，除染にまつわる様々な課題である。除染のやり方，除染作業員の居住に関する問題，仮置き場・仮々置き場の問題，建設の進まない中間貯蔵施設の問題などである。

帰還ができるようになると，歓迎すべきことだけではなく，次なる課題が出てくる。それが第四次被害である。生活圏内の除染が完了するとともに，ハードインフラが復旧する。しかし，生活に必要なソフトインフラの復旧はこれからという段階である。広域避難者にとっては，帰るのか帰らないのかという二者択一が突きつけられる。その背景には，見なし仮設の打ち切り，仮設住宅からの退去という住居支援の打ち切り，避難区域解除による東京電力からの賠償金の打ち切りなど金銭的課題が突きつけられる。

また，時間経過とともに，帰還ができるようになると，外部からの被災地支援が手薄になってくる。それに伴う弊害が発生する。とくに福島県内で課題と

---

(5) 震災から5年を経過した2016年6月には福岡県に本拠を置くグリーンコープが「東日本復興支援」と称したキャンペーンを実施した。しかし，福島県をのぞいた東北地方の地図と「東北5県」とした説明文をつけ，福島県産の産品を除外していたことがわかった（2016年6月14日朝日新聞）。筆者もグリーンコープの組合員であり，そのカタログを目にし，コープ本部へ抗議した。

なっているのが自死である。「忘れ去られる」こと，農作物等が「正しく評価されない」こと，「(帰還困難区域などでは) 先の見通しが立たない」ことなどにより，自ら命を絶つことが発生している[(6)]。

（2）モザイクモデル

このように，災害発生から長期避難を伴う被害は，時間経過とともに，また空間的に大きく変化していく。こうした災害の時間的・空間的な変容を模式的に表現することを試みたのが，モザイクモデルである（111頁，図3 モザイクモデル参照）。このモデルの特徴は，空間的なスケールをマクロスケール（国・県など）からミクロスケール（市町村・字・町丁など）まで自由に設定することができることにある。それぞれの単位で，被災地域が現在どの段階にあるのかを，指標を用いて空間的に表現することができる（次頁表1）。災害からの復旧・復興段階を空間的に把握することができ，さらにそれに応じた施策の展開，被害状況の発信（正確な情報提供ならびに風評被害の抑制），適切な支援を目指すものである。

このモデルでは，被災から復興までを5段階に分けて表現している。まず，Stage01が発災～被災直後の状況を示している。黒とグレーとに表現が分かれているが，黒の方がより深刻な被害状況を示している。被災地は一様に被害を受けるのではなく，その被害状況に濃淡があることを示している。また，被災者は避難所で生活を始める段階である。次に応急復旧期に当たるのがStage02である。被害の状況が把握され復旧作業がはじまる段階を示している。応急仮設住宅ならびに見なし仮設住宅で避難者が生活を始める段階となる。Stage03になると応急的な復旧が終わり，災害後の地域作りを検討する段階（復興の第一段階・復興計画の策定）へと進んでいく。被災者は仮設（見なし仮設を含む）住宅での生活を継続する一方，自立再建が可能な人々は仮設住宅を出て新たな生活を始める段階である。Stage04では，復興の第二段階ともいうべき段階で，復興計画が実行に移され，災害後の新たなまちづくりがは

---

(6) 2017年1月9日放送，NHKスペシャル「シリーズ東日本大震災　それでも，生きようとした～原発事故から5年・福島からの報告」では，震災後5年を経過した福島県で自死が増えている状況に注目した。

表1 災害別復旧

STAGE	Chapter	原子力災害	地震災害	津波災害	火山災害
1	1	事故発生・放射性物質の大気中への放出	地震発生	地震による津波発生	火山噴火
1	2	社会的な機能停止 避難指示・屋内待避，高線量被曝による人的被害，(SPEEDIによる予測)	建物の倒壊，ライフラインの破損，火災発生，人的被害	建物流失，浸水，インフラの破壊，火災発生，人的被害	火山降下物による被害，火山泥流，融雪泥流，土木工作物への被害，人的被害
1	3	避難所	避難所	避難所	避難所
2	1	線量測定	がれき等の撤去，がれき処理	がれき等の撤去，がれき処理	復旧作業
2	2	規制地域指定	復旧作業	復旧作業，規制地域設定	規制地域設定
2	3	応急仮設住宅・借り上げ仮設住宅	応急仮設住宅・借り上げ仮設住宅	応急仮設住宅・借り上げ仮設住宅	応急仮設住宅・借り上げ仮設住宅
3	1	汚染物質貯蔵場所確保，除染計画，除染	復興計画	復興計画(高台移転,堤防再建)	復興計画(砂防関係,集落移転)
3	2	復興計画			
3	3	移住の選択	移住の選択	移住の選択	移住の選択
4	1	帰還開始	計画実施	計画実施	計画実施
4	2	賠償 低い帰還率			帰還開始
4	3	訴訟			
4	4	復興公営住宅	復興公営住宅	復興公営住宅	復興公営住宅
5	1	経験の継承	経験の継承	経験の継承	経験の継承
5	2	人口減，高齢化	人口減，高齢化	人口減，高齢化	人口減，高齢化
5	3	低線量被曝による人的被害の発生？			若年層の帰還

復興ステージ

水害	土砂災害	竜巻災害	公害	支援
多量の降雨による河川の氾濫，内水氾濫	多量の降雨，地震による崩壊	竜巻の発生	人的被害の発生（原因不明）	人命救助
破堤，溢水，床上・床下浸水，建物の流失，田畑の被害，人的被害	山体の崩壊，崖の崩落，土木工作物への被害，建物流失・埋没，人的被害	建物被害，インフラ破壊，人的被害	原因の究明，原因企業の妨害，行政機関の対応まずさ，人的被害の継続	避難所の開設，緊急支援物資の提供，炊き出し等人道支援，在宅避難者のサポート
避難所	避難所		（患者の隔離）	
復旧作業	復旧作業	復旧作業	原因判明	仮設住宅建設
				避難所を出たあとのケア
応急仮設住宅・借り上げ仮設住宅	応急仮設住宅・借り上げ仮設住宅			仮設住宅でのコミュニティづくり
対策計画	対策計画		対応策検討	仮設入居者の自治サポート，みなし仮設入居者へのケア
			環境再生	生活再建サポート
移住の選択	移住の選択		移住の選択	
対策工事	対策工事		賠償	復興公営住宅建設
			訴訟	仮設に残る人たちへのサポート
				復興公営住宅でのコミュニティづくり
復興公営住宅	復興公営住宅		救済施設	
経験の継承	経験の継承		経験の継承	仮設住宅からの退去者へのサポート
人口減，高齢化	人口減，高齢化		被害者の高齢化	復興公営住宅でのコミュニティづくり
			人口減，高齢化	記憶の継承に向けたサポート

じまる。復興公営住宅が建設され，被災者の多くが仮設（見なし仮設）住宅からそちらへ移り住む段階となる。最終段階のStage05では，概ね復興の終わりの段階となる。災害とそこからの復旧・復興の経験を次世代に継承することが大きな課題となる。加えて，被災前から抱えていた地域課題，とくに災害により深刻化する高齢化と人口減少への取り組みが必要な段階となる。

それぞれの災害とこの5段階を組み合わせたものが表1である。福島県での経験から原子力災害を含め，地震災害，津波災害，火山災害，水害，土砂災害，竜巻災害，そして公害の八つの災害を事例としてあげた。さらにこれに，各段階に応じた支援のあり方を加えた。

4　被災地支援と大学生——熊本地震の経験——

(1) 2016年熊本地震の概要

2016年熊本地震は，4月14日21:26の前震（M6.5），4月16日01:15の本震M7.3）と最大震度7が2回発生する経験したことのない地震災害となった。筆者は2016年4月から現職に着任したばかりであり，約2週間足らずでの被災となった。福島大学では支援者だったのが，熊本学園大学では被災者（当事者）となった。その中，前職関係者の支援もあり，福島県の経験を活かしながら支援活動にあたった。

2016年熊本地震では，熊本県内（阿蘇地方から下益城地方にかけて）と大分県で建物倒壊や土砂災害などで多くの被害が発生した。地震による直接死は50人，関連死は194人，全壊8,651棟（2017年8月3日現在）であり，最大避難者数は18万人超（2016年4月17日午前9時）であった。とくに下益城郡益城町では，建物の9割以上の10,155棟に何らかの損壊が出るなど，大きな被害に見舞われた。

筆者の所属する熊本学園大学では，前震の発生時から14号館の一部を避難所として解放[7]，最大で約700名近くの避難者を受け入れた。その際，バリアフリー施設を活かして，しょうがいを持っている方々を受け入れた。この背景には大学卒業生などの介護系のプロフェッショナルによるボランティアの存

---

(7) 指定避難所ではないが，学長・理事長判断で自主的に避難所を設営した。

在が大きかった。「最後の一人の行き先が決まるまで」という方針の下，5月末まで避難所を運営した。その際，福祉を専門とする大学教員による避難者への聞き取り調査をおこない，日常生活を取り戻すための支援活動もおこなった。また，避難所運営には，学生たちの存在が大きかった。炊き出しや清掃などのボランティア活動に活躍。この避難所での学生たちの活動が，その後の学外での支援活動へとつながっていった。

(2) 大学生と支援活動

被災後，筆者も関わった大学生を中心とする支援活動について紹介する。大学での避難所運営に際し，福島大学うつくしまふくしま未来支援センターへの支援を要請，初澤敏夫センター長，天野和彦特任教授らから様々なアドバイスを受けた。その際，天野特任教授からコミュニティづくりの支援が必要な避難所があるので，サロン活動(8)をやったほうがよいとの指摘があった。そこで，ボランティア活動をおこなっていた学生たちに声をかけ，避難住民の自治活動創出を目指したサロン活動（以下，カフェ活動とする）を益城町保健福祉センター避難所の一角で始めることとなった。

被災後，約1ヶ月半を経過した益城町保健福祉センター避難所は混沌とした状況にあった。最初の活動で経験したことは，子どもたちの「乱暴さ」であった。遊び場がなく発散ができていないため，学生ボランティアに対する乱暴な行動が目立った。避難住民の自治創出という目的以前に子どもたちへのケアが必要な状況であった。このため，その目的を修正し，子どもたちのケアと避難住民との関係づくりを目指しての活動とした。高齢者を含む大人向けのカフェ活動と子ども向けの遊び場づくりを平行しておこなった。また，学生たちは，避難住民の皆さんからカフェの名前を募集した。コミュニティの中心となること

---

(8) サロン（喫茶）活動は，避難所での「交流の場」づくりの一環である。1995年の阪神・淡路大震災時にはじまり，その後の中越沖地震の際にコミュニティ形成に役立った活動である。そして，東日本大震災時の郡山市に開設された大規模避難所「ビッグパレットふくしま」でのサロン活動が「自治＝避難者による自主運営」を生み出したとして注目された（北村・福留，2011）。天野特任教授はこのビッグパレットふくしま避難所の運営責任者であった。

を意識し，避難住民の皆さんに親しみを持ってもらえるよう，数件応募があった中から「おひさまカフェ」と名付けることにした。

　また，カフェ活動をSNS等で発信することで，支援の輪が広がった。とくに，福島県からは，飯舘村から福島市内に避難している「椏久里珈琲」の市澤秀耕さんや「かあちゃんの力プロジェクト（当時）」で活躍されていた渡邊とみ子さんなどから，珈琲豆やお菓子の提供をうけた。

　益城町保健福祉センター避難所閉鎖に伴い，2016年8月27日からは，益城町テクノ仮設団地（通称，テクノ仮設）集会所に活動の場を移した。テクノ仮設は500世帯を超える熊本地震での最大規模の仮設団地であり，益城町中心部からは車で20分ほど離れた熊本空港近接の工業団地内にある。益城町保健福祉センターに避難していた方々が多く居住するとの情報を得てテクノ仮設でおひさまカフェを再開することとなった。

　当初からカフェ活動では，学生中心のメンバーでは対応しきれない課題が出てくる。そこで，外部の多様な支援者との協力を求めるようにした。子どもたちの遊び場づくりは，兵庫県西宮や熊本県内でプレイパークをおこなっている団体へ依頼をした。また，生活支援についての相談は，学内の専門の教員を経由して支援団体への橋渡しをおこなった。また，熊本キワニスクラブ[9]やNPO法人チャルカジャパン[10]など外部支援者との出会いもあり，学生活動への支援の輪が広がりつつある。

　学生たちは，被災から1年半を経過しても，なお毎週末土日にほぼ休まず活動を継続している。仮設住民の高齢者から子どもたちまで，学生が来ることを楽しみに待っていてくれる関係づくりができた。また2017年7月からは月一回の「子ども食堂」の取り組みを開始した。仮設住宅での様々な家庭環境を考慮する取り組みである。これも被災から1年を過ぎ，被災地（仮設団地）の状況変化に対する支援の変化である。

　おひさまカフェでの活動を通じて，地元大学としてできる支援を考えると，

---

(9)　世界的な子どもたちの支援活動をおこなっている慈善団体であるキワニスクラブの熊本支部。国際キワニス日本地区ホームページ http://www.japankiwanis.or.jp (2017年9月13日閲覧)。

(10)　福岡を拠点とするNPO団体 http://www.charkhajapan.org (2017年9月13日閲覧)。

定期的に被災地へ通えることが最大の強みといえる。その強みを活かすため，支援者（学生）側が「疲れない」支援を目指している。被災後1年半を経過する中で，被災地の状況も変わってきた。モザイクモデルのでの復興プロセスや山川（2013）での累積的被害と同様，それに合わせた支援のあり方が必要になってくる。今後，仮設住宅（見なし仮設）から復興（災害）公営住宅へと住居形態が変わる中で，よりコミュニティづくりの支援が必要となることが予想される。これらの変化は福島県が震災以降経験していることであり，福島県に学んでいかなければいけないことである。また，外部の支援団体を巻き込むことも，福島県の経験に習ったことである。

5　災害経験の伝承と当事者性

（1）当事者と第三者

　災害の記憶を伝えることは，前節のモザイクモデルのStage05の課題としてあげるまでもなく，悲劇を繰り返さないために強く言われていることである。しかし，その継承が簡単ではないことは，2010年の水俣の中学生に対する差別発言[11]や，2017年9月に発生した沖縄チビチリガマの事件[12]でも明らかである。
　こうした記憶継承の問題に加え，継承の中心となる当事者（被害者・加害者・被災者など）の課題もある。とくに被災から時間が経過するとともに，当事者の高齢化も語り部活動などの記憶の継承に与える影響は大きい。また，被災当初は，第三者が被災地の復興について意見を述べることに対する，当事者からの「よそものに何がわかるか」といった反発も見受けられた。しかし，こうした状況は時間経過とともに，第三者の無関心を誘発（「関係ない」「面倒くさい」）し，いわゆる被災経験の風化を生むことにつながる。結果として被災地

---

[11]　2010年6月に起きた中学生による差別的発言。2010年7月15日付け熊本日日新聞では，「水俣市の中学生が6月上旬，県内の他市の中学校とのサッカーの練習試合中，相手側の生徒から「水俣病，触るな」と差別的な発言を受けていたことが，14日分かった。」と報じられている。

[12]　2017年9月12日に，太平洋戦争末期の沖縄戦で住民が集団自決に追い込まれた読谷村の「チビチリガマ」で，遺品などが破壊された事件。逮捕されたのは県内に住む16～19歳の少年4人だった。彼らは肝試し目的でガマを訪れており，その際集団自決の経緯や歴史について知らなかったと供述している（毎日新聞，2017年9月19日より）。

復興にとってマイナスとなってしまう恐れがある。

　ところで，第三者には当事者では語りにくい「不都合な真実」の継承という役割がある。筆者は，満蒙開拓引き揚げ集落の当事者と交流があるが，彼らが抱える「語りきれない事実」，つまり不祥事や貧困，差別などの経験は，彼らの家族，とくに子ども世代・孫世代へは継承されていない。しかし，当事者ではない，その事実に興味を持つ第三者にならば，比較的語りやすいところがある。そうした，「語りきれない事実」にアプローチし，当時の状況を「冷静に」語り継ぐべき存在としての第三者も必要である。

　また，福島大学では，学生団体としての災害ボランティアセンターが，震災後6年半を経過してなお活動を継続している。長期にわたり活動が継続できた秘訣は何処にあるのか。学生活動の支援に当たる鈴木典夫教授は，学生たちの災害ボランティア活動は「彼らの必然」ではじまったものであると言う。しかし，時間の経過とともに学生は，ボランティア活動が興味に変わってしまう。興味で来る学生は1回活動すると満足してリピートしない。そこで，興味を必然に変えるための仕掛けが必要と語る。そのための仕掛けが，新規ボランティア学生を対象とした被災地ツアーであり，このツアーに参加して被災地を訪れ被災した人たちと出会うことで，学生たちの意識を興味から必然に変えていっている。加えて，興味関心の薄い学生たちに対しても，1週間のボランティアウィーク活動を学内で展開し，災害ボランティア等の必要性をPRするなどの取り組みをおこなっている。記憶を継承し支援を続けるための仕掛けづくりが求められている。

（2）「よそもの・わかもの・ばかもの」と復興と記憶の継承

　中長期的な視点から考えると，被災地に対して関心を持ち続けてもらうこと，そして，その記憶を継承していくことこそが，被災地復興の重要な視点となる。そのためには，第三者の関心を誘い，将来的には関心を寄せる第三者に当事者になってもらうこと（第三者の当事者化）が必要となってくる。その際，地域活性化でよく使われる「三もの：よそもの・わかもの・ばかもの」の視点が援用できるのではないか。従来とは異なった視点の持ち主，しがらみの無さ，自由な発想に代表されるこの三ものであるが，被災地の復興においてもこの視点が

大事であると考える。被災地に入る他地域からの支援者はこの「よそもの」にあたる。水俣病事件の場合，多くの支援者が他地域から水俣市へ支援に訪れ，少なくない人々が定住した。現在では地域の役員等を担うほか，2世，3世が水俣市を中心に活躍している姿が見られ，地域社会にとって不可欠な存在となっている。また，こうした世代が，水俣病事件の記憶継承にかかわっている。ここには，第三者の当事者化がみられる。

　また，地域活性化同様，被災地復興においても大学生の果たす役割は大きいものといえる。とくに被災地域にある大学では，その学生の活躍はめざましいものがある。前述したおひさまカフェの学生たちは，熊本地震により被災はしたが，より被害の大きい被災地に入ることで，より当事者的な立場へと変化してきた。前述の福島大学においても，支援の継承を通じて当事者たちと接することで記憶が継承されている。このような彼らの経験も，将来的な被災地の記憶として重要なものとなる。

6　おわりに

　最後に，被災地にある大学からの情報発信とアカデミックの使命についての私見を述べ，まとめとする（次頁図2）。その基盤となるのは，時間軸と空間軸にある。いわゆる風評被害が発生する要因として，この二つの軸があやふやになった情報の流布があげられる。被災地は日々刻々とその状況は変化していく（時間軸）。また，被災地域は一様に被害を受けるわけではなく，被害の度合いは地域により異なっている（空間軸）。これらの軸を基本として，情報の整理をおこない，被災地の状況にあった情報発信をすることが重要である。加えて，アカデミックの立場としては，科学的客観性の確保，多言語による発信，海外向け情報の整理という，従来アカデミックが持っているものを活用した情報発信が求められる。さらに，様々な事例の中からとくに「失敗」事例を集めることで，失敗を繰り返さないよう次に継承していく役割があるといえよう。

　また，情報内容も時間経過にあわせて，変化させていく必要がある。被災当初は，被災地への理解を求めるための情報発信を中心に，その後は「より良い復興（Build Back better）」に寄与できるような情報発信が求められる。

　こうした情報発信の際に，被災地の大学・アカデミックの立ち位置としては，

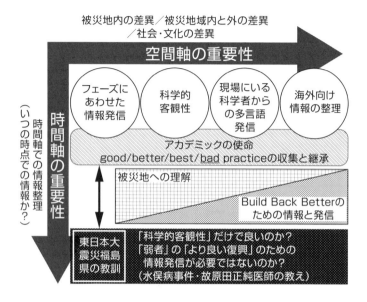

図２　被災地におけるアカデミックの役割

どのような位置が良いのであろうか。議論はあるが,「弱者の立場に立ったより良い復興」という視点に立ちたい。為政者（権力者）は，資金・情報については十分すぎるほどの材料を持っている。一方，被害者（一般市民）は，資金や情報に乏しく，立場の弱い人々ほど情報量は少なくなる。そうした格差がある中での「中立」は何処なのか，水俣病事件で患者に寄り添ってきた故原田正純医師の視点を改めて考える必要がある。

　もう一つの投げかけとしては，「科学的客観性」の追究「だけ」で良いのか，というものである。専門家（アカデミック）が「科学的客観性」のみの情報発信の結果，原子力災害では一般市民に対して不信感を植え付けてしまった教訓がある。水俣病事件の場合，当然その原因追及に全力を挙げなければならなかったが，結果として患者たちの置き去りにつながってしまった。また，その患者たちは，社会的に弱い立場の人々に多く発生してしまった。これらのことから，アカデミックの立ち位置を再考しなければならない。

（髙木　亨）

【謝辞】本稿の執筆にはJSPS 科研費基盤研究(S)(研究課題番号25220403,研究代表者:山川充夫),ならびにJSPS 科学研究費基盤研究(C)(研究課題番号JP15K11927,研究代表者:髙木 亨)の助成を受けた研究成果を使用しています。

【参考文献】
北村育美・福留邦洋(2011)「避難所における避難者の自発性と主体性を引き出す場づくり」『日本災害復興学会大会要旨』。
瀬戸真之・髙木 亨(2014)「災害による社会問題の変容に注目した復興プロセスのモデル化に関する研究」『日本地理学会発表要旨集』No. 85, 75。
髙木 亨(2015)「原子力災害からの復興と地理学」『地理』60-1, 28-31。
原田正純(2007)『豊かさと棄民たち――水俣学事始め』岩波書店。
山川充夫(2013)『原災地復興の経済地理学』桜井書店。

III 東日本大震災と都市計画区域マスタープランの修正
　　── 福島県いわき・相馬区域の場合 ──

1　はじめに

(1) 東日本原震災と土地利用規制

　2011年3月11日の東北地方太平洋沖地震を引き金とする津波は福島県浜通りを襲い，沿岸部の約112km²が津波による浸水を受け，多くの家屋が破壊され流出しただけでなく，直接死1,567名と行方不明者3名の犠牲をもたらした。[1] 地震と津波は同時に東京電力福島第一原子力発電所（以下，福一原発）を襲い，原子炉冷却用の全電源が喪失し，原子炉溶融と水素爆発により大量の放射性物質が大気中に及び海洋に放出された（以下，原震災）。これにより，国は福一原発を中心に半径20km圏内を警戒区域とし，半径20～30km圏を緊急時避難準備区域とし，さらに飯舘村・葛尾村・南相馬市（一部）・川俣町（一部）を計画的避難区域とした。これら避難指示区域等の設定によって住民の強制避難と放射線被ばくを自主的に避ける避難行動とが生じ，2012年5月には福島県内外に16万4,865人が避難した。また原震災関連死は浜通りでは2,089人[2]（2017年8月28日）に達し，直接死を大きく上回った。

　福島県の津波被災地における復興まちづくりは，「中央防災会議の考えに基づいて，海岸堤防の高さを設定し，これに加えて最大規模の津波に対して防災緑地や盛土構造の道路（堤防の背後で補完的に津波を弱める役割）や土地利用の再編などを組み合わせた多重防御による総合的に防災力が向上」(p.54)（福島県土木部都市計画，2015）させるものであり，これまでの一線防御からの転換を図っている。防災緑地整備は減災の1つであり，防災緑地は①津波を減衰し，②浸水被害範囲を軽減し，③避難時間を確保し，④津波による漂流

---

[1]　福島県災害対策本部「平成23年東北地方太平洋沖地震による被害状況速報(第1709報) 2017年8月28日, http://www.pref.fukushima.lg.jp/uploaded/life/297117_713464_misc.pdf。
[2]　福島県全体では関連死は2,163人。

第 3 章　福島の復興過程　133

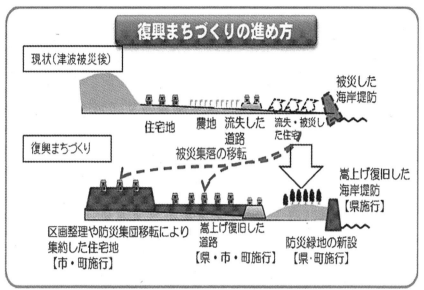

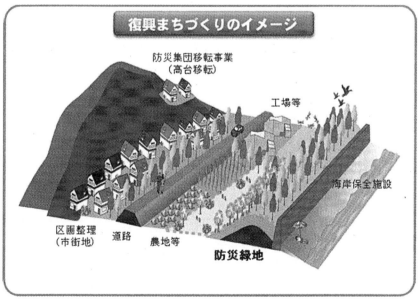

図1　津波被害復興まちづくりの概念図
出所：福島県土木部都市計画課『福島県の都市計画2015』。

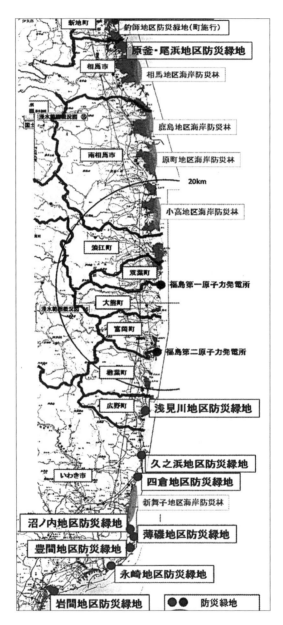

図2　福島県浜通り沿岸の防災緑地等整備計画
出所：福島県土木部都市計画課『福島県の都市計画 2015』。

表1　福島県防災集団移転促進事業（2017年7月31日現在）

市町村名	地区名	延長 (km)	面積 (ha)	
新地町	埒浜地区	1.3	24.5	
相馬市	原釜・尾浜地区	1.6	13.3	
広野町	浅見川地区	2.0	10.7	
いわき市	久之浜地区	1.3	11.2	
	四倉地区	1.5	4.9	
	沼ノ内地区	0.6	6.2	1.6
	薄磯地区	1.0		4.6
	豊間地区	2.4	13.6	
	永崎地区	1.1	2.2	
	岩町地区	1.0	3.9	
	小計	8.9	42.0	
県施行合計		13.8	90.5	
新地町施行	釣師地区	0.8	16.9	
計		14.6	107.4	

出所：https://www.pref.fukushima.lg.jp/uploaded/attachment/230861.pdf。

物を捕捉し漂流物の衝突による被害を軽減することなど，直接的な機能だけでなく，間接的な波及効果のとして，⑤海洋レクリエーションや自然とのふれあいの場として活用する地域振興機能，⑥地震や津波で失われた景観や環境の再生・形成をはかる機能などを持っている（前々頁図1）。

　福島県の防災緑地計画は，北の新地町埒浜地区から南はいわき市岩間地区にいたるまでの12か所，延長14.6km，面積107.4haに及んでおり，それぞれ背後地の地域特性に合わせて防災緑地整備を進めている。その背後地に市街地や集落，都市基盤施設などがある場合には防災地緑地を整備し，その背後地に農地や漁業施設がある場合には海岸防災林（北は相馬地区から南は新舞子地区まで5地区）を整備するように計画されている（前頁図2）。福島県の防災集団移転促進事業は，2017年7月11日現在で，新地町からいわき市までの3市4町の47か所で進められており，移転先計画戸数は1,157戸となっている（表1）。

表2　いわき市震災後受入避難者数(単位：人)

	2012年7月	2013年7月	2014年7月
双葉郡	22,453	22,623	23,126
南相馬市	756	780	737
川俣町	2	3	2
飯舘村	12	19	12
合計	23,260	23,466	23,914

注：合計はその他を含む。
出所：福島県都市計画課『都市政策推進専門小委員会資料
　　（第7回）』2015年2月10日
資料：いわき市災害対策本部。

表3　相馬地区避難者の受入・転出数

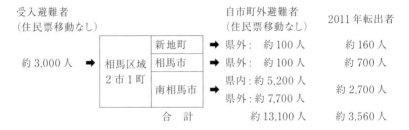

注1：「受入れ避難者」は復興庁(2016)『平成25年度原子力被災自治体における住民意向調査結果』の配布数から算出。
　2：「自市町外避難者数」は各市町へのヒヤリングによる(2014年10月現在)。
　3：「転出者数」は転出者が最も多かった2011年度のものであり，その後は被災前の水準に戻っており，転入も増加しつつある。
出所：福島県都市計画課『都市政策推進専門小委員会資料（第7回）』2015年2月10日。

（2）原災避難者の流出入と宅地需要の変動

　東日本大震災により居住地区外での避難生活を余儀なくされた避難者は，そのほとんどが避難指示区域の設定による強制避難者と区域外の放射線被ばくによる健康被害を恐れた自主避難者である。このことは居住地人口の地域的な偏在をもたらし，避難元のみならず避難先の土地利用にも変化をもたらしている。避難先においては避難者を受入れる仮設住宅や復興公営住宅，防災集団移転，住宅自主再建などが進み，住宅用地の需要が高まっている。いわ

表4　いわき市・相馬市・南相馬市における空き家の推移（単位：戸）

		1998年	2003年	2008年	2013年
相馬市	住宅総数	13,500	13,950	13,060	15,090
	空き家数	1,640	1,800	1,920	2,070
	空き家率	12.1%	12.9%	14.7%	13.7%
南相馬市	住宅総数	16,140	17,770	22,080	24,820
	空き家数	1,100	2,370	2,890	2,420
	空き家率	6.8%	13.3%	13.1%	9.8%
いわき市	住宅総数	131,660	144,550	125,710	137,710
	空き家数	4,190	19,290	21,300	13,020
	空き家率	3.2%	13.3%	16.9%	9.5%
3市計	住宅総数	161,300	176,270	160,850	177,620
	空き家数	6,930	23,460	26,110	17,510
	空き家率	4.3%	13.3%	16.2%	9.9%

出所：福島県都市計画課『都市政策推進専門小委員会資料（第7回）』2015年2月10日。

き市は2014年7月現在で他市町村から23,914人の避難者を受け入れている（前頁表2）。そして原災避難世帯の32%はいわき市に居住することを希望している。これに対して相馬区域の原災避難者の受入れ自治体は新地町・相馬市・南相馬市の3つであるが，ここには住民票の移動を伴わない避難者が約3,000人いると推定されている。他方でこれら3市町からは，2011年の住民票の移動を伴う転出者は約3,560人であった。それ以上に県内外に避難しているものの，住民票を移動していない住民が約1万3,100人と推定されている（前頁表3）。

　原災等避難者を受入したいわき市及び相馬区域では，建設型仮設住宅が緊急整備された。しかしそれだけでは不足し，見なし仮設住宅としての借上住宅の居住者が増加した。そのため空き家が減少し，空き家率が低下した（表4）。特にいわき市では空き家率の低下が大きい。また双葉郡から住民票を移動せずに土地売買がおこなわれた件数は2011年3月11日から2013年12月31日までに約3,200件に達した（次頁表5）。

　震災前の住宅地の地価は浜通り地域全体として低下傾向にあった。しかし震

表5　双葉郡から住民票を移動せずに土地売買が行われた件数

売買期間	件数
2011年3月11日～12月31日	約150件
2012年1月1日～12月31日	約750件
2013年1月1日～12月31日	約1,200件
2014年1月1日～12月31日	約1,100件
累　計	約3,200件

資料：いわき市調べ
出所：福島県都市計画課『浜通りの都市づくりの基本方針の検討（第2回）』福島県都市計画審議会都市政策推進専門小委員会（第8回），2015年3月18日。

災時の 2011 年を境に 3 市 1 町それぞれ異なった動きを示した。新地町の地価は 2011 年が最も低かったが，沿岸部での津波被害が大きく，しかし原災での避難指示区域には指定されていないため，沿岸部市街地の津波被災者が内陸部に住宅地を求めた。その後も新地駅周辺の土地区画整理事業が早く進められ，また JR 常磐線の付け替え事業もあったことから住宅地地価が上昇し，震災前の地価水準を 11 ポイント上回った。相馬市は避難指示区域ではなく，市街化区域に空地の余裕があったので，震災直後での地価上昇がなかっただけでなく，3 市 1 町のなかでは落ち着いた地価変動となった。南相馬市は小高区が避難指示区域，原町区が避難指示解除準備区域に指定され，居住人口が急減し，2011 年の地価は震災前と比較して半落した。その後は避難者の宅地需要が鹿島区等で出てきたことから，地価は震災前の水準に戻りつつある。いわき市は震災後も地価が低下傾向にあったが，2014 年になると避難者がいわき市内で宅地を求める動きが強まり，震災直前水準にまで回復した（次頁表 6）。

（3）本節の目的
　東日本大震災復興特別区域法（以下，特区法）は 2011 年 12 月 14 日に制定された。この特区法の特徴はワンストップ処理で「復興事業のためであれば，特例的に許可」されるものであり，市街化調整区域のままでも開発は許可され，農用地地区のままでも転用が許可されるなど，復興整備事業に係る土地利用再編のための特例が受けられる。しかも計画が固まったものから段階的に記

表6　いわき市・相馬市・南相馬市・新地町における住宅地地価の推移
(単位：円／㎡)

	2009年	2010年	2011年	2012年	2013年	2014年
新地町	17,800	17,400	16,300	19,000	19,300	19,800
	100.0%	97.8%	91.6%	106.7%	108.4%	111.2%
相馬市	27,600	26,600	25,600	24,900	24,700	25,000
	100.0%	96.4%	92.8%	90.2%	89.5%	90.6%
南相馬市	22,000	21,300	10,100	19,000	19,300	19,800
	100.0%	96.8%	45.9%	86.4%	87.7%	90.0%
いわき市	33,700	32,200	29,900	29,000	28,400	32,100
	100.0%	95.5%	88.7%	86.1%	84.3%	95.3%
3市1町平均	25,275	24,375	20,475	22,975	22,925	24,175
	100.0%	96.4%	81.0%	90.9%	90.7%	95.6%

出所：福島県都市計画課『都市政策推進専門小委員会資料(第7回)』2015年2月10日。

載し，進捗に合わせて修正が可能という特長をもっている。対象となるのは，宅地・農地一体整備事業(創設)，土地区画整理事業(拡充)，土地改良事業(拡充)，津波復興拠点整備事業(創設)，防災集団移転促進事業(拡充)，住宅地区改良事業(拡充)，漁港漁場整備事業，液状化対策事業，滑動崩落対策事業，住宅新設の整備事業，水産加工施設の整備事業などである[3]。また復興整備計画は被災地の復興のためのまちづくりや地域づくりに関する計画であり，市町村が作成する(県と共同作成も可能)ものであり，復興に必要な各種事業を記載している。

　都市計画決定として「みなし」となるためには，もちろん都市計画審議会の議を経る必要がある。ただし議を経るとはいえ，防災緑地の追加であってもあるいは都市計画都市高速鉄道の決定であっても，最終的には都市計画区域マスタープラン(以下，区域マス)において，都市的土地利用としての市街化区域面積との整合性が求められる。防災緑地については，例えば「いわき都市

---

[3] http://www.cao.go.jp/sasshin/kisei-seido/meeting/2011/wg1/111213/item7_4.pdf。

計画緑地の変更について」においては，都市計画緑地に7号久之浜防災緑地ほか1緑地「久之浜防災緑地約11.2 ha，豊間防災緑地約13.6 ha」を次のように追加している。追加の「理由」は「久之浜及び豊間地区は，東日本大震災の津波により，市街地が広範囲にわたり被害を受けた地区であり，今後数十年から百数十年の頻度で発生すると想定される頻度の高い津波及び高潮に対しては，海岸堤防により人命や財産を守ることとしておりますが，今回と同様の津波や，それを上回る津波に対しては，海岸堤防の背後に津波エネルギーの減衰や漂流物の捕捉効果を発揮する防災緑地を整備し，多重防御により津波からの防災性の向上を図るため，復興整備計画に記載し，本案のとおり変更しようとするものです」と。[4]

都市計画都市高速鉄道の決定については，例えば，「相馬都市計画都市高速鉄道の決定について」であり，「路線：東日本旅客鉄道株式会社常磐線，起点：新地町小川字谷地畑，終点：新地町大字埒木崎字木崎，延長：約2,490m，なお，新地町谷地小屋字舛形に新地駅を設ける」が主な内容である。その理由は「新地町は，市街地が広範囲にわたり東日本大震災による津波被害を受けており，海岸部に整備予定の海岸堤防，河川の改修，市街地部の避難計画と合わせて整備される幹線道路及び津波の減衰効果等のための防災緑地など，多重防御による防災性の向上を図るための整備が進められている。また，土地区画整理事業の見直しと津波復興拠点整備を組み合わせた新たな駅を含む駅周辺の整備計画が進められている。東日本旅客鉄道株式会社常磐線においても，線路と駅が津波被害を受け運休している状況であり，新地町の復興まちづくりとの整合を図りながら，早期の運転再開に向けた都市計画都市高速鉄道の整備を行うにあたり，復興整備計画に記載し，本案のとおり決定しようとするものです」と。[5]

本節の目的は，東日本大震災（特に津波）・原子力災害が区域マスの理念にどのような転換を求めているのか，危険区域・避難指示区域の設定に伴う防災緑地等の拡大や避難先での避難者の宅地需要がどのように生じているのか，

---

(4) 福島県「第162回福島県都市計画審議会」2012年11月12日。
(5) (4)と同じ。

さらに超過需要が見込まれる地域において供給可能性の拡大としての市街地化区域の面積規模をどのようにしてきているのかなどについて，福島県都市計画審議会都市政策推進専門小委員会での区域マスの見直し作業を通じて検討することにある。

本稿では福島県都市計画審議会都市政策推進専門小委員会での配布資料や議論も活用するが，あくまでも筆者個人としての見解であり，小委員会及び都市計画審議会としての見解を示すものではない。

2 都市計画区域マスタープランと見直しの視点

(1) 2010年都市計画区域の見直し

都市計画マスタープラン（以下，都市マス）とは，正式には，「都市計画区域の整備，開発及び保全の方針」であり，区域マスは，人口，人や物の動き，土地の利用の仕方，公共施設の整備などについて将来の見通しや目標を明らかにし，将来のまちをどのようにしていきたいかを具体的に定めるものである。[6] 具体的には，①都市計画の目標，②区域区分（市街化区域と市街化調整区域との区分）の決定の有無及び当該区分を決めるときはその方針，③②のほか土地利用，都市施設の整備及び市街地開発事業に関する主要な都市計画の決定の方針，などである。

福島県は，近年の少子高齢，人口減少，市町村合併など社会情勢の変化から改訂が必要となり，県内の都市マスについて2009年度に素案を，2010年度に原案を作成した。2011年度には原案に対する意見をパブリックコメントなどにより広く求め，都市計画決定手続きを進めることにしていた。しかし2011年3月11日に東日本大震災と原子力災害が発生し，特に避難指示区域の設定による強制避難者の区域外流出や区域内立入り制限により，人口，人や物の動き，土地の利用の仕方に大きな変化が生じたため，震災の影響を考慮して都市マスを見直すことになった。[7]

---

(6) 国土交通省都市局都市計画課「まちづくりの計画を決める話」http://www.mlit.go.jp/crd/city/plan/03_mati/02/index.htm（2017年8月14日アクセス）。
(7) 「資料1 都市計画区域マスタープランについて」『第159回福島県都市計画審議会』2011年10月27日。

ただし，本稿で取り上げるのは「都市計画を進める上で基本となる計画であり，都市の将来像や目標のほか，具体的な整備方針について，市町村の枠を越えた広域的な視点により県が定める」区域マスである。また区域マスには「市町村マスタープラン」もあり，これは県が作成する区域マスに即して，各市町村が地域の特性を反映しながら創意工夫のもと，より地域に密着した都市計画の方針や地域の姿を明らかにしている。

（2）福島県都市区域マスタープラン
　福島県区域マスは「人口減少や少子高齢化の進展，市町村合併に伴う生活圏の広域化等」を背景として，2008年3月に「都市と田園地域等の共生」を基本理念とする『新しい時代に対応した都市ビジョン』を策定し，2010年度に「マスタープラン（原案）」を作成していた。しかし2011年3月11日に東日本大震災と原発災害とによる被災のため，「安全・安心な災害に強いまちづくり」と「復興のための新たな土地利用」とを柱とする「震災・復興の視点」を，地区マスに入れる必要が迫られた（次頁表7）。
　区域マスの見直しの視点については，都市計画審議会の下に設置された都市政策推進専門小委員会において，4つの意見が出た。第1は「震災の土地利用動向や人口流動への影響等について，地域の状況に応じた記載が必要」という意見である。これについては「震災を踏まえた都市づくりの基本的な考え方」に加筆するとともに，各地域の状況に応じた記載を修正することになった。第2は「復興公営住宅について，土地利用に反映させ区域マスに位置付けるべき」であり，これには該当地域の土地利用における住宅に関する部分に加筆することになった。第3は「農地（耕作放棄地等）の再生可能エネルギー施設整備への活用について記載すべき」であり，これは耕作放棄地の面積が大きい区域において加筆することになった。第4は「コンパクトな都市のあり方が地域によって異なることについて誤解を招かないよう記載すべき」という意見であり，これについては「地域特性に応じたコンパクトな都市づくり」の考え方に加筆することになった。

表7　福島県都市計画区域マスタープランの見直しの視点

新しい時代に対応した都市づくりビジョン

◆基本理念
　都市と田園地域等の共生

◇基本方針
　○都市と田園地域等が共生する都市づくり
　○地域特性に応じたコンパクトな都市づくり
　○ひと・まち・くるまが共生する都市づくり

震災・復興の視点
　○安全・安心な災害に強いまちづくり
　○復興のための新たな土地利用

→ ビジョンの具体化 →

見直し後区域マスの構成

1．都市計画の目標
　1）都市の現状と課題
　2）都市づくりの理念
　　①緑豊かな自然環境や田園地域等の保全
　　②安全で安心できるまちづくりの推進
　　③生活圏の広域化に対応した交流と連携のネットワークづくり
　　④コミュニティの維持に配慮したまちづくりの推進
　　⑤魅力と賑わいのある中心核と産業基盤の形成
　　⑥環境負荷の少ない低炭素型のまちづくりの推進
　　⑦住民の暮らしを支える都市施設の整備
　3）広域的位置づけ
　4）保全すべき環境や風土の特性

2．区域区分の決定の有無と定める際の方針

3．主要な都市計画決定の方針
　1）土地利用　2）都市施設　3）市街地開発事業
　4）自然環境の整備・保全

出所：福島県『第166回福島県都市計画審議会』2013年11月25日。

(3) 区域マスタープラン見直し

　2014年3月25日に開催された「第167回福島県都市計画審議会」(以下，県都計審)では，小委員会の議論を取りまとめた「中間報告」に対して3つの意見が出されたが，区域マス見直しにかかわる意見は実質的には2つであった。その第1は「帰還困難な状況の中，避難先における新しいまちづくりを検討したいとなった時，どのように対応していくのか」という意見であった。これについては事務局から「避難されている方々の意向や避難先の市町村の状況を確認しながら課題解決に取り組んでいきたい」と回答された。第2は「郊外への大型店の進出がまちの姿を大きく変えてしまったことから，これまでのまちづくりの問題点を踏まえて，新しいマスタープランの作成が求められている」との意見であった。これには「これまでのまちづくりの問題点を踏まえて，持続可能なまちづくりを目指したマスタープランを作成している」と回答された。しかし東日本大震災後の新たな問題は，市街地小売業の担い手としての自営業者の廃業であり，それに代替するように立地してくるショック・ドクトリンとしての

全国チェーン店の進出であった（古川，2015，山川，2016）。

　第 171 回県都計審（2015 年 3 月 25 日）では，2 回目「中間報告」に関して 3 つの意見が出された。第 1 は今後の浜通りの区域マスの見直しの進め方にかかわり，「住民の意向がどのように計画づくりに反映されるのか，住民が直接意見を言える場をどうやってつくっていくかが大事」という意見である。事務局からは「関係市町で随時見直しが行われている復興計画との整合を図るとともに，並行して見直しが進められている市町村マスタープラン等関連計画の検討と歩調を合わせながら進めていく。加えて，関係市町の都市計画行政担当者や地域住民の参加による地域懇談会などを通じて，各地域の意向把握とプラン見直しへの反映に努める」ことが回答された。

　第 2 は浜通り地方では「避難者を受け入れているいわきと双葉郡は区域マスを見直す意味合いが違う。浜通り全体の区域マスを同時並行で見直すのであれば人口流動の関係もあるので意味がある」という意見であった。これには事務局から「区域マスの見直しに今年度着手する地域は相双北といわきのみだが，浜通り地方全体の整合性を考慮した見直しとしていくため，見直しに先立ち『浜通りの都市づくりの基本方針』」を定めるとの回答があった。

　第 3 は計画期間に係わる意見であり，「将来人口推計を行っているが，浜通りについては相当長期を見通した計画づくりが必要だと思う。そのような長期的な視点で今後の人口推計も含めたまちづくりを考えていくべき」というものであった。これには事務局から「区域マスは基本的に 10 年後を目標年次とするが，相双北(8)については，帰還のスケジュールに合わせた柔軟な計画期間の設定や随時の見直しの必要性について検討する」ことが回答された。

　区域マス見直しの最大の論点はその前提となる「人口の実態」にあり，これは第 172 回県都計審（2015 年 8 月 3 日）で議論となった。そこでは「国勢調査では人口が 0 人の自治体が出てくるが，まちづくりの資料としてどの程度参考になるのか」という疑問と，「人口の状況は，住民票レベル，市町村レベルでも実態をつかみ切れていないことが実情であり，数値的なものは難しいが，住民懇談会を通じて実態を把握する」ことが必要という意見とが出された。事務

---

(8)　後に，「相馬」区域という名称に修正される。

局からは，前者については「都市計画基礎調査は平成29〜30年度になると思われるため，今回の国勢調査の速報値が入った時点で，できる限り反映したい」こと，後者については「相双北で避難指示が出ているのは小高区であり，その状況を見据えて，基礎調査に反映したい」ことが回答された。

(4) いわき市・相馬区域の将来人口推計について

いわき市と相馬区域の区域マス，特に市街化区域の面積を修正するには，区域の10年後の将来人口を見通す必要がある。将来人口推計については，一般的には国立社会保障・人口問題研究所が発表する「日本の地域別将来人口推計」(直近では2012年1月推計)(10)が使われる。しかし福島県いわき市と相馬区域の場合には，津波被害と原災避難による人口移動があり，しかも住民票の移動を伴わない人口移動が多いこと，また特に原災避難者の県内外から帰還を正確に見通すことができないことから，中長期的な将来人口については難しい独自の推計が求められた。2014年7月時点での避難者の動きをみると，いわき市は双葉郡全域及び南相馬市から，相馬区域は主に浪江町や飯舘村から約3,200人避難者を受入れているが，他方で南相馬市からは約1万100人が県内外に避難流出していた（次頁図3）。

そのため福島県の将来人口推計式はいわき市と相馬区域とでは異なっている。それはいわき区域＝いわき市という単一自治体であるのに対して，相馬区域は新地町・相馬市・南相馬市の複数自治体から構成されているからである。

「いわき市将来人口」＝「現住人口による推計」(ベース人口) －「市外流出避難者（住民票移動なし）のうち，戻らない人の推計」＋「受入れ避難者の定着人

---

(9) 都道府県が都市計画区域に関して5年ごとに実施する調査であり，2013年では都市計画区域における人口（人口規模・DID・将来人口・人口増減・通勤通学移動・昼間人口），産業（産業別事業所数・就業者数等），土地利用（区域区分・現況・開発・転用・協定等），建物（現況・大型店立地・世帯数等），都市施設（施設位置・道路等），交通（交通量・自動車流動・鉄道・バス状況等），地価（状況），自然環境等（地形・水系・地質・気象・緑・屋外レクリエーション施設・動植物等），公害及び災害（災害・防災拠点位置・公害等），景観・歴史資源等（観光・景観・歴史資源等）など多種多様な項目が調査対象となっている（都市計画法第6条，都市計画法施行規則第5条）。

(10) http://www.ipss.go.jp/syoushika/tohkei/newest04/sh2401top.html。

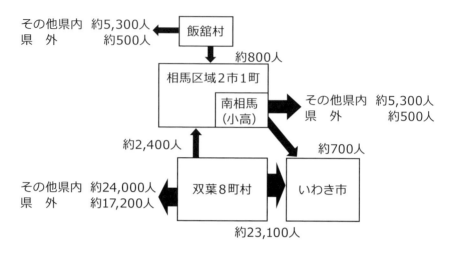

図3 現住人口に現れない避難者の動き（2014年7月現在）
注：100人以上の動きのみ表示。
出所：避難元自治体ホームページ及びいわき市災害対策本部速報（Q）（2014年7月）による。ただし，掲載されていなかった田村市・広野町・楢葉町を除く。

口」＋「市外流出避難者（住民票移動なし）の内，市内に戻る人の推計」
　「相馬区域将来人口」＝「現住人口による推計」（ベース人口）−「相馬区域外流出避難者（住民票移動なし）のうち，戻らない人の推計」＋「受入れ避難者の定着人口」＋「区域外避難者（住民票移動なし）の内，区域内に戻る人の推計」
　こうしたことを念頭において，いわき市については受入れ避難者の定着について，また相馬区域では受け入れ避難者の定着と地域外避難者の帰還について，次のような複数シナリオ（高位・中位・低位）を検討している。
いわき市
　高位：受入避難者が現在の傾向で増加を続け，将来的には収束するものと想定
　中位：受入避難者は復興公営住宅整備完了後には増加しないと想定
　低位：受入避難者のうち，一定程度が元の居住地に帰還すると想定
相馬区域
　高位：区域外避難者はすべて帰還し，受入避難者すべてが地区内に定住す

るものと想定
中位：区域外避難者はすべて帰還し，受入避難者の一部が地域内に定住するものと想定
低位：区域外避難者は一部帰還し，受入避難民は被災時に居住していた市町村に帰還するものとし定住は想定しない

　こうした検討を経て，いわき市の将来推計人口は「受入避難者の増加を見込む想定を最大とし，受入避難者が一定程度避難元に帰還する想定を最小」にする値をとることになった。その結果，いわき市の2020年の将来人口は33万6,000人となった。受入避難者人口の定着により，一時的な人口増に対応する必要があるが，少子高齢による人口減少の趨勢は変わらず，人口減少が遅れてやってくることになる。

　また相馬区域は「流出避難者全員帰還・受入避難者全員定着の想定を最大とし，流出避難者一部帰還・受入避難者が元市町村に帰還する想定を最小」とし，将来人口は10万6,000人となった。これは南相馬市からの区域外に流出している避難者の帰還動向に左右されるものの，高位推計でも震災がなかった場合の将来人口を超えることは考えにくいという判断でなった（次頁表8）。

3　見直しにはどのような都市像が求められるのか

　「新しい時代に対応した都市づくりビジョン」には，東日本大震災からの復興の視点として「安全・安心な災害に強いまちづくり」と「復興のための新たな土地利用」とが付け加えられることになった。この基本的な視点の具体化は，『浜通りのこれからの都市づくりについてのアンケート調査』と住民懇談会が（3回）実施され，そこでの意見を「都市づくりの理念」に反映させる手順で進められた。

（1）理念見直しにかかわるアンケート調査

　まずは2016年1月から3月にかけて実施された『浜通りのこれからの都市づくりについてのアンケート調査　2015年度』（以下，『2015調査』）の結果から見ていこう。『2015調査』は「都市づくりの方向性に関する震災等の影響を把握」することを目的とし，①「都市の満足度や将来像」に関する震災前後の意

表8　いわき・相馬区域

		2000年	2005年	2010年	2015年
相馬区域	人口動向	126,402	123,105	120,051	116,919
いわき区域	人口動向	360,598	360,138	354,492	342,249

出所：福島県都市計画課『浜通りの都市づくりの基本方針の検討（第2回）』福島県都市計画審議会都市政策推進専門小委員会（第8回），2015年3月18日。

向変化（震災等の影響の大小による意向の違い），②「浜通り独自の都市づくりの基本方針」の考え方に対する意向，③都市計画区域マスタープランへの反映を図るため居住地域（相双北・いわき）全体に対する意向などを把握することを目的とした。

　アンケート調査票の調査対象者は現地域居住者とし，配布数は合計で2,248票，回収数が895票であり，回収率は39.8％であった。震災前後の変化をつかむため，前回調査（2009年度，以下，『2009調査』）と同様の属性を基本とし，これに震災等の影響をより明確に把握するため，生活環境が大きく変化した避難者が追加された。その結果，属性区分としては中学生及びその両親，行政区長世帯，市政モニター（いわきのみ），若い世代（20～30代），まちづくり活動等に参画している住民，そして避難者としての「市町営災害公営住宅」や「仮設住宅等住民」となった。調査は学校や行政等を経由して配布され，郵送等で回収された。

　年齢別で回答世帯属性をみると，10歳代のほとんどと40歳代の多くが「中学生及びその両親」からの回答である。20歳代はそのほとんどが「若い世代」からの回答である。30歳代は「中学生とその両親」と「若い世代」とに2分される。50歳代は最も多いのが「中学生及びその両親」であり，これに「市町営災害公営住宅住民」，「行政区長等の世帯」，「まちづくり活動等参画

将来人口推計（単位：人）

	2020年	2025年	2035年
上位推計	97,000	108,000	94,000
中位推計	96,000	104,000	92,000
下位推計	95,000	95,000	84,000
震災なし推計	112,000	107,000	94,000
上位推計	347,000	336,000	308,000
中位推計	347,000	336,000	303,000
下位推計	348,000	331,000	298,000
震災なし推計	342,000	319,000	289,000

住民」などが続いている。60歳代は「行政区長等の世帯」がとびぬけて多く，これに「市町営災害公営住宅住民」が続く。70歳代は「行政区長等の世帯」が最も多く，これに「市町営災害公営住宅住民」が続く（次頁表9）。このように年齢別特性はほぼ属性別特性に対応している。

（2）現居住民の地域満足度

住民の全体的な地域満足度を4段階で評点化してみると，浜通り全体では2.30点であり，これは「どちらかと言えば満足している」と「どちらかと言えば不満である」とのちょうど中間にあり，いわゆる「普通」という状況である（次々頁表10）。

この満足度を項目別に細かくみると，評点が全体平均よりも高い項目は，自然環境・伝統文化，道路整備・教育文化施設，犯罪・災害での安全安心，買物の利便性などであり，評点が低いのは公園・子育て・医療・高齢者福祉施設，公共交通機関の利便性，活気，若者の働く場所などである。

地域別では，いわき市は相馬区域よりも全体平均の評点が高い。いわき市の評点が相馬区域よりも高いのは，自然の豊かさ，道路の利便性，犯罪・災害の少なさ，買物の利便性，公園の整備，高齢者福祉施設，医療施設，活気，子育て施設，公共交通機関の利便性，若者の働く場所などの項目である。これはいわき市が相馬区域よりも都市人口規模が大きく，都市的機能が充実して

表9　アンケート調査回答者の年齢別属性別分布（単位：件数）

	浜通り地区							
	10代	20代	30代	40代	50代	60代	70代	合計
住民合計	111	50	91	149	80	241	161	852
中学生及びその両親	110	0	35	112	24	6	5	261
行政区長等の世帯	0	1	3	10	13	148	82	257
市政モニター	0	0	0	1	2	10	5	18
若い世代（20〜30代）	0	42	38	1	0	0	0	81
まちづくり活動等参画住民	1	3	2	5	12	13	6	42
市町営災害公営住宅住民	0	4	9	10	19	48	40	130
仮設住宅住民	0	0	2	6	9	20	26	63

注：浜通り地区は相馬区域・いわき市の合計。
出所：表7と同じ。著者再集計。

いることを反映している。他方，相馬区域の評点がいわき市よりも高いのは，街並みの伝統文化，教育文化施設の2項目である。伝統文化については相馬藩に引き継がれた一千年を超える相馬野馬追に裏打ちされている。また教育文化施設についてはJR原ノ町駅前に開設された市立図書館に対する評価でもある。

　震災原災の影響を見るために2009年度と比較すると，浜通り全体では，満足度が0.14ポイント悪化した。地域別全体では相馬区域がいわき市よりも大きく悪化した。項目別でみると，相馬区域では地域の満足度は「若者の働く場所が多い」を除くすべてで低く，特に満足度が0.2ポイントよりも低い項目は，自然の豊かさ，買物の便利さ，医療の充実などであった。自然の豊かさの低下は，津波の来襲により，相馬区域の臨海部の県立公園に指定されていた大洲や中洲の松並木や防潮林が失なわれ，松川浦の景観や磯部の美田が無残な姿に変わったことの結果である。買物の利便性の低下は，仮設住宅が街の周辺部に設置されたことやJR常磐線が津波の被害で運転されていないことの影響を受けている。これは「公共交通機関（鉄道・バス）が便利である」の満足度が下がったことからもわかる。

　いわき市の満足度が相馬区域よりも低く出たのは道路の便利さや買物の便利さであった。道路の利便さの満足度が低下したのは，津波・地震被害地域

表10 現在住んでいる地域の満足度（相馬区域，いわき市）

現在住んでいる地域の満足度	2015年度			2009／15年度		
	合計	相馬	いわき	合計	相馬	いわき
自然環境の豊かさを感じる	3.17	3.13	3.25	− 0.26	− 0.37	− 0.08
街並みに歴史や伝統，文化を感じる	2.52	2.55	2.46	− 0.10	− 0.11	− 0.07
道路が整備されて便利である	2.50	2.48	2.53	− 0.19	− 0.16	− 0.26
教育文化施設（学校・図書館・文化センター）が充実している	2.47	2.49	2.43	− 0.15	− 0.13	− 0.19
犯罪が少なく，安全・安心を感じる	2.39	2.25	2.61	＊	＊	＊
自然や災害に強く，安全・安心を感じる	2.36	2.34	2.40	＊	＊	＊
買物が便利である	2.31	2.24	2.43	− 0.23	− 0.24	− 0.23
全体平均	2.30	2.23	2.40	− 0.14	− 0.18	− 0.09
公園や広場が整備されている	2.29	2.24	2.36	− 0.13	− 0.14	− 0.12
高齢者福祉施設が充実している	2.16	2.04	2.33	＊	＊	＊
医療施設（病院や診療所）が充実している	2.15	2.11	2.21	− 0.18	− 0.24	− 0.09
人や物が活発に行き交い，活気を感じる	2.14	2.05	2.29	− 0.02	− 0.02	− 0.04
子育て施設が充実している	2.11	2.05	2.19	＊	＊	＊
公共交通機関（鉄道・バス）が便利である	1.80	1.64	2.05	− 0.10	− 0.19	0.02
若者が働く場所が多い	1.79	1.66	1.99	0.12	0.05	0.21

注1：＊は2009年度調査には質問項目がないので比較できない。
　2：評点は，以下の加重平均である。
　　　　満足している＝4
　　　　どちらかと言えば満足している＝3
　　　　どちらかと言えば不満である＝2
　　　　不満である＝1
出所：表7と同じ。著者再集計
資料：福島県都市計画課『基礎調査』2016年

の瓦礫処理作業や放射性物質の除染作業，東電福一原発事故の収束作業の往復で自動車の交通渋滞が発生したことに拠っている。買物利便性の満足度低下もこの交通渋滞の影響を受けた。

浜通り地区の満足度が全体的に低下する中で，満足度が上がった項目が「若者が働く場所が多い」であり，これは特にいわき市において上がった。その理由は瓦礫処理，除染作業，収束作業のみならず，防災緑地・防潮堤の拡大再生や住宅再建による労働力需要の増加に求めることができる。しかしこうした復旧復興工事の増大は「人や物が活発に行き交い，活気を感じる」といった評価を高めることにはつながっていない。またいわき市で「公共交通機関（鉄道・バス）が便利である」の評価が上がっているが，いわき市から茨城県・東京方面や郡山・会津・新潟方面への高速道路や鉄道がほとんど被害を受けなかったからである。

さて，原震災避難者は相馬区域といわき市での居住環境にどの程度満足しているのであろうか。相馬区域の場合，災害公営住民と仮設住民の総括的な満足度はそれぞれ2.30と2.10であり，全住民平均の2.23よりもそれぞれ＋0.07ポイントと－0.13ポイントであった。災害公営住民の満足度を項目別でみると，公園や広場の整備，医療施設の充実，犯罪が少ないなどで相対的に高い評価を出している。これに対して仮設住民の不満は「自然の豊かさを感じる」「自然災害に強く，安全・安心を感じる」「医療施設が充実している」「教育文化施設が充実している」などにあらわれている。いわき市の場合，災害公営住民と仮設住民の総括的な満足度はそれぞれ2.57と2.45であり，いずれも全住民平均の2.42より高い。特に災害公営住民の満足度を高めたのは買物の便利さと公共交通機関の便利さなどである。また仮設住民の満足度を高めたのは道路の利便性，公園や広場の整備，教育文化施設の充実の他に若者の働く場所の多さであった。

（3）都市づくりの方向性

「これからの都市づくりの方向性」についての住民の意識で，全体として第1位にあがっているのは「若い人の働く場所が確保できるよう，地域の産業を育てていく（以下，地域産業育成）」である。その思いが特に強いのが相馬区域の若い世代（20～30歳代）などの在来住民であり，これまで5年以上住みしかも今後も住み続ける意向を持つ住民である。これに対していわき市で地域産業育成が第1位に来ているのは「5年未満」と「今後転居する」住民であった。

ただしいわき市の子育て世代や相馬・いわきの仮設住民は地域産業育成を第1位に選んでいない（次頁表11）。

第2位は「高齢者や障がい者の福祉サービスが気軽に受けられる環境を整備する（福祉サービス環境整備）」であるが，これは多くの住民属性に共通している。しかし相馬・いわきの若い世代，相馬の子育て世代，いわきの行政区長・復興公営住民などでは第1・2位に来ていない。福祉サービス環境整備を選択する比率は在来市民よりも「居住年数が5年未満」の仮設住民の方が高い。これは仮設住民が高齢者層であるからである。

第3位には「風力，太陽光などの自然エネルギーの有効な活用を進める（再エネ活用）」がきているが，その支持率は在来住民よりは避難住民の方が高い。これは仮設住民が原災を経験しているからである。ただし復興公営住民は津波被災者であり，仮設住民よりもその支持率は相対的に低い。

その他，全体として3割程度以上の支持率があった項目や属性は次の通りである。「支援サービスが気楽に受けられる環境を整備する（子育て環境整備）」で3割を確保したのは，相馬の若い世代やいわきの行政区長等，相馬区域の居住歴「5年未満」世帯や「今後転居する」世帯においてである。「建物を建てられる土地と立てらない土地を区分して，田園地域や自然環境を保護する」が3割台の支持を得たのは，いわき市の災害公営住民・若い世代・居住歴「5年未満」などであった。「自家用車の利用が困難な高齢者や体の不自由な方などの移動手段を確保するため，公共交通機関（鉄道，バス）を便利にする（交通弱者の利便性）」は，いわきの行政区長・災害公営住民・仮設住民などで3～4割台の支持を得ている。「地域で取れた農作物などを身近な都市で消費することで都市と農村地域のつながりを進める（地産地消）」はいわきの若い世代の3割強が支持している。

（4）都市づくりに必要なもの

次に居住民が「都市づくりに必要なもの」は何かと問われれば，相馬区域では在来住民・避難住民ともに「誰もが安心して，必要な医療が受けられる病院や診療所（以下，医療等施設）」と「安心して利用できると老人福祉施設や障がい者施設（養護老人ホームや紹介会社支援施設など（以下，福祉等施設））」とが

表11 これからの都市づくりの方向性の

属性	住居別				世帯別	
	仮設住宅等を除く住民		仮設住宅等住民		若い世代(20～30代)	
区　域	相馬	いわき	相馬	いわき	相馬	いわき
若い人の働く場所が確保できるよう，地域の産業を育てていく。	59.8	46.9	50.4	41.8	69.0	47.8
高齢者や障がい者の福祉サービスが気軽に受けられる環境を整備する。	28.0	34.7	42.1	37.3	10.3	17.4
風力，太陽光などの自然エネルギーの有効活用を進める。	22.2	28.2	31.4	31.3	15.5	26.1
日常生活に必要な食料品や日用雑貨は，身近な場所で無理なく買うことができるよう，商店と住宅をバランス良く配置する。	21.0	20.2	25.6	23.9	15.5	13.0
子育て支援サービスが気軽に受けられる環境を整備する。	21.0	19.5	14.0	16.4	32.8	13.0
建物を建てられる土地と建てられない土地を区分して，田園地域や自然環境を保護する。	19.8	18.7	14.9	31.3	13.8	34.8
自家用車の利用が困難な高齢者や体の不自由な方などの移動手段を確保するため，公共交通機関（鉄道，バス）を便利にする。	19.0	18.7	24.8	34.3	13.8	0.0
地域で採れた農作物などを身近な都市で消費することで，都市と農村地域のつながりを強める。	18.0	15.6	21.5	10.4	25.9	34.8
日常生活における住民相互の交流を支援し，人と人との繋がりが感じられる地域づくりを進める。	17.3	14.1	19.8	6.0	10.3	13.0
まちの顔となる商店街のにぎわいを取り戻す。	16.1	13.7	9.9	11.9	19.0	17.4
復興・再生の推進力となる，新たな産業拠点（エネルギー・医療・ロボット等）を創出する。	14.1	13.7	10.7	20.9	24.1	13.0
避難経路や防災拠点，自主防災活動等の共助体制を強化する。	13.9	12.6	9.9	10.4	17.2	17.4
観光地の魅力向上に資する，観光地間の交流・連携のネットワークづくりを進める。	9.5	12.2	7.4	10.4	10.3	26.1
歴史的な建物や文化財などを保存,活用していく。	8.5	10.3	6.6	6.0	6.9	8.7
個性と魅力ある街並みを作り出すため，建物のデザイン，敷地の緑化などについて住民どうしで約束事をつくる。	2.2	4.2	0.0	1.5	1.7	13.0
その他	2.0	4.2	3.3	1.5	3.4	4.3
建物の高さが高くなりすぎることで，周辺の環境や景観が悪くなる可能性がある地域では行政が決まりをつくり，建物の高さを制限する。	1.2	0.8	1.7	1.5	3.4	0.0

属性別特徴（複数選択可，単位：％）—その1

		世帯別						
中学生及び その両親		まちづくり活 動等参画住民		行政区長等の 世帯		市町営災害 公営住宅住民		仮設住宅住民	
相馬	いわき	相馬	いわき	相馬	いわき	相馬	いわき	相馬	いわき
52.3	41.4	56.0	41.2	61.6	63.3	54.5	44.0	43.2	35.3
18.9	42.0	32.0	29.4	37.0	26.7	36.4	28.0	52.3	64.7
35.1	29.3	12.0	23.5	18.5	30.0	29.9	34.0	34.1	23.5
18.9	21.3	20.0	23.5	23.6	13.3	22.1	24.0	31.8	23.5
23.4	16.7	28.0	29.4	15.7	36.7	16.9	14.0	9.1	23.5
24.3	18.4	24.0	17.6	18.5	10.0	15.6	34.0	13.6	23.5
18.9	16.1	20.0	23.5	20.4	40.0	23.4	34.0	27.3	35.3
9.0	16.7	8.0	5.9	21.8	3.3	23.4	14.0	18.2	0.0
7.2	13.8	16.0	17.6	24.5	13.3	24.7	6.0	11.4	5.9
15.3	14.4	24.0	5.9	14.8	13.3	6.5	12.0	15.9	11.8
16.2	10.9	4.0	29.4	11.6	23.3	13.0	22.0	6.8	17.6
14.4	12.6	0.0	11.8	14.4	10.0	11.7	10.0	6.8	11.8
11.7	11.5	28.0	23.5	6.0	3.3	10.4	10.0	2.3	11.8
11.7	11.5	12.0	11.8	6.9	3.3	3.9	4.0	11.4	11.8
2.7	4.6	8.0	0.0	1.4	0.0	0.0	2.0	0.0	0.0
4.5	2.9	0.0	5.9	0.5	6.7	1.3	2.0	6.8	0.0
0.9	0.0	4.0	0.0	0.5	3.3	1.3	2.0	2.3	0.0

表11 これからの都市づくりの方向性の属性別特徴（複数選択可，単位：%）―その2

属性	居住年数別				今後の予定別			
	5年未満		5年以上		住み続ける		転居する	
区域	相馬	いわき	相馬	いわき	相馬	いわき	相馬	いわき
若い人の働く場所が確保できるよう，地域の産業を育てていく。	50.0	37.5	54.9	47.2	58.8	48.9	50.8	31.4
高齢者や障がい者の福祉サービスが気軽に受けられる環境を整備する。	37.1	37.5	28.2	34.6	31.7	35.8	29.5	35.3
風力，太陽光などの自然エネルギーの有効活用を進める。	30.6	25.0	21.1	29.9	23.7	27.7	24.6	35.3
日常生活に必要な食料品や日用雑貨は，身近な場所で無理なく買うことができるよう，商店と住宅をバランス良く配置する。	33.9	20.3	18.5	21.7	20.9	19.0	32.8	31.4
子育て支援サービスが気軽に受けられる環境を整備する。	15.5	17.2	18.1	19.7	19.8	19.0	16.4	17.6
建物を建てられる土地と建てられない土地を区分して，田園地域や自然環境を保護する。	17.7	32.8	17.5	18.5	20.0	20.1	8.2	25.5
自家用車の利用が困難な高齢者や体の不自由な方などの移動手段を確保するため，公共交通機関（鉄道，バス）を便利にする。	22.6	26.6	18.9	21.3	20.0	23.0	23.0	17.6
地域で採れた農作物などを身近な都市で消費することで，都市と農村地域のつながりを強める。	0.0	14.1	16.6	15.0	18.5	15.7	21.3	9.8
日常生活における住民相互の交流を支援し，人と人との繋がりが感じられる地域づくりを進める。	21.1	10.9	16.0	13.4	18.5	10.9	14.8	21.6
まちの顔となる商店街のにぎわいを取り戻す。	19.4	18.8	13.3	11.8	15.1	14.6	11.5	7.8
復興・再生の推進力となる，新たな産業拠点（エネルギー・医療・ロボット等）を創出する。	6.5	14.1	13.7	15.0	13.4	16.4	11.5	7.8
避難経路や防災拠点，自主防災活動等の共助体制を強化する。	6.5	10.9	12.8	11.8	12.7	12.4	16.4	9.8
観光地の魅力向上に資する，観光地間の交流・連携のネットワークづくりを進める。	4.8	9.4	9.5	12.6	8.8	11.7	11.5	11.8
歴史的な建物や文化財などを保存，活用していく。	6.5	4.7	7.2	9.8	8.4	9.5	4.9	9.8
個性と魅力ある街並みを作り出すため，建物のデザイン，敷地の緑化などについて住民どうしで約束事をつくる。	0.0	3.1	1.9	3.9	1.7	1.5	1.6	11.8
その他	3.2	4.7	2.1	3.5	1.5	2.9	6.6	5.9
建物の高さが高くなりすぎることで，周辺の環境や景観が悪くなる可能性がある地域では行政が決まりをつくり，建物の高さを制限する。	4.8	0.0	0.4	1.2	1.3	1.1	1.6	0.0

資料・注ともに表7と同じ。

第1位と第2位にあがっている。違いは第3位にあらわれ，在来住民は「企業を誘致し，産業を育てていく工業団地（同，工業団地）」を重視するものの，避難住民は「まちの中心部に賑わいをつくり出すための商業施設（百貨店，ショッピングセンターなど）や娯楽施設（映画館など）（同，商業等施設）」をあげている（次頁表12）。

いわき市では在来住民と避難住民とがともに医療施設を第1位に上げている。第2位については在来住民は中心市街地の商業施設を，避難住民は福祉施設をあげるという違いがある。商業等施設は特に在来の若い世代や子育て世代において高く支持されている。ただしその居住年数で分けてみると，「5年未満」で「今後は転居」する予定の人たちは商業施設への支持が高い。他方，福祉施設は仮設等住民だけでなくまちづくり活動等参画住民や行政区長など年齢が高く，居住年数が長くしかも今後とも住み続けようとする人々によって支持されている。

若い世代のニーズはどこにあるのであろうか。相馬区域では医療施設を第1位に上げるが，雇用を創出する工業団地への期待とともに安心して子育てができる保育施設への期待が大きい。いわき市では医療施設よりも商業施設に若い世代の期待が大きく第1位に上がっている。これに保育所等の子育て施設が続いている。

子育て世代のニーズは相馬区域では医療施設が第1位であることにはかわりないが，工業団地や子育て施設への期待は若い世代よりも低いので，第2位には商業施設，第3位に公園・広場が浮上している。子育て世代はいわきでは商業施設への期待が医療施設を抜いて，第1位に高く出ている。第3位には子どもの交通安全ということで，「歩行者や自転車が安全に通行できる歩道や自転車道（歩道等）」が来ている。

中年世代のニーズを「まちづくり活動等参画住民」でみると，相馬区域では支持率が30％台にあるのは工業団地，子育て施設，歩道等であり，医療施設や福祉施設，商業施設は20％台にとどまった。いわき市では第1位が医療施設であり，その支持率は70％と非常に高い。これに40％台で福祉施設や子育て施設が続いている。

高年世代のニーズを「行政区長等」に代弁してもらうと，相馬区域では福祉

表12 都市づくりに必要なものの

属性	住民区分		世帯別						
	仮設住宅等を除く住民		仮設住宅等住民		若い世代(20～30代)		中学生及びその両親		まちづくり活動等参画住民
	相馬	いわき	相馬	いわき	相馬	いわき	相馬	いわき	相馬	いわき
誰もが安心して、必要な医療が受けられる病院や診療所	51.4	49.8	60.2	58.2	50.0	30.4	55.5	48.6	28.0	70.6
安心して利用できる老人福祉施設や障がい者施設（養護老人ホームや障がい者支援施設など）	41.1	23.0	52.8	47.8	20.7	13.0	24.5	15.8	28.0	41.2
企業を誘致し、産業を育てていくための工業団地	33.8	18.9	24.4	10.4	46.6	26.1	20.9	13.6	36.0	11.8
安心して子育てができる子育て支援施設（保育所や子育てセンターなど）	30.0	22.3	25.2	19.4	44.8	39.1	26.4	19.8	36.0	41.2
まちの中心部ににぎわいをつくり出すための商業施設（百貨店、ショッピングセンターなど）や娯楽施設（映画館など）	25.6	44.2	34.1	28.4	34.5	56.5	32.7	51.4	28.0	29.4
歩行者や自転車が安全に通行できる歩道や自転車道	22.2	32.5	16.3	31.3	10.3	30.4	28.2	35.0	32.0	23.5
洪水からまちを守る水路―河川や災害に備えるための防災施設	21.7	23.0	19.5	22.4	27.6	17.4	15.5	21.5	16.0	29.4
快適に遊んだり運動ができる公園、広場	20.8	26.4	15.4	20.9	17.2	30.4	30.9	28.8	28.0	23.5
くらしを支える道路や地域間を結ぶ高速道路	17.1	13.2	8.1	10.4	13.8	26.1	16.4	10.2	28.0	17.6
水環境や生活環境を守る下水処理施設やごみ処理施設	10.4	9.8	7.3	13.4	1.7	4.3	10.0	9.6	12.0	5.9
充実した日常生活を送るための教育文化施設（図書館や文化センターなど）	8.2	13.6	6.5	0.0	17.2	21.7	12.7	15.3	4.0	5.9
快適な住まいを実現するための住宅団地や公営（県営・市町村営）住宅	2.9	6.8	5.7	23.9	5.2	4.3	4.5	8.5	8.0	0.0
その他	2.9	1.9	4.1	0.0	1.7	0.0	4.5	1.7	8.0	0.0

資料・注ともに表7と同じ。

属性別特徴（複数選択可，単位：％）

		行政区長等の世帯		市町営災害公営住宅住民		仮設住宅住民		居住年数別				今後の予定別			
								5年未満		5年以上		住み続ける		転居する	
		相馬	いわき	相馬	いわき	相馬	いわき	相馬	いわき	相馬	いわき	相馬	いわき	相馬	いわき
		52.5	56.7	53.8	58.0	71.1	58.8	61.9	48.4	48.7	53.3	53.7	53.1	55.6	46.2
		56.1	46.7	53.8	46.0	51.1	52.9	44.4	34.4	40.6	26.8	44.3	28.5	41.3	25.0
		36.7	23.3	28.2	10.0	17.8	11.8	20.6	12.5	31.4	17.9	32.8	18.8	22.2	9.6
		27.1	20.0	28.2	22.0	20.0	11.8	27.0	18.8	26.6	21.4	29.4	22.7	23.8	17.3
		19.5	16.7	33.3	26.0	35.6	35.3	33.3	43.8	24.9	40.1	26.9	36.8	31.7	59.6
		21.3	33.3	16.7	32.0	15.6	29.4	22.2	34.4	19.9	31.1	21.5	31.4	15.9	38.5
		24.0	40.0	25.6	24.0	8.9	17.6	23.8	14.1	19.7	25.3	22.2	23.5	12.7	21.2
		15.8	20.0	16.7	26.0	13.3	5.9	27.0	23.4	16.9	25.3	20.5	26.4	12.7	15.4
		17.2	13.3	6.4	10.0	11.1	11.8	12.7	17.2	14.0	11.3	13.6	11.9	25.4	17.3
		12.7	13.3	3.8	14.0	13.3	11.8	4.8	12.5	9.2	10.1	9.6	10.8	11.1	9.6
		4.1	6.7	7.7	0.0	4.4	0.0	4.8	4.7	7.5	12.5	7.9	10.5	6.3	9.6
		0.9	0.0	3.8	20.0	8.9	35.3	6.3	15.6	2.9	9.3	3.2	9.0	6.3	17.3
		1.8	3.3	1.3	0.0	8.9	0.0	1.6	0.0	2.5	1.9	2.6	1.8	7.9	0.0

施設が第1位，医療施設が第2位でありいずれも50％台にあった。いわき市でも1，2位の順位は同じであるが，第3位に「洪水からまちを守る水路——河川や災害に備えるための防災施設（同，防災施設）」が来ている。

復興公営住宅住民のニーズは，相馬区域では仮設住民とほぼ同様であり，第1に医療施設，第2に福祉施設，第3に商業施設であった。いわき市もほぼ同様であるが，「快適な住まいを実現するための住宅団地や公営（県営・市町村営）住宅」へのニーズが目立つ。

相馬区域では住居年齢にかかわらず，医療施設，福祉施設が第1，第2に来ているが，第3位には5年未満では商業施設が，5年以上では工業団地が来ている。いわき市では年齢別にかかわらず医療施設，福祉施設，商業施設の順となっている。

今後住み続けるか転居するかの区別では，相馬区域では「住み続ける」ニーズの順は第1，2位はいずれも医療施設，福祉施設であるが，第3位には「住み続ける」では工業団地であり，「転居する」は商業施設であった。いわき市では「住み続ける」は医療施設，福祉施設，工業団地の順であるが，「転居する」は商業施設，医療施設，歩道等の順である。

なお「暮らしを支える道路や地域間を結ぶ高速道路」については，いわき市の若い世代，まちづくり活動参加住民，相馬の「転居する」で2割台後半の支持率を得ている（前掲表8）。

4　住民の意向はどのように地区マスタープランに反映されたか

（1）住民懇談会議論の理念等への反映

アンケート調査結果は小委員会と住民懇談会に報告され，それぞれのメンバーから意見が聴取された。相馬区域の住民懇談会での意見発表者の構成は，第1回では元役場職員1，住まいづくり研究会1，商工会商工会議3，行政区町会1，JR東日本1，女性団体連絡会1，都市政策推進小委員会1，計10人，第2回では元役場職員1，住まいづくり研究会1，商工会・商工会議所3，誘致企業連絡会1，行政区長2，農業委員会1，バス交通会社1，建築士会1，JA1，建設業組合1，計13名であった。第3回の委員属性は不明であるが，7名が出席した。元役場職員の1名を除けば，いずれも組織からの選出

であり，個人の資格で参加する「公募委員」は入っていなかった。

　懇談会での参加者の発言は，相馬区域の場合，第1回は54件，第2回は43件であった。第1回の54の意見は，区域マスの理念への反映の仕方から5つに分類される。すなわち①「理念全般に反映」(4件)，②「理念個別に反映」(14件)，③「広域的位置づけに反映」(4件)，④「個別の計画等で受け止め」(10件)，⑤「その他」(22件)として分類された。「その他」の意見は，テーマかつ都市全体に関する意見や課題を中心にキーワード検索を通じて抽出され，次の5つに分類された。①すなわち地域の歴史・文化等の資源に関する意見(5つ)，②地域活力向上に関する意見(5つ)，③高齢化に関する意見(3つ)，④コミュニティに関する意見(2つ)，⑤安心に関する意見(1つ)，の5つにまとめられた。そのうえでそれぞれが『区域マス』の本文中の理念のどこかに反映する対応がとられた。しかし「住民意見の抽出バックデータ」において抽出された「常磐道や相馬福島道路の開通」「浜街道」「原発事故」「放射線」「コンパクトシティ」「商業機能の喪失や商圏の縮小」「生活圏域」「商店街」「教育とまちづくり」などは「主な意見」のなかには集約・分類されなかった。

　相馬区域の第2回懇談会の場合も，同様に，まず34件の意見を，①〜③はゼロ件，④が7件，⑤「その他」25件，⑥「別途対応」が1件，⑦「全体に反映」1件に分類した。次いで「その他」の意見は，①交通・公共交通に関する意見(3つ)，②地域活力向上に関する意見(2つ)，③都市構造(コンパクトなまち，広域連携)に関する意見(3つ)，④生活の場に関する意見(2つ)，⑤高齢化に関する意見(1つ)，⑥伝統文化に関する意見(1つ)，という6つに分類し，それぞれを本文の個別理念に反映させた。

　いわき市の第1回の意見発表者は市民会議・地域協議会(「好間・四倉・小川・いわき・久之浜・内郷・勿来・小名浜・鹿島・泉・常磐)10，商店会・商工会議所2，建築士会2，JA1，JC1，高専1など17名，第2回は市民会議・地域協議会6，建築士会など2，高専1，農業委員会1，バス交通1など11名，第3回は属性不明であるが，14名出席した。出された意見は，第1回は106件，第2回は35件であった。第1回の懇談会の結果は，①コミュニティに関する意見(4つ)，②地域活力向上の関する意見(4つ)，③コンパクトなまちに関する意見(5つ)，④高齢化に関する意見(4つ)，⑤定住促進に関するする意見(3つ)の5つにに

まとめられた。第2回の懇談会の結果は，①交通・公共交通に関する意見（2つ），②地域活力向上に関する意見（3つ），③都市構造やコンパクトなまちに関する意見（2つ），④土地利用に関する意見（2つ），⑤生活の場に関する意見（2つ），⑥マスタープラン全体に関する意見（1つ）に分類された。

では，前後で何が変わり何が変わらなかったのか。2015年の懇談会の意見は，2009年と対比することによって，原震災前後の異同と見ることができる（次頁表13）[11]。相馬区域では，震災前との比較では，若者の流出に拍車がかかり，風評被害もあいまって商業環境も厳しくなっているため，若者の就業の場やエネルギー産業などの新産業の導入に期待が寄せられている。震災後に新たに浮上してきた問題は，被災者・避難者等の流入に伴うコミュニティの形成や，除染・復旧作業での外部者の流入による不安などにあった。いわき市では，震災前との比較では，被災者・避難者等の新住民の流入や復興事業の促進により，コミュニティ形成や交通渋滞のみならず，コンパクトシティ形成に逆行する宅地需要の高まりによる郊外開発が問題視されている。震災後では特に水産業が復活できないのではないかという懸念が表面化してきている。都市計画全体としては規制や誘導のための新たな基準が必要とされいるのである。

（2）小委員会の意見は理念にどのように反映されたのか

第7回都市政策専門小委員会では，事務局から提示された「安全で，災害に強い復元力のある都市づくり」という「浜通りの都市づくりの基本方針」に対しては，次のような5つの意見が出された。

①「災害に強度がある」「災害に強い」「復興に強い」等，包括的に言うと，「持続可能な」が新しいキーワードかと思う。合併等するときに，未着手になっていたところも持続的に災害に強くしていくためには考える必要がある。②「しなやかな対応ができるところ」「復元力があるところ」のようなキーワードをいれて，「多少のことでは負けないぞ」という福島の個性としてのイメージをどこかに盛り込んで欲しい。③「災害に強い」といったコメントは入れていい

---

(11) 2009年の住民懇談会の意見そのものについては，福島県都市計画審議会都市政策推進専門小委員会（第12回，2017年3月7日）では報告されていない。

表13　住民懇談会でのまちづくり意見の震災前後での変化

	相馬区域	いわき区域
震災前後で同様の傾向を示す意見	・震災前から引き続き，地域資源の活用に関する意見が多い。 ・震災前から引き続き，コンパクトなまちづくりに関し，郊外部での開発抑制や中心部への居住促進が求められている。 ・震災前から引き続き，公共交通の維持・強化が求められている。	・公共交通の衰退について引き続き懸念が示されている。 ・若者の働く場の確保が引き続き求められている。
震災後に傾向が変化した意見	・震災前から高齢者に対応したまちづくりが求められていたが，震災後の若者の流出による拍車も相まって懸念が強くなっている。 ・震災の影響に伴う商圏の縮小や風評被害から，より一層，商業環境の懸念が強くなっている。 ・地域活力向上として，震災前は観光交流の促進といった意見が多かったが，震災後は，若者の働く場やエネルギー産業などの新産業の導入といった意見が追加された。	・地域活力の向上に向け，引き続き，若者の働く場の確保が求められているほか，震災後は観光交流の促進がより強く求められている。 ・コンパクトなまちづくりに関し，震災後は郊外での開発等に対する懸念がより強く示された。 ・震災後，高齢化社会への対応に関する懸念がより強く示された。 ・震災後，文教機能の充実や，田舎暮らし・セカンドライフ需要の喚起なども含めた定住促進についてより強く求められている。 ・復興事業等による交通量の増加に伴う交通渋滞の懸念が示された。
震災後の課題として出された意見	・震災により，地域コミュニティが脆弱となり，新たな住民等とのコミュニティ形成が課題との認識が示された。 ・震災後の新たな課題として治安に関する不安の高まりが指摘された。 ・広域連携や各種施設を始めとするソフト・ハードの維持管理・保全といった視点も重要との意見が得られた。	・震災後の新たな課題として，避難者や災害公営住宅入居者との交流やコミュニティ形成が大きな課題として示された。 ・風評被害に対する懸念が強く示され，特に水産業の復活が求められている。 ・復興に伴う人や産業の動きを踏まえた規制誘導，産業誘致が求められている。

注1：第1・2回住民懇談会（相馬及びいわき）意見（2015年）。
　2：2009年住民懇談会意見との対比により震災前後を判断。
出所：福島県土木部都市計画課『都市政策専門小委員会（第12回）資料2』2017年3月7日。

と思う。相双南の復興は20年以上かかる可能性もあり，都市計画マスタープランで対応することは難しいかもしれないが，連携を常に図っていかなければいけない。④地域包括支援センターを中心とした核のあるまちづくり，コミュニティの場が大切。ソフト面ももう少し考えて欲しい。⑤ひとつの視点として，「持続可能」「防災」「減災」「レジリエンス（しなやかさ）」「復元力」等の内容を受けた形の方針が必要。その中でも核をきちんとしておく。

　こうした意見に対して，事務局からはキーワードの反映についての考え方が以下のように回答された。

　①③に係る「強靭」「災害に強い」については，上記の都市構造を支える道路等のネットワークや土地利用配置，拠点形成，都市施設整備の在り方のそれぞれの方針に反映する。②⑤に係る「しなやか」「復元力のある」については，浜通り全体と身近な生活圏の2段階で構成される，災害でネットワークが分断されても最低限の都市機能が維持できるレジリエンドな考え方を広域構造と都市構造の見直しに反映する。④の「地域包括支援センターを核とした拠点形成」「小さな拠点づくり」については，都市域においても「身近な生活圏」の単位の考え方に反映する。

　都市づくりの視点については，まちづくりの位置づけ，イノベーションコースト構想，ダブルスタンダード，コンパクト・プラス・ネットワークと小さな拠点形成，などにかかわる意見が出された。特にダブルスタンダードに関する意見は以下のような3つであった。

　①人口減少，経済も低調傾向の中で，市街化調整区域に住宅を建設するのはダブルスタンダードとなっている。新たな都市づくりの方針に関わってくるのではないか。

　②経済の低下傾向と，人口の一時的な増加の整合を計画の中でどのように図るのか。空き家数の減少や地価の上昇の実態をどう見ていくのか。

　③国の施策やイノベーションコースト構想と整合性をとる必要がある。小さな拠点との整合性についてどのように考えているのか。

　第8回小委員会（2015年3月18日）でも，以下のような3つの意見が出された。

　①「震災前後の人口動向，将来人口推計について」は，震災後の転出入で男女がアンバランス，将来人口の減少拡大の可能性が高いこと，及び新規就

労者，震災後転出した人の戻り転入の上乗せをどう考えるかが課題であること．

②「震災前後の産業の変化について」については，人口や雇用のミスマッチがあり，被災地全体がバランスの悪いまちになること，及び経済指標は上向きだが，復興の最盛期で一時的に好況なだけという面もあること．

③「浜通りの都市づくりの視点について」は現在の想定よりもさらに人口が減少するという視点も必要であること，県民，これから帰還される方に伝わりやすいやわらかい言葉にすること，小さな拠点や身近な生活圏という考え方は重要であること，基本的な方針はすでに県の3本柱に網羅されているので，浜通りに即したものにすること．

事務局はこうした意見を受けて，第9回小委員会に「浜通りの都市づくりの基本方針（案）」として，以下のような6つの視点を提示した．

①世界の復興まちづくりの教訓を生かす
②コンパクト＋ネットワーク
③「小さな拠点」づくりによる持続可能な地域づくり
④住まい，医療，介護，予防，生活支援を一体で提供できるまちづくり
⑤自然といのちの共生で，自立したふる里づくり
⑥住民（避難者）のための都市づくり

以上のような意見交換を経て，事務局から第11回小委員会（2015年8月15日）に，震災及び原子力事故を踏まえた「復興まちづくりへの対応」として「安全で安心な暮らしを支え，人と人をつなぎ復興をリードする都市づくり」という文言が「基本方針」として追加された．こうした方針を支えるキーワードは「安全安心」「国土強靭化（レジリエンス）」「コミュニティ」「地域間交流と自立した地域づくり」「産業再生・創出」などであった．

5　おわりに──震災・原災と都市楮の偏倚区域──

(1) 都市計画区域マスタープラン基本理念の修正

こうした議論を経て，相馬・いわき区域マスの素案が第13回専門小委員会（2017年9月1日）に提出された．福島県全体の都市づくりの基本理念「都市と田園地域等の共生」は，「都市と田園地域等が共生する都市づくり」「地域特性に応じたコンパクトな都市づくり」「ひと・まち・くるまが共生する都市づく

り」といった3つを内容としていたが，新たに「安全で安心な暮らしを支え，人と人をつなぎ復興をリードする都市づくり」が加わった。

相馬区域マスでは，都市の現状と課題に「広域的な視点」として「南北方向に連続した生活圏が形成されており，今後は東西方向の機能強化が必要であること」と「広域交通体系を生かした県内外からの観光客の誘致や広域交流の強化が必要」であることが盛り込まれた。相馬区域の「都市づくりビジョン」は「豊かな自然と共生しながら暮らし続けられる2つの交流拠点を生かした都市づくり」であり，ここには「複合災害を克服し，地域の絆と誇りに満ちた復興まちづくり」が新たに挿入された。この復興まちづくりで重要なことは「地域防災力の向上」や「震災による長期避難や労働者受け入れなどの人口流動を踏まえたコミュニティの維持・再生」にあった。「復興」については，土地区画整理事業，集団移転促進事業，災害公営住宅整備事業等による新たな生活の場の整備や，道路，防潮堤などの被災した都市インフラの復旧が進行していること，国・県事業として常磐自動車道の整備完了と4車線化の促進，福島－相馬高規格幹線道路の整備中であること，個々の事情に応じた生活再建と地域コミュニティの形成，地域産業の再生・再興が必要であることなどが，新たに記載された。

相馬区域の都市システムは，相馬市と南相馬市原町地区を上位の圏域2拠点とし，常磐線の新地駅，鹿島駅，小高駅を下位の生活3拠点とし，「拠点間の機能分担，地域交通を通じた連携を図り，コンパクト＋ネットワークによる都市構造を構築する」とした。そのうち新地駅周辺では津波被害からの復興事業として土地区画整理事業が実施中で，都市機能の集積の他，スマート・ハイブリッドタウンが造成中である。津波被災沿岸部では多重防御機能を発揮する防災林等の整備や保全を進めている。その周辺の工業団地，特に復興工業団地では，南相馬市におけるロボット試験フィールドなどのロボット産業，及び従前の相馬新地共同火力や原町火力発電所に相馬港のNLG輸入基地を加えたエネルギー産業の進展・集積による，浜通りの新たな産業・雇用を支える都市づくりが加えられている。

「海・山・川と共生し，活力・安心・潤いのある個性豊かな交流都市づくり」をテーマとするいわき区域マスの「都市づくりビジョン」には，「前例のない複

合災害からの再生モデル都市として，人も場所も世界から愛される復興まちづくり」が追加されることになった。その再生モデル都市の要は，核としての平地区での「市街地再開発事業の整備効果」と，小名浜地区での小名浜港周辺での港湾・交流・にぎわい機能の充実，地域の産業再生，防災拠点化による「各種基盤事業の効果」を生かす持続可能で活力に満ちた都市づくり，また21世紀の森公園の広域防災拠点と併せたスポーツ拠点形成である。「復興」については相馬区域マスと同じであるが，被害を受けた沿岸部の農地再整備，エネルギー産業（浮体型大規模風力発電など）や高台移転による住宅地整備，公共下水道区域内完全整備（全戸水洗化）などである。いわき区域の都市システムは，相馬区域が圏域拠点－生活拠点の2層構造であるのに対して，圏域拠点－地域拠点－生活拠点の3層構造となっている。圏域拠点は平地区1か所であり，地域拠点は四倉，内郷，常磐，小名浜，勿来の5か所であり，生活拠点は久之浜，小川，好間，いわきニュータウン，泉の5か所となっている。

（2）津波・原災による浜通り都市構造の偏倚

　東日本大震災と東京電力福島第一原子力発電所事故は，津波の被害と避難指示区域の設定によって，福島県浜通りの都市構造を大きく偏倚させる影響をもたらしている。本節ではその偏倚の著しさを都市計画地区マスタープランの修正議論を通じてみてきた。もっとも大きな影響を受けているのが双葉地区であり，主要な市街地が帰還困難区域に設定されていることから区域マスの見直し作業すら着手できていない。これらの自治体では復興拠点整備の計画が進められ，個別案件として都市計画審議会で議論され都市計画決定が進められつつあるが，住民の帰還は進んでおらず，20年間という長期的で全体を見通す区域マスに関する議論はまだ始まっていない。

　これに対して浜通りの北部にある相馬区域は，原子力災害により南相馬市小高区が警戒区域（後に居住制限区域），同原町区が緊急時避難準備区域に指定され，また同市鹿島区・相馬市・新地町などは海岸部の一部が津波危険区域に指定されたことにより，住民の市町間・地区間で大きな流出入が見られた。しかし原子力災害による避難指示が解除されることによって帰還も一定程度進み，人口動態が比較的落ち着いてきただけでなく，また集団防災移転促進事

業がすべて完了し，復興産業団地の整備が始まった。ただし，この地区は都市計画法による区域区分を定めないため，市街化区域の拡大については明示されていない。都市的土地利用については，必要に応じてその都度，都市計画審議会で審議されることになる。

　浜通り南部にあるいわき区域は，津波被害による津波危険区域の設定はあったものの，原子力災害による避難指示区域の設定はなく，双葉地域からの原災避難民を多く受け入れることとなり，また原災被災地の除染復旧復興事業に従事する労働者の流入により，人口増加が見られた。また避難指示解除が進まないことや追加的低線量被ばくを避けたい子育て世代の市内定住化などが進んできたことから，集団防災移転促進事業や復興公営住宅整備や自宅再建などにより宅地需要が高まっている。こうした宅地需要等の増大を受け，市街化区域の規模を2015年の約10,048 haから2025年には約52 ha増の約10,100 haとするという素案が，2017年9月1日に区域マスとして提示された。

　このように，原子力災害は福島県都市計画区域マスタープランの基本理念に「安全で安心な暮らしを支え，人と人をつなぎ復興をリードする都市づくり」を追加しているだけでなく，人口空白地域が浜通り中部に生まれ，大きな人口変動とそれに伴う宅地需要や復興業事や中間貯蔵施設の設置など浜通りの地域構造に大きな偏倚をもたらしているのである。

（山川充夫）

【謝辞】本稿の執筆にはJSPS科研費基盤研究(S)（研究課題番号25220403，研究代表者：山川充夫）の助成を受けた研究成果を使用しています。

【参考文献】
東日本大震災合同調査報告書編集委員会 (2015)『東日本大震災合同調査報告――都市計画編』日本都市計画学会　71頁+CD．
福島県土木部都市計画課 (2015)『福島県の都市計画2015』55頁．
古川美穂 (2015)『東北ショック・ドクトリン』岩波書店．
山川充夫 (2016)「福島県商業まちづくりと東日本大震災」『経済地理学年報』62-2, 60-70．

第4章　震災による産業への影響

I　震災前後の福島県の産業構造の変化

1　近年の福島県GDPの動向

　本節では統計分析から東日本大震災前後での福島県の産業構造の変化を把握する。使用する主な資料は福島県の経済活動別実質県内総生産（2005暦年連鎖価格による連鎖方式，https://www.pref.fukushima.lg.jp/sec/11045b/17018.htmlによる）である。以下，特に断らない限り，資料はこれを用いる。

　次頁図1に2001年度以降の福島県GDPの推移を示した。福島県のGDPは2007年度に8兆1千億円を超えてピークに達しその後低下，2011年度に7兆円を割り込むが，2014年度には再び8兆円を回復する。福島県経済は震災からの復興に向けて拡大を続けている。

　この間の産業構成の変化を把握するため，次頁図2に2001，07，14年度の福島県GDPの項目別比率を示した。2000年代に入ると製造業の比率が増加する一方，建設業は2007年度にいったん縮小した後に再び拡大，電気・ガス・水道業と卸売・小売業，金融・保険業は縮小傾向にある。他の項目はほぼ横ばいになっている。以下，主要項目ごとに変化の内容について検討する。

2　農林水産業の動向

　福島県の農林水産業に関するGDPの推移を次々頁図3に示した。農林水産業は2006年度までは1,400億円前後で推移していたが，2007年度から08年度にかけで急増，1,750億円を超えた。しかしその後は減少傾向となり，特に東日本大震災後は大幅に落ち込み，2014年度には1,124億円にまで低下した。

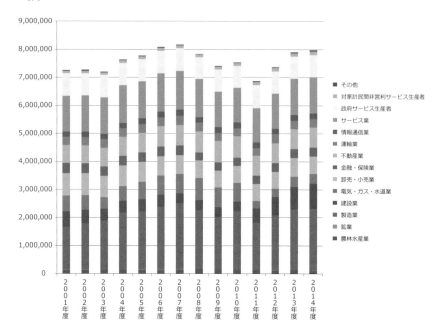

図1　福島県におけるGDPの推移（単位：百万円）

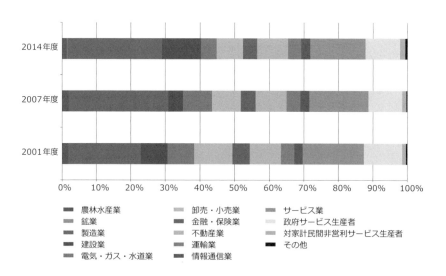

図2　福島県GDPの各年度の項目別比率（単位：％）

第4章　震災による産業への影響　171

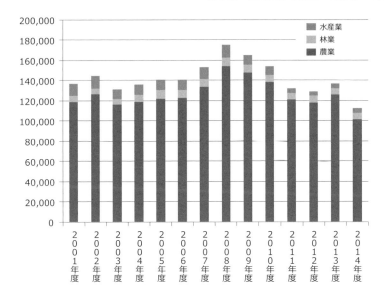

図3　福島県の農林水産業に関するGDPの推移（単位：百万円）

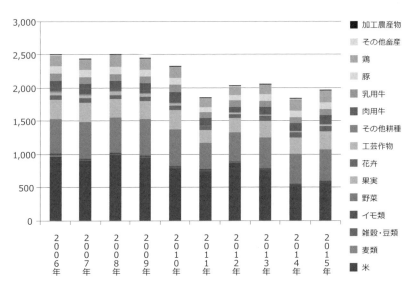

図4　福島県の作物別農業産出額の推移（単位：億円）

注：金額は各年の名目値であるため，GDPの数値とは一致しない。
出所：「福島県統計年鑑」により作成。

これを詳細に見るため，前頁図4に作物別の農業生産額の推移を示した。資料の関係で各年の名目値による表記となっているためGDPの数字とは一致しないが，おおよその傾向をとらえることはできよう。

農産物の産出額は2006年と2008年に2,500億円を超えるが，2010年に2,330億円まで減少，2011年には1,851億円にまで減少した。その後，2012年，13年には2,000億円を超える水準にまで回復するが，2014年は1,837億円，15年は1,973億円と再び2,000億円を割り込んでいる。このような産出額低下の中心的な要因となっているのは，米の産出額の低下である。2009年まで900億円を超えていたコメの産出額は2010年に791億円に低下，2011年は750億円，12年867億円，13年754億円と小康を保つものの，14年には529億円，15年563億円と急激に低下する。震災時に大きく低下しながらもその後は回復基調にある野菜や果実とは異なる動きを示している。この結果，農業産出額に米が占める比率は2006年の39％から2015年の29％へと低下した。

米の産出額の要因の一つは生産量の減少である。震災前には43〜44万tに達していた福島県の米の生産量は2011年には35万tにまで減少，その後38万tにまで回復している（次頁図5）。ただし，これだけでは，特に2013，14年の産出額の減少は説明できない。数量の減少と同時に価格が低下していることがもう一つの要因である。

次頁図6に福島県産米（コシヒカリ）の相対価格の推移を示した。参考に新潟県産米（コシヒカリ，一般）の価格も示した。全体的に新潟県産の価格が最も高く，会津産がそれに次ぐ。中通り産と浜通り産はほぼ同じ水準で最も価格が低い。2008〜09年では新潟県産に比べて会津産は92〜94％，中通り産は87〜88％の水準である。2010年には会津産は同88％，中通り産は同80％にまで低下した。2011〜13年は会津産は同90〜94％，中通り産は同79〜86％で推移したが，2014年は会津産は同85％，中通り産は同64％に急落，2015年は会津産は同84％，中通り産は同74％となった。この価格推移の動向は，米の産出額の動向とほぼ一致する。すなわち，福島県産米の価格の低下が福島県の農業産出額を減少させているのである。

その他の作物はどのようになっているのであろうか。次々頁図7に東京都中

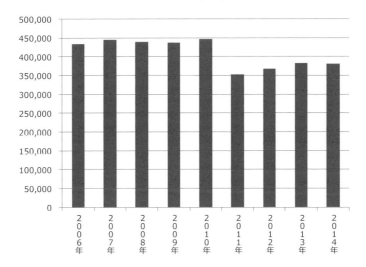

図5 福島県の水稲生産量の推移（単位：t）
出所：「福島県統計年鑑」により作成。

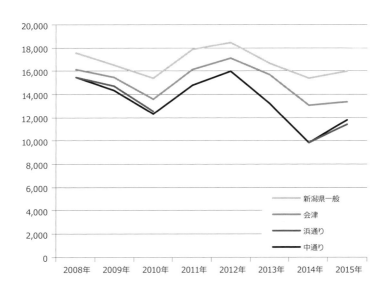

図6 福島県産米（コシヒカリ）の相対価格の推移（単位：玄米60kgあたり円）
出所：農林水産省 Web ページ http://www.maff.go.jp/j/seisan/keikaku/soukatu/kakaku.html により作成。

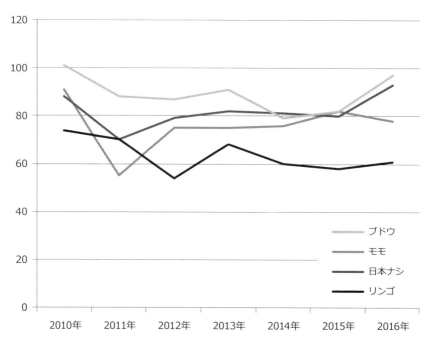

図7　東京都中央卸売市場における福島県産果実の価格の推移
(各年平均価格を全国を100とした指数)

出所:東京都中央卸売市場資料により作成。

央卸売市場における福島県産果実の価格の推移を示した。果物の価格は年による変動が大きいため,各年の全国平均価格を100とした指数で示している。2016年現在で,ブドウと日本ナシに関しては価格は震災前水準にまで回復しているが,モモとリンゴは回復が遅い。今後,福島県の農業生産を回復させるためには,価格水準の回復が不可欠である。

3　製造業の動向

製造業にかかるGDPの推移(次頁図8)をみると,2001年度から右肩上がりで拡大を続け,2007年度に2兆3,840億円でピークに達した。これは2001年の56%増にあたる。しかし,2008年に発生したリーマンショックの影響で2009年度は1兆8,482億円と5,158億円の減少を示した。これは東日

第4章　震災による産業への影響　175

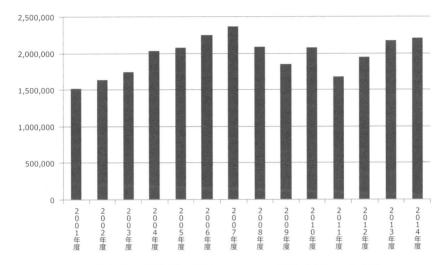

図8　福島県の製造業に関するGDPの推移（単位：百万円）

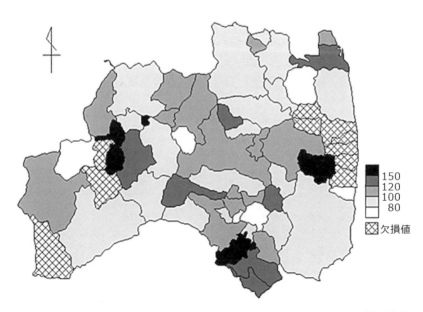

図9　2010年の製造品出荷額等を100としたときの2014年の市町村別指数
　　　資料：「福島県工業統計調査」により作成。

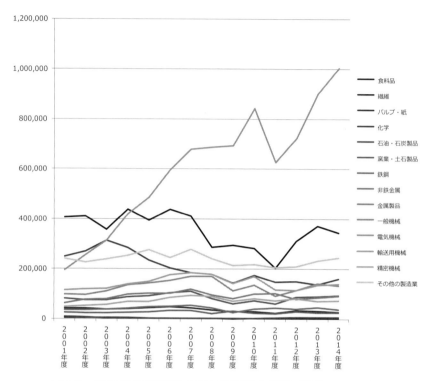

図10 製造業の業種別GDP実質額の推移（単位：百万円）

本大震災による減少の3,992億円を上回る。2010年度に回復基調に入ったものの，震災によって再び生産は落ち込み，2011年度は2007年度の71%の水準にまで低下した。その後は各種の震災復興政策の効果もあり，2013年度には2010年度の水準を回復している。この数字だけを見れば，福島県の製造業は約2年で震災からの復興を遂げたことになる。

しかし，これを市町村単位でみると様相は異なる。前頁図9に2010年の製造品出荷額等を100としたときの2014年の市町村別指数を示した。本図は各年の名目値をもとに作成したものあるため，GDP値とはややずれがあるが，傾向は把握できよう。これを見ると，59市町村のうち26市町村と半数近くが震災前水準を上回っている。しかし，24市町村が震災前水準を下回り，9町村が欠損値となっている。その分布をみると県中・県南・会津地区に震災前水準

を上回る市町村が多く，震災の被害の大きかった浜通り地域では復旧は遅れている。特に原発周辺地域では欠損値となっている市町村が多く，まだ復興のスタート地点にすら立てていない状態である。つまり，「福島県全体」では震災前水準に復旧しているものの，「福島県の被災地」では復旧は進まず，地域間格差が拡大しているのである。

GDP 実質額の推移を業種別にみると（図10），電気機械工業が急激な拡大を示していることがわかる。東日本大震災による一時的な低下はあるものの，2014 年度には 2001 年度の約 5 倍の水準に達し，製造業に関する GDP の約 45%を占めている。次いで大きいのは食料品工業で同 16%，その他の製造業の 11%，化学工業の同 7%の順に続く。これらの 4 業種で製造業に関する GDP の約 8 割を占める。これらの 4 業種が福島県製造業の中心を成しているといえる。

ただし，2014 年度の名目値でみると，最も大きいものは食品工業の 3,705 億円で，次いでその他の製造業の 2,327 億円，電気機械工業の 2,230 億円，化学工業の 1,484 億円の順に続く。これら 4 業種の占める比率は製造業全体の約 6 割で，2005 暦年連鎖価格に比較して小さなものになっている。特に電気機械工業は 2001〜14 年度に実質値は 5 倍に増加しているにもかかわらず，名目値は半減している。この背景として電気機械工業の構造変化が進んでいることがあると考えられるが，この点については東日本大震災と直接的に結びつくものではないので，別稿で検討することにしたい。

4　建設業の動向

建設業に関する GDP は 2001 年から 10 年にかけて減少を続け，2010 年には 01 年の 60%の水準にまで低下した（次ページ図11）。これは公共工事の縮小によるところが大きい。東日本大震災後は復旧工事の拡大にともなって GDP は急増し，2014 年には 10 年の 2.6 倍になった。福島県の場合は地震・津波からの復旧工事に加えて，放射性物質の除染作業も建設業を拡大している。このため，建設業関連の復旧事業は宮城県・岩手県に比べて長期化するものと考えられる。しかし，図には示していないが，2015 年度の名目値（速報値）では建設業に関する GDP は 2014 年度比 1.5%のマイナスを示した。これ

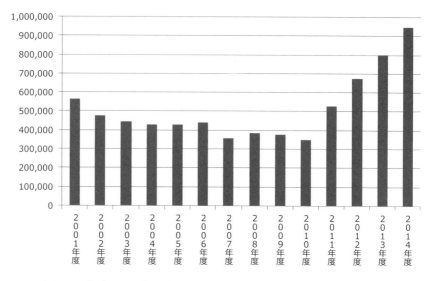

図11　福島県の建設業に関するGDPの推移（単位：百万円）

は復興需要がピークアウトしつつあることを示すものであり，今後の動向を注視していく必要がある。

　このようなGDPの急激な変化は，事業者へも負担を与える。公共工事の削減に伴って各事業者は設備や従業員を縮小してきたため，東日本大震災後の急激な需要の拡大に十分に対応できなかった。また，復旧工事は復旧が終われば需要はなくなり，その後の発注は期待できない。そのため，各事業者は機械はリースで，従業員は任期付き雇用で対応し，将来的な負担を回避している。加えて，大型工事が中央のゼネコンの受注となったこともあり，地場企業の利益率は必ずしも高いものではない。急激な需要の拡大も必ずしも地元企業を潤してはいない。

5　卸売・小売業の動向

　卸売業と小売業に関するGDPの推移を次頁図12に示した。卸売業と小売業は両者とも低下傾向にあったが，震災後の動向は異なる。卸売業は2010・11年度にやや増加を示すが，その後は減少を続けている。長期的に縮小を続

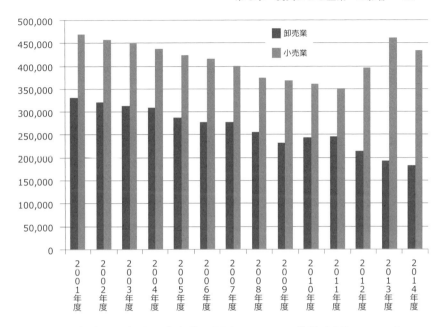

図12　福島県の卸売・小売業に関するGDPの推移（単位：百万円）

けており，2014年度には2001年度の55％の水準にまで低下している。卸売業の縮小は全国的な傾向であり，産業そのものの構造変化の影響が福島県の産業構造にも表れていると考えられる。

　小売業も同様に縮小を続けていた。2001年度に4,688億円あったGDPは，2011年度には3,507億円にまで低下していた。震災後は急増に転じ，2013年度には4,608億円に達したが，2014年度には再び減少する。震災後の急増は，震災にともなう特需であった可能性が大きい。その詳細については今後の研究課題としたい。

6　サービス業の動向

　最後に，福島県のサービス業に関するGDPの推移を次頁図13に示した。サービス業の合計は2007年度に1兆3,949億円でピークに達し，2011年度に1兆2,223億円まで低下する。その後はやや増加するが，1兆2,000億円

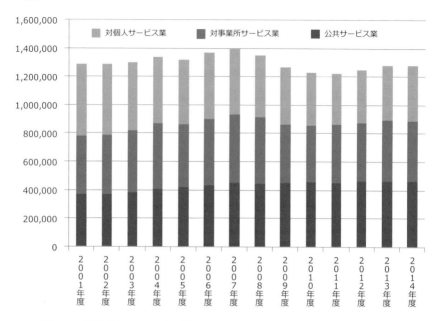

図13 福島県のサービス業に関するGDPの推移（単位：百万円）

台後半で推移している。

その内訳をみると，対個人サービスは2001年度から減少を続け，2011年度には01年度の70％の水準にまで低下した。その後は増加するが，増加率は数％にとどまる。これに対し，対事業所サービスは2001年から07年まで拡大を続け，その後減少に転ずる。2010年度には01年度の水準まで低下し，その後は微増している。対事業所サービスの動きは，製造業などの動きと重なっているといえる。これに対し，公共サービスはほぼ一貫して増加し，2014年には01年比26％増となっている。

サービス業に関しては，業種によって異なった動きを示している。今後は業種ごとに詳細な分析を加えることが必要である。

7　小　括

以上，統計分析から福島県の産業構造について検討を加えた。

福島県のGDPは2007年度に8兆1千億円を超えてピークに達しその後低

下，2011年度に7兆円を割り込むが，2014年度には再び8兆円を回復する。

　農林水産業は2006年度までは1,400億円前後で推移していたが，2007年度から08年度にかけで急増，1,750億円を超えた。しかしその後は減少傾向となり，特に東日本大震災後は大幅に落ち込んだ。この要因として米価の低下が指摘できる。生産物価格の上昇が農林水産業の生産額増加のために必要である。

　製造業では電気機械工業が急激な拡大を示し，2014年度には2001年度の約5倍の水準に達し，製造業に関するGDPの約45％を占めている。次いで大きいのは食料品工業で同16％，その他の製造業の同11％，化学工業の同7％の順に続く。これらの4業種で製造業に関するGDPの約8割を占める。これらの4業種が福島県製造業の中心を成している。

　建設業は主に公共工事の減少によって2001年から10年にかけて減少を続け，2010年には01年の60％の水準にまで低下した。東日本大震災後は復旧工事の拡大にともなって急増し，2014年には10年の2.6倍になった。

　卸売業は長期的に縮小を続けており，2014年度には2001年度の55％の水準にまで低下している。小売業も同様に縮小を続けていたが，震災後は特需の影響か急増に転じ2013年度に4,608億円に達した後に再び減少する。

　サービス業では，ほぼ一貫して増加する公共サービスと，逆に減少する対個人サービス，経済変動と同じ傾向で変化する対事業所サービスに分かれ，それぞれ独自の動きをしている。

　以上，東日本大震災前後の福島県経済の動向を検討した。震災による打撃は大きかったものの，県レベルで見れば回復を続けていることが認められる。一方，復興にともなう特需はピークアウトしつつあり，今後は経済規模が縮小することも予想される。また，震災以外の要因として，各産業とも構造変化が進みつつあることがある。これを震災の影響ととらえて構造変化に対応することができなければ経済の衰退は避けられない。震災の影響と構造変化を峻別してとらえ，対応していくことが必要である。

（初澤敏生）

【謝辞】本稿の執筆にはJSPS科研費基盤研究(S)（研究課題番号25220403，研究代表者：山川充夫）の助成を受けた研究成果を使用しています。

II 福島県いわき市における水産業の諸課題

1 本節の目的と対象

　東日本大震災にともなう津波と，東京電力福島第一原子力発電所事故による放射性物質を大量に含んだ汚染水の流出により，福島県の水産業は大きな打撃を受けている。この影響は，沿岸部を中心的な漁場とする沿岸漁業で特に大きなものになっている。福島県の沿岸漁業は相馬市を中心とし福島県浜通り地域中・北部を管轄する相馬双葉漁協と，浜通り地域南部のいわき市を管轄するいわき市漁協の2つの漁業協同組合が担っている。本節では放射能汚染問題の影響をより大きく受けた福島県いわき市の沿岸漁業を例に，震災後の動向をとらえた上で，それが直面するいくつかの課題について検討を加える。なお，本節で用いるデータは主にいわき市漁協へのヒヤリング調査によって入手したものである。

2 いわき市漁協の概要と東日本大震災による被害

　いわき市漁協はいわき市の沿岸漁業を管轄する漁業協同組合である。2014年末現在，組合員数は403名，所属漁船は230隻である。管轄する漁港は，久ノ浜，四倉，沼之内，豊間，江名，小浜，勿来の7港である。なお，小名浜港は沖合・遠洋漁業の拠点であるため，いわき市漁協の管轄ではない。次頁図1に，各港のおおよその位置を示した。
　東日本大震災によるいわき市漁協の被害は，人的被害は死者・行方不明12名（正准組合員のみ），漁船被害は242隻に上る。また，市場などの陸上施設は，そのほとんどが破壊された。漁船の被害状況を見ると，2011年3月11日現在，いわき市漁協の登録漁船数は348隻，そのうち沈没61隻，行方不明（流出）122隻，破損34隻，打ち上げ25隻の被害を受け，無傷で残ったのは106隻だった。無事な船が比較的多いのは，震災時は操業日で，多くの船が沖合で操業中だったためである。
　次頁表1にいわき市漁協における漁船の復旧状況を示した。2011年中に多

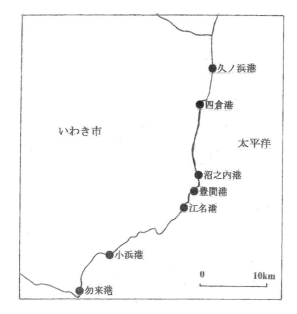

図1 いわき市漁協管轄漁港の位置図
出所:いわき市公開型地図情報システムをベースに筆者加筆。

表1 いわき市漁協所属の漁船数の推移(各年末)

	5t未満	5〜99t	100t以上	計
2010年	307	71	2	380
2011年	146	58	2	206
2012年	145	55	1	201
2013年	153	55	1	209
2014年	175	54	1	230

出所:ヒヤリング調査により作成。

数の漁船が復旧している一方で、その後の回復は頭打ちとなっている。表中には示されていないが、いわき市漁協の所属船は、震災時には1t未満船が45%、1〜5t未満船が35%を占めた。このように小型船が中心だったため、漁船の建造にあまり時間がかからず、復旧は速かった。しかし、その後の復旧は頭打ちとなる。その理由として指摘されるのは、高齢化が進展していること

表2　いわき市漁協組合員数の推移

	正組合員	准組合員	計
2010 年	331	125	456
2011 年	323	110	433
2012 年	314	89	403
2013 年	307	96	403
2014 年	301	71	372
2015 年	294	68	362

出所：ヒヤリング調査により作成。

である。小型船を所有している漁家は家族による小規模経営であることが多く，跡継ぎも多くはない。そのため，再投資をして船を復旧することをためらう者も少なくなく，漁船の再建に消極的になっているのである。

筆者の行った聞き取り調査によれば，2015年末の段階で4t以上の規模の船はほぼ復旧を終わっており，その後の増加は10～20程度にとどまるのではないかとの見通しが示された。規模の大幅な縮小は避けられない状況である。表2にいわき市漁協の組合員数の推移を示した。組合員数は，正組合員，准組合員とも，震災後，急速に数を減らしている。2015年の正組合員数は2010年比88％，准組合員は同54％の水準となっている。東日本大震災後の福島においては，組合員であることは東京電力の営業賠償を受けるための条件となる。仮に操業を再開しないとしても，組合からの脱退は営業賠償を受ける権利を放棄することにつながるため，賠償継続中は組合員である方が有利である。にもかかわらず，これだけの数の組合員が脱退しているのは，高齢化の進展のためである。高齢化の進展にともなって漁業の操業再開をあきらめ，組合から脱退するケースが増加している。漁船のみならず，人員の面でも大幅な縮小が起こっている。

3　試験操業について

次に，福島県で行われた試験操業について検討する。

福島第一原子力発電所の事故にともなう放射性物質を含んだ汚染水の流出により，福島県の沿岸地域では震災後，漁獲が禁止されていた。しかし，モニタリング調査の結果，原発よりも北側の水域では魚の汚染度が低いことがわ

かり，北側の水域を主漁場とする相馬原釜漁協では，2011年9月より漁を再開することを検討した。

　これにあたり課題となったのが，安全の確保である。水産物はその性格上サンプル検査とせざるを得ない。しかし，それだけでは汚染のひどい魚が流通することを防げないのではないかとの懸念が残り，消費者の「安心」を得ることはできなかった。

　これを担保するために取られたのが，操業海域の制限と魚種の制限である。モニタリング調査の結果，水深が50mよりも深いところでは放射能汚染の度合いが低いことが明らかになっていた。操業再開にあたってはさらに安全性を担保するために，原発よりも北側の水域の水深150m以上の地域に操業海域を限定した。試験操業開始当初のエリア分けと2012年の検査結果のエリア別概要を次頁図2に示した。原発を中心として魚の汚染度合いが高いものの，北部は南部に比較して汚染の度合いは低く，また，沖合に出ると汚染の度合いが急速に低下することが読み取れる。

　さらに，水産試験場の調査から魚種により放射能汚染の度合いが異なることが明らかになった。次頁図3は，2012年のアオメエソ（メヒカリ）とアイナメの検査結果の推移を示したものである。アオメエソは原発の事故後4ヶ月程度でセシウムの検出量は現在の規制値となっている100Bq/kgの水準を下回り，事故後1年を経過すると，ほとんど検出されなくなる。これに対し，アイナメは事故後2年近くになっても規制値を大幅に上回るセシウムが検出されている。このような差が出るのは，魚種によってセシウムを体内に取り込むメカニズムが異なるためである。福島県水産試験場は多数の魚介類の調査研究からこれを明らかにし，汚染の度合いの低い魚種があることを示した[1]。

　このような調査の結果，操業水域と対象魚種を制限することにより，サンプリング検査の信頼度を高めることが可能であると判断され，相馬双葉漁協で

---

[1] 調査結果などは福島県水産試験場Webページにおいて公開されている（https://www.pref.fukushima.lg.jp/sec/37380a/）。また，試験操業については，福島県漁業協同組合連合会のWebページが詳しい（http://www.fsgyoren.jf-net.ne.jp/siso/sisotop.html）。魚種別検査結果などは福島県の運営サイト「ふくしま新発売」から検索できる（http://www.new-fukushima.jp/）。

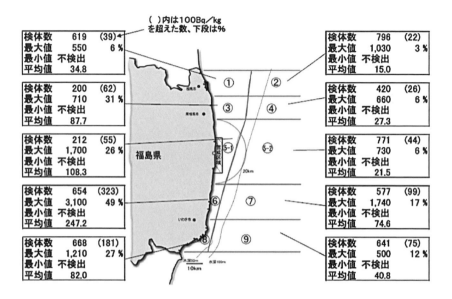

図2　漁場のエリア分けと魚介類のエリア別検査結果概要（2012年）

注：数値は134Csと137Csの合計。平均値の算出にあたり，NDは0として算出されている。
出所：福島県水産試験場資料による。

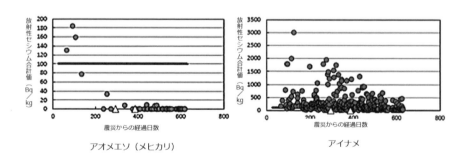

図3　アオメエソ（メヒカリ）とアイナメの調査結果の推移（2012年）
出所：福島県水産試験場資料による。

は2012年6月から,いわき市漁協では2013年10月から漁獲が再開された。

試験操業が開始された当初,漁獲できたのはミズダコ,ヤナギダコ,シライトマキバイの3種にすぎなかった。その後の調査によって対象魚種は順次拡大され,2017年1月には97種に拡大,さらに2017年5月以降は,「出荷制限魚種」[2]を除くすべての魚種が試験操業の対象となった。また,操業海域も順次拡大され,2017年8月現在,福島第一原発からの10km圏内を除く全域が操業海域となっている。しかし,操業日数が制限されていることなどから,2017年6月現在,水揚量は震災前の平均の8%程度にとどまっている。[3]

4　いわき市の試験操業

前述のように,福島県北部の相馬双葉漁協では2012年6月から,いわき市漁協では2013年10月から開始された。いわき市での試験操業の開始が遅れたのは,放射性物質による汚染がいわき市側の方がひどく,安全の確認に時間を要したためである。その後の調査によって操業海域と対象魚種は次第に増加したが,操業は週1回に限定されており,2014年度の水揚げ量は約98tにとどまった。2010年度のいわき市漁協管轄の漁港での水揚げ量は8,674tであり,14年度はその1.1%にすぎない。

このような水揚げの大幅な減少は仲買人にも大きな影響を与えている。いわき市では2015年末の段階で30名の仲買人が活動しているが(内1名は避難地域からの避難者),これだけの水揚げ量では十分な利益を確保することは期待できない。これに対応するため,従来のセリを取りやめ,仲買人が全員で組合を結成して,漁協と仲買人組合との間で相対取引を行うようにした。[4] このような制度変更は仲買人の利益を少しでも増やすためのものであるが,仲買人側の利益は十分ではない。今後の流通を維持するためにも操業の拡大が求められている。

---

(2)　2017年8月末現在,ウミタナゴ,キツネメバル,クロダイ,サクラマス,シロメバル,スズキ,ヌマガレイ,ムラソイ,ビノスガイ,カサゴの10魚種が指定されている。
(3)　福島民友新聞　2017年6月11日版。
(4)　いわき市漁協管内では沼之内に新設された市場で2017年9月からセリが再開された。相馬双葉漁協でも相対による取引が続けられていたが,2017年4月からセリが再開された。

いわき市においては，小名浜の他，久ノ浜，四倉，沼之内，豊間，江名，小浜，勿来，に漁港と市場があった。このうち小名浜港は沖合・遠洋漁業の拠点としての役割を果たしており，他の7港が沿岸漁業向けの漁港である。いわき市漁協は小名浜を除く7港を管轄し，経営にあたってきた。しかし，津波によって各港の水産業関連施設はほぼ完全に破壊された。2015年末の段階では，各港とも岸壁などの復旧は終わったものの，市場機能が復旧していたのは小名浜港だけだった。

他の港の市場の復旧が遅れたのは，集約化が検討されていたためである。市漁協は組合員数の減少などから，震災前のように分散的に市場を設置するのではなく，1か所に集約化することが必要であると考えた。組合員はその方向性に関しては同意しつつも，どこにそれをつくるかについては意見を集約できない状況が続いた。結果的に市漁協は沼之内と勿来の2か所に市場を設置することを決め，2017年4月までに開設した。

勿来・沼之内の市場が整備されるまでは，沿岸漁業に関しても，小名浜港の市場を利用した。試験操業では，魚は基本的にその漁船が所属する漁港で水揚げされ，そこからトラックで小名浜の市場に運搬された後に取引をされた。

小名浜港の市場は2015年にHACCPに対応した密閉型の市場が完成し，使用されている（写真1）。この施設は国際的な衛生基準に沿って設計されており，魚を箱詰めしてから取引されている。従来の市場に比べて手間とコストがかかるなどの批判もあるが，消費者の安全・安心を確保するためにはこのような方向での整備を進めなければならない。

東京電力の賠償をめぐる課題も深刻である。東京電力の賠償金は，各漁家の2006〜2010年の5年間のうち，最も売上の大きかった年と最も小さかった年を除外し，残りの3年間の平均の82%が基準となる。請求・支払いにあたっては漁協が窓口となっている。

売上高の82%が基準とされたのは，必要経費分を18%と見込んだためである。東京電力は当初必要経費分を40%と主張したが，共済の損害補填が82%となっていたことから，それを採用した。

ただし，試験操業に出漁する場合は，この規定は適用されない。基準額と実際に売れた額との差額だけが賠償される。これにあたり，必要経費が18%

写真1　新たに整備された小名浜市場の様子
出所：筆者撮影。

を超えた場合は，その分は自己負担となる。計算にあたっては，1ヶ月を単位とし，例えば，事故前の3月に10日間出漁していた場合，賠償対象は10日間のみとなり，1日の基準額は事故前の3月の漁獲高の10分の1の82％となる。このため，例えば3月に4日間試験操業に出漁した場合，6日間は上記の基準で賠償額を計算し，出漁した4日間については基準額と販売額の差が賠償の対象となる。なお，出漁日数にカウントされていない日については賠償の対象外となるため，その日に別の仕事をして収入を得ることは自由である。海中の瓦礫処理などはこれを用いて行われた。

5　今後の課題

以上，いわき市漁協を中心に，震災後の動向を把握し，その課題について

検討を加えたがいわき市における漁業の復興を進めるにあたっては，それ以外にもいくつもの課題がある。

今後，まず直面するのが風評被害対策である。検査によって放射性物質が検出されなくとも，いったん値崩れを起こした産地の品は高値では取引されなくなる。いわき産地では資源管理を強化し，「常磐もの」というブランドで価格を上げることを目指しているが，効果は未知数である。ブランド化を進めるにあたっては，高い品質とともに，それを保証する生産・流通体制を整備しなければならない。これにあたっては，市場のHACCP対応化などは有利な条件となるだろう。品質保証の裏付けを持ったブランド戦略を強化していく必要がある。

また，賠償終了に対応できる経営を確立することも重要である。事故の影響は長期間にわたって続くことが予想されるが，賠償は永久に続くわけではない。今後の賠償終了を見据えて，経営体の体質を強化して行かなければならない。

このためには，地域漁業の構造改善も必要である。高齢化の進展にともない漁家数などが減少することが予想される。その中で地域漁業をどのように維持していくのかを検討する必要がある。市場統合はその第一歩となる。

これらの課題はそれぞれが独立したものではなく，相互に結びつき合っている。地域漁業の構造改善が求められていると言えよう。

（初澤敏生）

【謝辞】本稿の執筆にはJSPS科研費基盤研究(S)（研究課題番号25220403，研究代表者：山川充夫）の助成を受けた研究成果を使用しています。

III 東日本大震災後の商工業復興の現状と課題
―福島県南相馬市原町地域を例に―

1 はじめに

　東日本大震災は東北地方の製造業に大きな打撃を与えた。地震・津波による工場の被災に加え，サプライチェーンの寸断により，多くの企業が操業を停止した。その後の復旧活動にともなって操業再開が進んだが，津波の被害を受けた地域の復興は遅れている。また，東京電力福島第一原子力発電所の事故によって，その周辺地域では，震災後6年半が経過しても依然として居住が許されず，今後の見通しすら立てられない状態が続いている。被災地域の復興は急務の課題であり，筆者は，その中でも特に商工業の復興を重視している。第1節で示したように，福島県のGDPの98％以上は第2次・第3次産業によって生み出されており，本節で事例として取り上げる福島県南相馬市でも産業別就業者数を見ると（2010年），第1次産業8.2％，第2次産業33.4％，第3次産業58.4％と，第2次・第3次産業従事者が90％を越える。また生産額で見ても農業生産額の100億円（2006年）に対し，工業生産額は880億円（2010年），商品販売額は1,220億円（2010年）に達し，商工業が地域経済の中核を担っていることがわかる。地域の復興のためには，商工業の復興が前提条件となる。

　被災地域を復興させるためには，現状を正確に把握した上で復興計画を立てることが不可欠である。筆者は南相馬市原町地域において震災後継続的な実態調査を行っている。本節ではその結果をもとに，被災地の商工業復興の現状と課題について検討を加える。

2 南相馬市の概要

　南相馬市は福島県浜通り地域中部に位置する。2006年に原町市と鹿島町，小高町が合併し，南相馬市を形成した。旧市町はそのまま区となり，北から鹿島区，原町区，小高区の順に並ぶ。東京電力福島第一原子力発電所を起点と

すると、原町区と小高区の境界が20km、原町区と鹿島区の境界が30kmに位置する。

原発から20km圏内に位置する小高区は避難区域に指定され、2016年7月に解除されるまで、居住が禁止された。本研究の対象地域であり20～30km圏内に位置する原町区は事故後約半年間にわたり「緊急時避難準備区域」に指定され、学校や病院の再開が禁じられるなど、さまざまな制約を受けた。これに対し、30km圏外に位置する鹿島区は、このような制約を受けていない。このため、南相馬市内においても、地域によって復興の進み具合は大きく異なる。

南相馬市の人口は、震災前の2011年3月に約7万2千人であったが、2015年10月には約4万7千人となっている。人口減少は、商業・サービス業にとっては顧客の減少、製造業にとっては労働力の減少・不足を生じさせた。加えて、隣接する地域が避難地域となったために取引圏が縮小し、風評被害による取引の縮小も生じるなど、地域経済は大きな打撃を受けている。震災復興を考える上で、南相馬市は重要な事例であると言える。

筆者は2011年以降、原町商工会議所と協力して商工業の実態調査を継続的に行っている。以下では、実態調査に基づき、具体的に分析していくことにしたい。

3　震災後の原町地区商工業の動向

東日本大震災後の原町地区商工業の動向を把握するため、まず売上高の推移について注目する。次頁図1は原町地区の業種別売上高の推移を示したものである。数値は各年9月の売上高を2010年を100とした指数で示したものである。

売り上げが最も拡大しているのは建設業で、2011年こそ2010年比67％に低下するが、2012年には112％と早くも震災前水準を回復し、2016年には214％と震災前の2倍を超えている。しかし、その他の業種の売り上げの回復は遅れている。製造業は2011年に2010年比60％の水準にまで低下した後に回復に転じ14年に78％、15年に82％にまで回復するが、16年には78％と再び減少に転じた。卸売業は2011年には2010年比45％にまで低下、

第4章　震災による産業への影響　193

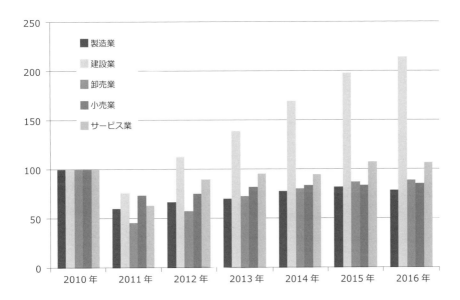

図1　原町地区の業種別売上高の推移（各年9月，2010年9月＝100）
出所：アンケート調査により作成。

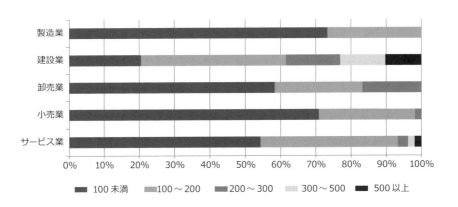

図2　売上高指数別事業所比率（2016年）
出所：アンケート調査により作成。

2012年に57％，13年に72％，14年に80％，15年に87％と回復を続けたが，16年には89％と回復が頭打ちとなっている。小売業は2011年は2010年比73％と震災後の落ち込みこそ小さかったが，2012年75％，13年82％，14年83％，15年84％，16年85％と，特に2013年以降の回復が遅い。サービス業は2012年こそ2010年比63％と落ち込んだが，12年89％，13年95％，14年94％，15年107％，16年106％と，2015年に震災前水準を回復した。

　小売業とサービス業はいずれも地域住民が消費の主体となるため，人口の回復の遅れがそのまま売り上げの低下につながる。小売業と小売業者を顧客とする卸売業の売り上げの回復が頭打ちとなっているのはこのためである。これに対し，サービス業は震災前水準を上回る成長となっている。企業を個別に検討すると，不動産業，宿泊業，建設機械レンタル，運送業，廃棄物処理業などが，特に高い成長率を示している。これらはいずれも震災復興と関連する企業である。復興需要がサービス業の成長を促しているのである。

　また，好調な建設業においても詳細に見ると，配管業，屋根工事業，電気工事業などの売上高の回復は遅い。これらの事業は一般の建物工事に対応するものであり，大規模に行われている復旧工事の影響を受けにくい。また，建物の需要が限定された状況では，建物の工事も十分に回復していない。建設業の内部においても担当する工事の内容により，復興需要を受注できない企業も少なくない。

　このような回復の動きは，同じ業種の中での企業間格差を拡大している。前頁図2は2016年の売上指数別事業所比率を業種別に示したものである。100が震災前水準を表す。これを見ると，売上高が震災前水準に達していない事業所は，製造業で73％，建設業で21％，卸売業で58％，小売業で71％，サービス業で54％に達する。成長の度合いの大きい建設業で約2割，全体として震災前水準を回復しているサービス業でも過半数の事業所が震災前水準に達していない。成長の度合いが大きい業種は震災前比300％以上にも成長しているような事業所が存在し，それらの企業が全体の水準を引き上げているのである。地域全体の復興には程遠い状況である。

　このような状況は，企業の景況感にも影響を与えている。次頁図3は，事業

所の今後2年間の売上の見通しを示したものである。製造業の38％，建設業の63％，卸売業の50％，小売業の68％，サービス業の45％の事業所が今後2年間の売上の見通しが悪化すると回答している。特に否定的な見解が多い建設業は復興需要の縮小によるところが大きいが，その他の業種でも様々な問題に直面している。

次頁図4に事業所が現在直面している課題を示した。最も多く指摘されているのが労働力不足で，次いで顧客の減少が多く指摘されている。業種的に見ると，前者は製造業と建設業の事業所から，後者は小売業とサービス業の事業所から多く指摘されている。

顧客の減少は，人口の減少が直接的に表れたものである。前述のように，南相馬市では，震災前水準にまで人口が回復していない。加えて，小高町以南の地域と飯舘村が避難地域となったことから，第三次産業はその商圏を大幅に縮小させた。この影響は特に小売業と個人向けサービス業に顕著である。

労働力不足も人口の減少を背景とするものであるが，やや様相が異なる。次々頁表1に調査事業所の従業員数の推移を示した。これを見ると，正社員数では製造業と卸売業が震災前水準に達していないものの，他の業種は震災前水準を上回っている。臨時職員では小売業が減少しているが，絶対数としては小さなものにとどまっている。パート職員は他の職員に比べて回復が遅れているものの，製造業を除けば，あまり大きな減少を示しているわけではない。つまり，労働力は震災前水準に達したとは言えないものの，順調に回復を続けている。建設業を別とすれば，前述のように，各業種とも売上が十分に回復していない。これを勘案すれば，現状では震災前に比べて労働力はむしろ余剰な状態にあると考えられる。

にもかかわらず，これだけ多くの事業所が労働力不足を訴えるのはなぜか。次々頁表2に2015・16年の新規採用者数を年代別に示した（正社員と臨時社員の合計）。2年間の採用数としては，従業員数に比べて非常に多い数となっていることが認められる。2年間の採用者数は2017年の総従業員数に対して，製造業と建設業では18〜19％，サービス業では25％，小売業では38％に及ぶ。にもかかわらず，2016年の従業員数は2015年に比べて，サービス業以外はあまり大きな増加を示していない。これは，採用者が多い一方で，退職

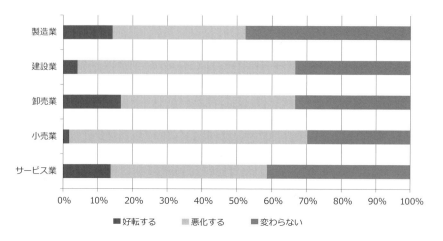

図3　今後2年間の売上の見通し
出所：アンケート調査により作成。

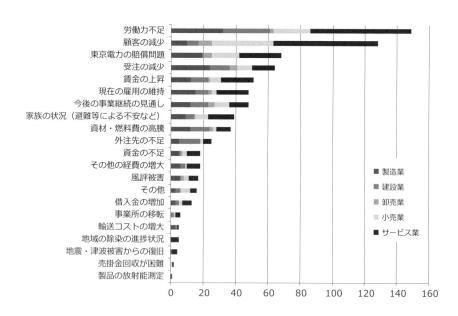

図4　事業所が現在直面している課題
出所：アンケート調査により作成。

第4章 震災による産業への影響

表1　調査事業所の従業員数（単位：人）

		製造業	建設業	卸売業	小売業	サービス業	計
正社員	2011年2月	2,161	832	56	249	1,010	4,308
	2015年9月	2,063	930	48	273	966	4,280
	2016年9月	2,077	914	50	283	1052	4,376
臨時職員	2011年2月	458	51	6	19	40	574
	2015年9月	421	88	1	8	25	543
	2016年9月	416	81	2	7	42	548
パート	2011年2月	246	16	7	534	327	1,130
	2015年9月	172	25	5	491	325	1,018
	2016年9月	178	27	6	499	320	1,030

出所：アンケート調査により作成。

表2　2015・16年の年代別新規採用者数（正社員＋臨時職員）

		10代	20代	30代	40代	50代	60代以上	計
製造業	男	70	81	46	31	21	11	260
	女	22	18	21	19	19	9	108
建設業	男	8	34	14	17	36	34	143
	女	2	7	4	10	1	5	29
卸売業	男	0	1	1	3	2	3	10
	女	0	1	0	1	1	0	3
小売業	男	13	14	7	7	5	4	50
	女	10	16	13	8	6	5	58
サービス業	男	19	43	29	17	22	11	141
	女	9	37	22	21	15	7	111
計		153	252	157	134	128	89	913

出所：アンケート調査により作成。

者も多いことを示している。

　一般に新規採用者は10代と20代が中心となるが，ここでは10・20代の採用者数と30～50代の採用者数がほぼ同じ水準となっている。これは中途採用者の比率が大きいことを表している。さらに，次頁表3に2015・16年採用者の特徴を示した。最も多いのは未経験者の中途採用で，全体の43％を占

表3　2015・16年採用者の特徴（正社員＋臨時職員）

	新卒	経験者の中途採用	未経験者の中途採用	震災後の離職者の再雇用	その他
製造業	99	61	165	18	343
建設業	21	80	55	1	157
卸売業	0	2	6	1	9
小売業	39	15	32	8	94
サービス業	58	68	102	11	239
計	217	226	360	39	842

出所：アンケート調査により作成。

める。一般に中途採用者は経験のある「即戦力」として雇用することが多い。しかし，現在の原町では，比較的年齢層の高い，未経験の中途採用者を多く雇用している。これが退職者が多いことの背景になっている。原町地域では，震災後多くの労働者が離職し，他地域へ避難した。その中には多くの熟練技能者が含まれる。各事業所はそれによって生じた生産力の低下を新規雇用によってまかなおうとしたが，新卒と経験者の中途採用だけでは十分な数を確保することができず，比較的高年齢の未経験者に頼らなければならなくなった。しかし，それでは十分に対応することはできず，結局，短期間で離職する者が増加することになったのである。この結果，各事業所は常に労働者を募集し，その教育に追われることになった。企業は売上が回復しない中でもこのような対応を続けなければならず，経営に大きな負担をかけている。この傾向は，技能者に頼る比率の大きい製造業で，特に顕著なものになっている。

　このような従業員の採用により，労働者の質は低下せざるを得ない。次頁図5は調査企業からの従業員の質に関する評価である。製造業では全体の63％，建設業では52％，卸売業では33％，小売業では55％，サービス業では49％の事業所が従業員の質に課題があると回答している。労働力の質の低下は，原町地域の産業復興を進めるうえで，重要な課題となっている。

　このような状況を回避するためには，広い地域から従業員を確保することが必要である。調査企業の従業員募集地域を次頁図6に示した。これをみると，圧倒的に多数の企業が南相馬市内でのみ従業員を雇用している。自宅から通

第4章　震災による産業への影響　199

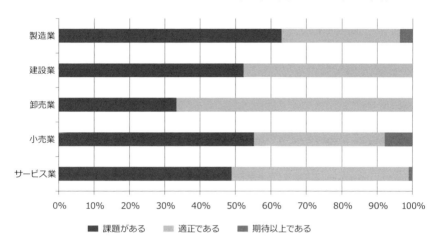

図5　従業員の質について
出所：アンケート調査により作成。

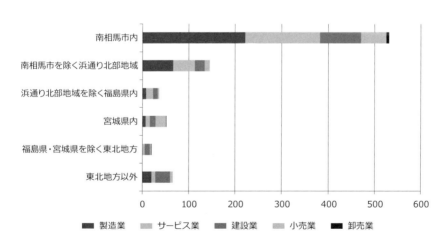

図6　調査企業の従業員採用地域
出所：アンケート調査により作成。

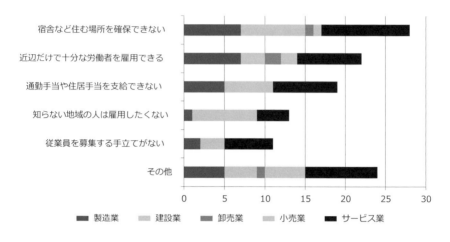

図7　従業員を遠方から雇用しない理由
出所：アンケート調査により作成。

勤できない者の採用は限られている。その理由として最も多く指摘されているのは，宿舎などの住む場所を確保できないことである（図7）。本調査を行った2016年12月現在，原町地域ではまだ除染作業が終了しておらず，多数の作業員が働いていて，アパート等を確保することが難しかった。そのため，通勤圏内に住居を持たない者を採用することができなかったのである。また，通勤手当や住居手当を支給できないとの回答も少なくない。経営状況が悪化していることがうかがわれる。

　この結果，各事業所の生産効率は震災前に比べて低下している。しかし，その一方で，労働賃金は上昇している。表4に調査企業の2010年と2015・16年の平均賃金を示した。正社員で見ると，月給で製造業では震災前比3万9千円，建設業では3万3千円，サービス業では1万6千円，小売業では1万1千円，卸売業では500円の上昇となっている。臨時社員ではサービス業でやや低下しているものの，建設業で月給にして7万円，製造業で1万3千円増加するなど，雇用者数の多い業種では上昇している。また，パートの時給も平均で十数％上昇している。このような賃金の上昇は，従業者数の増加と生産性の低下と相まって，原町地域の事業所の経営を厳しいものとしている。

表4　調査企業の平均賃金（正社員・臨時社員は月給，パートは時給，単位：円）

	正社員			臨時社員		
	2010年	2015年	2016年	2010年	2015年	2016年
製造業	205,012	211,752	244,572	144,269	156,557	157,993
建設業	245,939	278,656	277,636	219,500	300,444	289,300
卸売業	219,538	225,225	220,026	200,000	−	−
小売業	199,379	210,695	210,522	132,500	146,667	146,667
サービス業	213,333	229,086	230,617	165,486	154,000	159,300

	パート		
	2010年	2015年	2016年
製造業	779	888	907
建設業	920	1,058	1,051
卸売業	725	775	800
小売業	797	850	876
サービス業	829	923	948

出所：アンケート調査により作成。

4　原町地域の商工業の復興の現状と課題

　以上，実態調査に基づいて原町地域商工業の復興の現状と課題について検討を加えた。建設業と一部のサービス業では復興需要によって売り上げが増加しているが，その他の業種では回復が遅れている。労働力の不足に伴う未経験者の中途採用の増加などによって労働力が質的に低下し，職場への定着率が下がるなどの状況が発生している。その結果，生産性は低下しているが賃金は上昇し，企業の経営を圧迫している。これらの問題を解決するためには，人口の回復を進めるとともに，労働力の質の改善や定着率の向上，企業の生産性と技術力の向上などを進めていくことが必要である。

（初澤敏生）

【謝辞】本稿の執筆にはJSPS科研費基盤研究(S)（研究課題番号25220403，研究代表者：山川充夫）の助成を受けた研究成果を使用しています。

Ⅳ 福島県および磐梯山周辺地域における教育旅行の現状と課題

1 福島県における観光復興の状況

　東日本大震災後，福島県への観光入り込み客は大幅に減少した。次頁図1は福島県の観光入込客数の推移を示したものである。震災前に5,700万人を超えていた福島県の観光入込客数は，震災により2011年には3,500万人にまで減少，その後回復を進めて2015年に5,000万人を超えたものの，依然として震災前水準には達していない。

　観光入込客数が回復しない理由の一つに，教育旅行の回復が遅れていることがある。教育旅行では，特に子どもへの放射能の影響が懸念されたことから福島県への旅行が忌避され，減少が顕著なものになっている。

　福島県における教育旅行の延べ宿泊者数の推移を次頁図2に示した。震災前は70万人泊程度だったが，2011年度には13万人泊程度まで減少，その後次第に増加して2015年度には38万人泊にまで回復したが，依然として震災前比半分程度にとどまっている。内訳を見ると，県内客は震災前の3分の2程度で推移，県外客は震災前の半分程度となっている。比重の大きい県外客の回復が遅れていることが，観光の復興の遅れにつながっている。

　また，教育旅行の地方別入り込み客数を2010年度と2015年度で比較すると，福島県を除く東北地方が7％から11％へ，福島県が24％から27％に増加している他は横ばいか減少している（次々頁図3）。減少率が最も大きいのは「その他」（国外）で，4％から1％に減少している。次いで関東地方の57％から55％への2％の減少である。資料では示していないが，都道府県別に見ると，青森・岩手・秋田・山形の各県と，四国地方で増加，逆に北海道，千葉県，神奈川県は半分以下に減少している。この理由について分析を深めることが必要である。

2 「観光キャラバン調査」に見る「福島忌避」の理由

　福島県では観光復興を進めるため，全国各地に観光キャラバンを送り，PR

第4章 震災による産業への影響　203

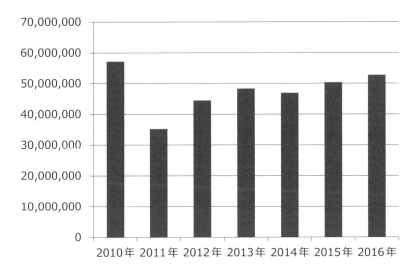

図1　福島県の観光入込客数の推移

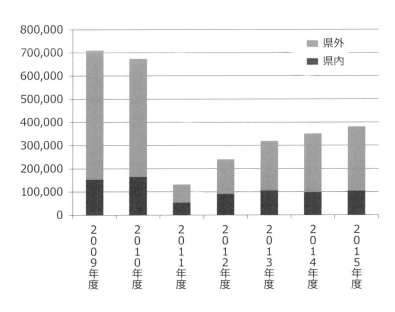

図2　福島県における教育旅行の延べ宿泊者数

出所：図1, 2「福島県観光統計」より作成。

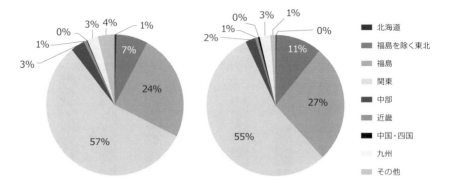

図3　教育旅行の地方別入込客数の変化
出所：図3「福島県観光統計」より作成。

を行うとともに各地の学校を訪問し，教育旅行に関する情報収集と誘致を進めている。ここで得られた情報は定量的な分析には適さないが，質的には重要な内容を多く含んでいる。そこで，ここでは，2015年に福島県への教育旅行減少が特に著しい千葉県を対象として行ったキャラバンの報告書から，「福島忌避」の理由を検討することにしたい。[1]

　放射能に関する不安については，一部の学校では特に保護者から強い意見が出されて福島県が旅行の候補地から外されたケースがあったが，全体的に見ると，それほど強いとは言えない。福島県の安全性に対しては，かなり幅広く認識されるようになっていると考えられる。にもかかわらず，福島県への教育旅行が回復しないのは，積極的に福島県を選択する理由がないことが大きい。震災直後，福島県で教育旅行を行っていた学校の多くが長野県または群馬県に旅行先を変更した。変更当初はそれまでに蓄積してきた活動のノウハウが活かされないために苦労したが，新しい旅行先で何年間か活動を行うと，そこでの経験が蓄積されていく。特に公立学校では，比較的短期間で教員が異動するため，かつて福島県で活動を行っていた学校でも，福島県での活動のノウハ

---

(1)　キャラバンの報告書は内部資料であるために，内容を一覧表などの形で示すことはできない。特徴的な点について解説するにとどめる。

ウが急速に失われる一方で，新しい旅行先での活動のノウハウの蓄積が進む。そうすると，福島県に活動拠点を戻すことは学校にとってはむしろマイナスのこととなる。そのような学校では，新しい旅行先での活動に特に問題が無い限りそこでの活動が継続され，福島県に戻ろうという意欲はなくなる(2)。

　また，交通機関の問題も大きい。千葉県から福島県へ教育旅行を行う場合は，バスの利用が中心になるが，東京湾アクアラインの開通は房総地域と新横浜駅を短時間で結ぶことを可能にし，京都方面への旅行を急増させた。また，長野県・群馬県方面へは新幹線や専用列車を利用するケースも多い。特に修学旅行では新幹線の利用の希望が多いため，これらの方面が好まれる傾向が強い。また，圏央道の建設は千葉県と群馬県方面との移動時間を短縮する効果をもたらした。このような交通インフラの整備や交通機関の選択も，福島県以外の地域を旅行先に選ぶことにつながっている。

　千葉県以外の学校の回答ではあるが，家庭の負担軽減に関しても指摘されている。教育旅行は多額の負担を保護者に強いることになる。近年，子どもの貧困問題が指摘されているが，その影響は教育旅行にも及ぶ。千葉県以外の関東地方のある学校からは，経済的理由からスキー合宿（震災前は福島県で行っていた）を中止したとの回答があった。また，九州地方の学校からは修学旅行の日程を短縮したり，バス代の値上がりのために移動距離を短縮したりしていることが指摘された。経済的問題は，教育旅行の市場そのものを縮小させているのである。

　以上の点を勘案すれば，福島県の教育旅行が震災前水準に戻らないのは，「風評被害」によって福島県への旅行が積極的に「忌避」されていることが主要因とは言いがたい。少子化に加えて家庭の貧困化の問題が激化し，教育旅行の市場そのものが縮小していることに加えて，震災にともなって競合する他地域に奪われた顧客がその地域に定着したことや交通インフラの整備にともなう競争の激化などが加わった結果であると考えるべきであろう。とすれば，単

---

(2) 逆に，新しい場所での活動に課題がある場合は福島へ活動拠点を戻そうという意識が強まる。報告書では，長野県に教育旅行が集中したために宿舎が確保できなくなった，移動距離が長すぎるなど，新しい旅行先に課題がある場合は，旅行先を福島に戻す学校が多いことも示されている。

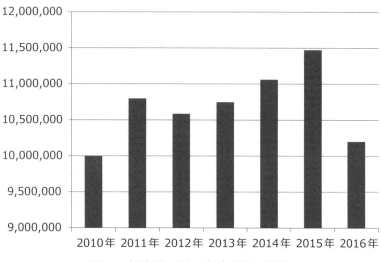

図4　福島県の延べ宿泊者数の推移

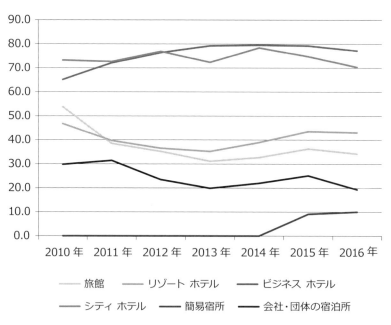

図5　宿泊施設のタイプ別稼働率の推移

出所：図4, 5「宿泊旅行統計調査」より作成。

に「安全・安心」をPRするだけでは顧客を取り戻すことは難しい。他地域では代替不可能な独自性のある商品の開発により，新たな顧客を獲得するための努力が不可欠である。これは地域そのもののブランド化にもつながるものである。地域のブランド化を観光振興の軸に据えることが必要であると考える。

3　磐梯山周辺地域の観光宿泊業の現状と課題

以上のような動きを受けて，福島県の観光宿泊業も大きな課題を抱えている。以下では磐梯山周辺地域の観光宿泊業を事例に，実態調査に基づいて，その現状と課題について検討を加える。

まず，「宿泊旅行統計調査」から，震災後の福島県の宿泊動向について把握する。前頁図4は近年の福島県の延べ宿泊者数の推移を示したものである。これを見ると，震災後に宿泊者数は増加し，特に「ふくしまDC」[3]が行われた2015年には2010年の約15％増の水準にまで増加している。ただし，これを宿泊施設のタイプ別に見ると（前頁図5），ビジネスホテル，シティホテルが高い稼働率を維持しているのに対し，旅館とリゾートホテルは震災後稼働率が低下している。リゾートホテルは2015年頃より回復の兆しが見られるものの，旅館については回復の動きは見られない。これは復興事業に従事する者の多くが「宿泊旅行客」としてカウントされているためで，宿泊客そのものは多いものの，観光を目的とした宿泊者は依然として少ない状態が続いている。教育旅行の減少も，その背景の一つとなっている。

このような観光宿泊業の動向を把握するため，2016年11～12月に猪苗代町及び北塩原村の宿泊施設を対象にアンケート調査を実施し，37の施設（旅館12，ホテル5，ペンション14，その他6）から有効回答を得た。これらの施設の稼働状況の推移を示したのが，次頁図6である。ホテルの稼働率は2015年に50％を超えたものの，旅館は震災前に比べ，20ポイント程度低い状態が続いている。

この結果，売上高の回復も遅れている（次頁図7）。ホテルの売り上げは震

---

[3]　DC（ディスティネーションキャンペーン）とはJRが自治体や観光業者等と連携して行う大型観光キャンペーンで，福島県全域を対象とした「ふくしまディスティネーションキャンペーン」が，2015年4月1日から6月30日まで3か月間にわたって実施された。

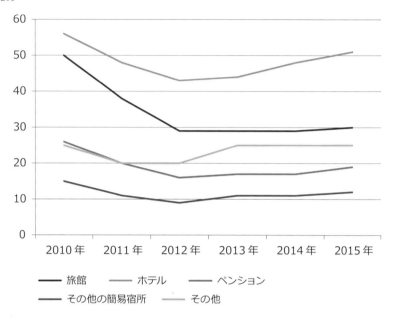

図6　磐梯山周辺地域の宿泊施設の稼働率の推移

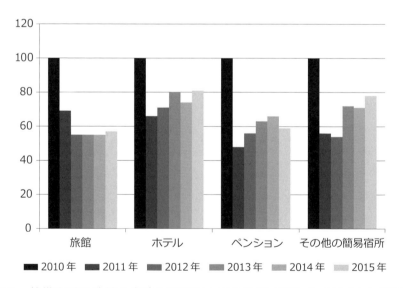

図7　磐梯山周辺地域の宿泊施設の売上高の推移（2010年＝100とした指数）

出所：図6，7　アンケート調査により作成。

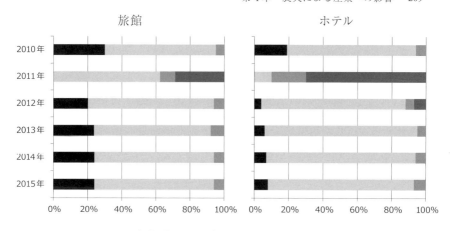

図8　調査施設の入込客層の変化（宿泊者数ベース）

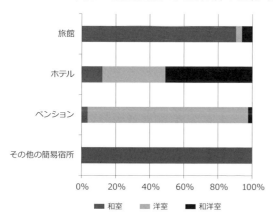

図9　調査施設の部屋の種類

出所：図8，9　アンケート調査により作成。

災前比8割の水準にまで戻っているが，旅館は同6割に達しない。旅館は特に厳しい経営状況に置かれていることがわかる。ホテルに比べ，旅館の経営状態が悪いのは，教育旅行に依存する比率が高いためである。

図8に旅館とホテルの近年の入込客層の変化を示した。震災前の2010年には旅館は教育旅行が30％，その他の観光が65％，ビジネスが5％であった。2015年には教育旅行24％，その他の観光70％，ビジネス6％と，教育旅行が減少しつつも，比率には大きな変化はない。これに対しホテルは，2010年

は教育旅行20％，その他の観光75％，ビジネス5％であったものが，2015年には教育旅行8％，その他の観光85％，ビジネス7％と，教育旅行の比率を大幅に減らし，その他の観光へとシフトしている。すなわち，教育旅行の縮小に対し，ホテルが客層を転換して対応しているのに対し，旅館は客層を転換できていないのである。

　旅館が教育旅行から転換できないのは，施設の構造に課題があるためである。前頁図9に調査施設の部屋の種類を示した。ホテルが和洋室及び洋室を中心としているのに対し，旅館はほとんどが和室となっている。和室は教育旅行のような団体客の宿泊には適しているが，その他の観光客の宿泊には適していないケースが多い。この結果，旅館は教育旅行への依存が高くならざるを得ないのである。

　このような旅館の特徴は，価格の変化などにも現れている。次頁表1に調査施設の2010年と2015年の平均宿泊日数と平均客室単価を示した。まず，平均宿泊日数を見ると，ホテルと旅館ではその他の観光の平均宿泊日数が減少する中で，教育旅行の宿泊日数は変化していない。教育旅行が安定的な収入源となっていることがわかる。これに対し，ペンションでは教育旅行の宿泊数が大きく減少している。これは，ペンションの利用は多くが大学のサークルなどで，夏休みなどの合宿を目的として使われることが多かったのが，震災後はそのような需要が激減したためである。ペンションは小中高校の教育旅行では使われることは少ないため，ホテル・旅館とは同列に扱うことはできない。

　一方，価格面では変化が現れている。教育旅行に関しては，ホテル・ペンションがそれぞれ16％ほどの値下げを行っているのに対し，旅館は逆に30％以上の値上げを行っている。その他の観光旅行に関しても，ホテルは20％以上の値下げを行っているのに対し，旅館はほぼ横ばいである。宿泊客の増加を図るためには値下げをして誘客を図ることが必要であるのに，旅館は逆の動きを示している。旅館のこのような動きは宿泊客が減る中で一定の利益を確保するためのものと考えられるが，これは地域内での宿泊施設間の価格差を拡大させ，ホテル利用者の増大と旅館利用者の減少を招くことになる。このような対応が旅館の回復が遅れる原因の一つになっていると考えられる。この結果，年間受け入れ教育旅行団体数も旅館の減少が著しいものになっている（表2）。

表1　調査施設の平均宿泊日数と平均客室単価

	平均宿泊日数（単位：日）					
	2010 年			2015 年		
	教育旅行	その他の観光	ビジネス	教育旅行	その他の観光	ビジネス
旅館	2.3	1.2	1.3	2.3	1.0	1.1
ホテル	1.8	1.7	1.0	1.8	1.5	1.4
ペンション	4.6	1.1		1.8	1.1	2.0
その他	3.3	1.0	2.8	2.5	1.0	3.3

	平均客室単価（単位：円）					
	2010 年			2015 年		
	教育旅行	その他の観光	ビジネス	教育旅行	その他の観光	ビジネス
旅館	8,450	14,292	11,792	11,200	14,167	11,833
ホテル	9,908	19,200	10,080	8,268	15,267	10,250
ペンション	7,389	9,357		6,200	9,600	9,000
その他	8,333	8,700	6,958	7,912	9,125	7,375

表2　教育旅行団体受入数の変化

	2010 年頃			震災後		
	修学旅行	学校主催合宿	学校以外の合宿	修学旅行	学校主催合宿	学校以外の合宿
旅館	115	108	59	25	42	62
ホテル	165	54	24	65	53	67
ペンション	67	7	8	20	2	1
その他の簡易宿所	0	19	4	0	9	2

出所：表1～2 アンケート調査により作成。

　教育旅行の復興を進めるためには，前述のように他地域では代替不可能な独自性のある商品の開発を進め，地域ブランドを確立していくことが必要である。

　近年，修学旅行では名所・旧跡の見学だけでなく，様々な特徴あるアクティビティを取り入れることが求められている。それでは，現在，磐梯山周辺地域

表3　修学旅行生が主に体験するアクティビティ

修学旅行生が主に体験するアクティビティ										
	登山・ハイキングなど自然と触れ合う体験	農林漁業体験	地域の環境保護や生態系のあり方を知る体験	野外料理体験	キャンプファイアーやレクリエーションゲーム	語り合いなど地域の人と交流する体験	郷土の工芸品などの作成体験	郷土料理など地域の文化を学ぶ体験	地域の産業を学ぶ体験	地域の歴史を学ぶ体験	その他
旅館	5	1	2	1	5	2	3	1	0	2	2
ホテル	4	2	2	3	3	3	3	0	2	3	1
ペンション	9	2	0	2	5	6	3	2	0	2	1
その他の簡易宿所	2	1	0	1	2	1	1	1	0	2	1
計	20	6	4	7	15	12	10	4	2	9	5

自館が中心となって行うアクティビティ										
	登山・ハイキングなど自然と触れ合う体験	農林漁業体験	地域の環境保護や生態系のあり方を知る体験	野外料理体験	キャンプファイアーやレクリエーションゲーム	語り合いなど地域の人と交流する体験	郷土の工芸品などの作成体験	郷土料理など地域の文化を学ぶ体験	地域の産業を学ぶ体験	地域の歴史を学ぶ体験	その他
旅館	0	0	0	1	3	0	0	0	0	0	1
ホテル	2	0	0	2	1	2	2	0	0	0	1
ペンション	0	0	0	0	0	3	0	0	0	0	0
その他の簡易宿所	0	1	0	0	1	0	0	0	0	0	0
計	2	1	0	3	5	4	2	0	0	0	2

出所：アンケート調査により作成。

ではどのようなアクティビティが行われているのであろうか。その概要を表3に示した。修学旅行生が最も多く行っているアクティビティは登山などの自然体験であり，次いでキャンプファイアー，地域との交流体験，工芸品などの制作体験，地域の歴史を学ぶ体験などが多くなっている。全体的に地域に豊富な

資源を生かしての活動となっているが，地域交流体験，地域の歴史を学ぶ体験などの比率も多くなってきており，活動が多様化していることがうかがわれる。このようなアクティビティのメニューを豊富に取りそろえることが教育旅行誘致のための競争力を強めることとなると考える。

　一方，宿泊施設が，自館が中心になって行っているアクティビティは少ない。キャンプファイアー，地域との交流体験，野外料理体験の比率が比較的大きいものの，全体に比べれば半分から3分の1程度に過ぎない。多くの学校が様々なアクティビティを独自に，あるいは地域の他の団体の支援を受けながら実施している状況である。そのような支援組織が多数存在することは，地域としての誘客にはプラスであるが，誘客に悩む宿泊施設にとっては，必ずしも自館への誘客には結びつかない。自館への誘客を拡大するためには，それらのアクティビティを自館で主催できるだけの能力を獲得し，内部化することが必要である。そのため，一部のホテルでは自館内にキャンプファイアー場を整備するなどして教育旅行の誘致を進めている。しかし，そのような整備を行うためには経費と労力が必要になるため，小規模な施設ほど取り組みにくい。教育旅行の縮小にともない，様々な需要に対応することができる比較的規模の大きなホテルと，そうでない旅館との間で格差が広がりつつあると捉えられる。

4　おわりに

　以上，磐梯山周辺地域の教育旅行を中心的な事例として，福島県の観光宿泊業の動向について検討を加えた。福島県への旅行宿泊客は観光客を中心に震災により大幅に減少し，その回復の歩みは遅い。その結果，特に教育旅行を中心的な顧客としていた施設では依然として厳しい状態が続いている。しかし，それを単に「風評被害の継続」と捉えることは妥当ではない。教育旅行の市場構造そのものが変化しつつあり，市場が縮小する中で，他地域との競争に打ち勝てる地域ブランドの確立が必要になっている。

　東日本大震災と原発事故は，福島県の地域ブランドを崩壊させた。ブランドは付加価値の一種であり，地域資源の価値の総和を上回る価値を地域に与えるものである。そのため，いったんブランドが崩壊すると，単にその要因を取り除いただけでは元には戻らない。新たなブランドを形成していくことが必

要になる。ブランド化は単なるネーミングではない。品質が高く，他とは差別化された商品を提供し，それを積極的にPR・誘客していくことが必要である。

　教育旅行に即して言えば，特徴あるアクティビティの充実が重要になろう。しかし，このためには多大な資金と労力が必要であり，地域内でそれに対応できる施設とそうでない施設との間で格差が拡大しつつある。このままでは，観光産業の縮小が進み，地域の活力が低下する恐れがある。地域を活性化するためには，アクティビティのための施設やそれを支援する組織を地域として引き受け，財産として行くことを通して，「地域づくりとしての地域ブランド化」を進めていくことが必要である。

（初澤敏生・吉田　樹）

【謝辞】本稿の執筆にはJSPS科研費基盤研究(S)（研究課題番号25220403，研究代表者：山川充夫）の助成を受けた研究成果を使用しています。

V 原発被災地のモビリティデザイン

1 はじめに

東京電力福島第一原子力発電所事故（以下，原発事故）の被災地（以下，原発被災地）では，発災から6年以上を経過した執筆時においても，避難生活を継続する市民が少なくない。他方で，避難指示の解除も進みつつあるが，商業施設や医療機関など目的地施設が再開せず，物やサービスを手に入れるために長距離の移動が必要なケースもあり，生活者のアクセシビリティをどのように確保するかが課題である。こうしたなかで，乗合バスをはじめとした地域公共交通は，市民の日常社会生活に欠かせない移動をサポートする重要な役割を担うが，公共交通事業者自体も被災したなかで，限定的な対応にならざるを得ず，市民の活動機会に影響を及ぼしている。

そこで本節では，南相馬市をケーススタディとして，原発事故後の①地域公共交通の復旧プロセスや課題を整理したうえで，②原発被災地住民の活動機会の変化を定量的に捉えることで，原発被災地の復旧・復興期における地域交通政策の論点を示す。

2 地域公共交通の復旧プロセスと課題

南相馬市は，旧小高町，旧原町市，旧小高町の2市1町で新設合併した都市であり，原発事故の避難指示が発せられた市町村では最も人口が多い。旧小高町を中心とした原発から半径20km圏内では避難指示，市の中心部である旧原町市の市街地を含む原発から半径20〜30km圏内では屋内退避が指示されたことから，市内の公共交通機関は運休を余儀なくされた。次頁表1は，南相馬市における公共交通網の復旧プロセスを整理したものである。屋内退避の解除（2011年4月22日）を契機に，福島交通の路線バスが一部復旧したほか，鹿島区内のスクールバスや相馬・原町間の高校通学バスが新設され，主に通学交通の確保に力点が置かれた。また，JR東日本が常磐線の代行バスを運行する前に，南相馬市内のバス事業者であった有限会社はらまち旅行

表1　南相馬市における地域公共交通の復旧プロセス

年	月日	路線	運行事業者	区分
2011年	4月13日	特定バス しあわせ号（病院送迎バス）	鹿島厚生病院	再開
	4月15日	都市間バス 原町～仙台線（1往復／日）	はらまち旅行	新設
	4月18日	特定バス 相馬～原町線（高校通学バス）	はらまち旅行	新設
	4月22日	市内バス 市内路線（5系統）	福島交通	再開
	4月22日	特定バス 鹿島区スクールバス	はらまち旅行	新設
	4月27日	市内バス 相馬～原町線	福島交通	再開
	5月16日	都市間バス 福島～原町線（相馬市経由）	福島交通	新設
	5月23日	鉄道 亘理～原町線（JR常磐線の代行バス）	JR東日本	代行
	7月23日	都市間バス 東京～南相馬線（高速ツアーバス）	SDトラベル	新設
	9月1日	特定バス 仮設住宅巡回バス（2系統）	鹿島厚生病院	新設
	9月26日	市内バス 仮設住宅巡回バス（2系統）	はらまち旅行	新設
	10月17日	特定バス 原町区スクールバス	はらまち旅行	新設
	11月17日	都市間バス 原町～仙台線（2往復／日）	はらまち旅行	増便
	12月15日	都市間バス 福島～原町線（川俣町経由）	福島交通	経路変更
	12月21日	鉄道 JR常磐線相馬～原ノ町間運転再開	JR東日本	再開
	12月23日	都市間バス 原町～仙台線（6往復／日）	はらまち旅行	増便
2012年	1月10日	市内バス 太田小循環線	はらまち旅行	再開
	4月1日	都市間バス 原町～仙台線（8往復／日）	はらまち旅行	増便
		都市間バス 福島～原町線（4往復／日）	福島交通	増便
		都市間バス 福島～原町線（4往復／日）	はらまち旅行	新設
	10月30日	市内バス「ジャンボタクシー」事業	三和商会、冨士タクシー	新設
	11月1日	都市間バス 原町～仙台線（10往復／日）	はらまち旅行	増便
2014年	4月1日	都市間バス 福島～原町～鹿島線（4往復／日）	福島交通	延伸
	12月7日	都市間バス 原町～仙台線（12往復／日）	東北アクセス*	増便
2015年	1月31日	鉄道 原ノ町～竜田線（JR常磐線の代行バス）	JR東日本	代行
	4月1日	都市間バス 相馬・南相馬～東京線（1往復／日）	さくら観光	新設
		都市間バス 福島～原町線（6往復／日）	東北アクセス	増便

2016年	7月12日	市内バス「ジャンボタクシー」事業	三和商会, 冨士タクシー	経路変更, 増便, 有償化
		鉄道 JR常磐線原ノ町～小高間運転再開	JR東日本	再開
		鉄道 原ノ町～竜田線（JR常磐線代行バス）	JR東日本	経路変更
	7月22日	都市間バス 相馬・南相馬～東京線（2往復／日）	さくら観光	増便
	12月6日	鉄道 JR常磐線浜吉田～相馬間運転再開	JR東日本	再開
2017年	4月1日	鉄道 JR常磐線小高～浪江間運転再開	JR東日本	再開
	9月1日	市内バス「ジャンボタクシー」事業	三和商会, 冨士タクシー	経路延長, 増便
	10月1日	都市間バス 福島～医大病院～原町～鹿島線 （福島～原町間；4往復／日） （福島～鹿島間；2往復／日）	福島交通	経路変更, 再編, 増便
		市内バス 原町～川俣線	福島交通	統合で廃止
	10月21日	鉄道 原ノ町～富岡線（JR常磐線代行バス）	JR東日本	経路変更

＊有限会社はらまち旅行は，2013年6月1日より，東北アクセス株式会社に社名変更。

（現：東北アクセス株式会社）が仙台市までの都市間バスを新設したほか，県内最大手の乗合バス事業者である福島交通株式会社も福島市までの都市間バスの運行を開始するなど，バス事業者は，都市間輸送の確保に注力したことが読み取れる。このように都市間バスの新規参入を後押しした要因として，国土交通省の規制緩和措置によるところが大きい。不通となった幹線鉄道を代替する輸送力の確保や被災地域における移動手段として，新規の地域間輸送を一時的に分担する場合に，貸切バス事業者等の参入が可能になった（道路運送法21条（貸切バスによる乗合輸送の禁止の例外として）許可）。また，震災により直接甚大な被害を受けた市町村（地方運輸局長が毎年度指定）では，路線バスの国庫補助制度である地域公共交通確保維持事業の補助要件が緩和されることになり，貸切バス事業者等が地域間輸送を担う場合についても，財政

的な支援が受けられるようになった。南相馬市に限らず、大船渡市など津波被災地においても、都市間バスの復旧が迅速に進められたケースが確認されており（吉田（2014））、こうした制度設計が災害時の地域間輸送確保で有効に機能したことが分かる。今後の大規模災害時においても考慮されるべき施策であると考えられる。

　一方で、都市間バスやJR常磐線を除く南相馬市内の公共交通は、スクールバスや患者送迎など「特定バス」の新設、再開は早期に進められたものの、「市内バス」は、2012年10月に「ジャンボタクシー」事業が開始されて以降、2017年10月に予定される福島市への都市間バス（福島交通）と原町〜川俣線との一体的再編が行われるまで、約5年間「市内バス」の新設や再開はなく、新常磐交通株式会社が運行していた南相馬市内の「市内バス」は全路線休止のままである。そのため、市内のモビリティニーズに応えられていない状況にある。

　「市内バス」の再開が進まない理由として、公共交通事業者の乗務員不足が深刻なことが挙げられる。次頁図1は、最近5年間の福島県内における有効求人倍率と「輸送等運転の職業」（常用雇用者）の有効求人数と倍率の推移を示したものである。「輸送等運転の職業」の有効求人倍率は、2015年まで全業種の倍率よりも0.6ポイントほど高い状況が続き、2014年と15年は、2倍を越えた。直近の2017年7月は、1.62倍と低下し、全業種の倍率（1.44倍）との差は縮小傾向にある。その背景として、除染作業の収束や復旧土木工事の完了(2)などで、有効求人数が低下したことが挙げられ、有効求職者数が増えているわけではない点が特徴である。一方、デマンド交通の運行を担ってきたタクシー事業者も、乗務員不足が顕著である。表2は、福島、宮城、岩手の各

---

(1)　地域公共交通確保維持事業のうち、地域間幹線系統の補助要件として、例えば、輸送量と呼ばれる指標値が15人以上150人以下であることが通常求められる。しかし、地方運輸局長が毎年度指定した市町村に関わる市町村間路線は、この輸送量の基準が適用されない。この規制緩和措置は、当初2015年度までの適用を予定していたが、本稿執筆時（2017年9月）では、2020年度まで適用されることが決まっている（地域公共交通確保維持改善事業費補助金交付要綱、附則第4条）。

(2)　福島県が発注する公共土木施設の災害復旧工事は、2017年7月31日時点で、東日本大震災で被災した箇所について、91％の箇所で完成に至っている（福島県「ふくしま復興ステーション」ホームページ（http://www.pref.fukushima.lg.jp/site/portal/saigaifukkyu.html）、2017年9月15日閲覧）。

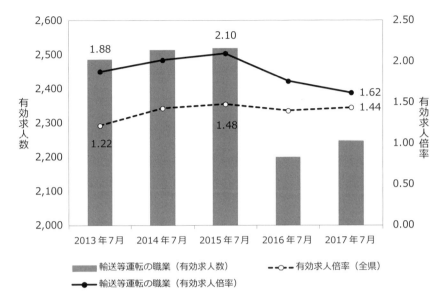

図 1　「輸送等運転の職業」における有効求人数・倍率の推移

出所：福島労働局「最近の雇用失業情勢について」より筆者作成。

表 2　法人タクシーの実働率

県名	交通圏・市名	平成27年度[a]	平成13年度または平成22年度から平成26年度の平均値[b]
岩手	盛岡交通圏（法人タクシー）	0.77	0.82〜0.87
宮城	仙台市（法人タクシー）	0.78	0.84〜0.92
福島	福島交通圏（法人タクシー）	0.78	0.83〜0.87
福島	郡山交通圏（法人タクシー）	0.71	0.83〜0.90
福島	いわき市	0.64	0.74〜0.86
福島	会津若松市	0.67	0.72〜0.79
福島	その他	0.61	（不詳）

出所：a　東北運輸局および同福島運輸支局資料より。
　　　b　東北運輸局長公示第 18 号（2015 年 6 月 26 日），第 28 号（同年 8 月 19 日）より。

県における法人タクシーの実働率を整理したものである。いずれも過去の水準を下回っているが，いわき市に加え，相双地方が含まれる「その他」地区では，平成27年度の実働率が0.6程度まで減少している[3]。なかでも，南相馬市では，震災前に10社以上あったタクシー会社が6社まで減少しており，利用者からの予約に対応できない事例も散見される。

　加えて，福島県内では，除染作業で生じた除去土壌などを保管する中間貯蔵施設の整備が進められている。全県で10万箇所以上にも及んだ「仮置場」から大熊，双葉両町に整備される中間貯蔵施設まで，大型トラックによる運搬が予定されているが，2,200万m³にも及ぶ大量な除去土壌などを運ぶためには，多くの車両が必要であり，中間貯蔵施設の稼働が本格化すれば，運転者の労働需要が大幅に増加する可能性がある。

　以上のことから，原発被災地では，地域公共交通の復旧やサービス提供について，乗務員不足をはじめとした供給サイドの課題対応と一体に取り組むことが求められる。

3　原発事故が市民の活動機会に与えた影響

　原発事故後の生活環境の変化や公共交通サービスが充足されていない状況の下で，市民の活動機会はどのような影響を受けているのか。筆者は，南相馬市復興企画部の協力を得て，市内の在住者（市内に避難している方を含む）を対象にアンケート調査を実施した[4]。

　調査では，回答者自身の震災・原発事故以前からの外出環境の変化（前頁

---

(3) タクシーの需給状況を踏まえ，事業者の合意により供給量を調整することを目的とした「特定地域及び準特定地域における一般乗用旅客自動車運送事業の適正化及び活性化に関する特別措置法」では，実働率を0.9として適正な車両台数の算定を行っている。したがって，実働率が0.6程度であることは，車両台数に対して，乗務員が不足している状況であると考えることができる。

(4) 2015年7月23日～8月12日（消印有効）の調査期間とし，住民基本台帳で無作為に抽出された3,072世帯（各世帯に2通のアンケート票を配布）に調査票を郵送で配布・回収した。1,031世帯から1,599票の回答があった（回収世帯率33.6％）。回答者の性別は男女ほぼ同数であったが，65歳以上の回答者が56.9％を占めており，高齢者に厚いサンプリングとなった。また，回答者のうち，避難生活を送っている方は310人であり，そのうち188人が応急仮設住宅，66人が借上げ住宅に居住している。

表3 震災・原発事故前からの外出環境の変化

項目	自動車免許保有 あり	自動車免許保有 なし[※]	p値
外出頻度が減少した	35.5%	59.2%	0.00[**]
外出頻度が増えた	19.5%	4.5%	0.00[**]
自家用車を運転できなくなった	2.1%	8.6%	0.00[**]
自家用車を運転するようになった	16.7%	0.4%	0.00[**]
家族や知人等の送迎に頼れなくなった	2.0%	8.2%	0.00[**]
家族や知人等の送迎に頼るようになった	3.5%	38.0%	0.00[**]
行きたい場所が少なくなった	40.0%	38.0%	0.54
行きたい場所が増えた	6.6%	2.4%	0.01[*]
一ヶ月の交通費が少なく済むようになった	3.9%	3.3%	0.62
一ヶ月の交通費が多くかかるようになった	22.5%	15.1%	0.01[**]
外出がおっくうになった	25.8%	44.1%	0.00[**]
外出したいと思うようになった	7.6%	3.7%	0.03[*]
特に変化していない	22.0%	15.9%	0.03[*]
n =	1,224	245	

[※]原付・二輪免許保有者を除く／[**]$p<0.01$, [*]$p<0.05$

表4 震災・原発事故前からの外出状況の変化

年齢層	行きたい場所が少なくなった 南相馬	行きたい場所が少なくなった 山形市	外出がおっくうになった 南相馬	外出がおっくうになった 山形市
35〜44歳	40.9%	5.3%	12.9%	8.0%
45〜54歳	41.1%	25.8%	24.0%	22.6%
55〜64歳	38.5%	11.1%	28.0%	16.2%
65〜74歳	41.1%	16.2%	28.0%	13.1%
75〜歳	41.0%	26.1%	41.7%	30.4%
	(n=1,473)	(n=530)	(n=1,473)	(n=530)

年齢層	外出頻度が減少した 南相馬	外出頻度が減少した 山形市	自家用車を運転するようになった 南相馬	自家用車を運転するようになった 山形市
35〜44歳	18.3%	10.7%	11.8%	13.3%
45〜54歳	34.2%	26.9%	10.3%	10.8%
55〜64歳	33.0%	28.2%	15.7%	7.7%
65〜74歳	41.3%	30.0%	14.6%	9.2%
75〜歳	54.3%	48.7%	12.8%	3.5%
	(n=1,473)	(n=530)	(n=1,473)	(n=530)
	0.0%	$p<0.05$	0.0%	$p<0.01$

表3）を設問に加えているが，自動車運転免許の保有有無を問わず「行きたい場所が少なくなった」とする回答が多かった。南相馬市を含む相双地区の有効求人倍率は，2012年6月に1倍（原数値）を越えた後，同年11月には2.13倍（原数値）に達し，県内他地区と比較しても圧倒的に高い状況となった。そのため，労働力を必要とする小売業やサービス業の人手不足が深刻になり，商店などの目的地となる施設の再開が進まなかったことが背景にあると考えられる。一方で，回答者の運転免許の有無に着目すると，運転免許を保有していない層は，「外出頻度が減少した」「送迎に頼るようになった」「外出がおっくうになった」と回答する割合が免許のある層に比べて高く，χ^2 検定による有意差が認められた（p=0.00**）。また，運転免許のある層は，震災・原発事故後に「自家用車を運転するようになった」「外出頻度が増えた」と回答する割合が免許のない層に比べて有意に高く（p=0.00**），震災・原発事故を契機に，自動車運転免許の有無による外出機会の差が拡がっていることが読み取れる（吉田（2016））。

　次に，原発被災地における外出環境の変化の特徴を明らかにするため，同時期に山形市民を対象に筆者が実施したアンケート調査結果と比較する。山形市は，東日本大震災や原発事故による直接の被害が小さく，原発被災地から多くの市民が避難生活を送っており，放射線災害の影響が根強い南相馬市とは異なる環境にある。前頁表4は，両市において，原発事故前と比較した外出状況の変化を年齢層別に整理したものである。南相馬市民は，山形市民と比較して全ての年齢層で「行きたい場所が少なくなった」と回答した割合が有意に高かったが（χ^2 検定），55歳以上の層では「外出がおっくうになった」とする回答も有意に多くなり，外出意欲が低下する傾向が見られた。一方で，原発事故後に「自家用車を運転するようになった」とする回答が南相馬市民で相対的に多くなったのも55歳以上であり，「外出がおっくうになった」とする回答が有意に多くなった年齢層と一致する。南相馬市では，原発事故後に再開していない目的地施設が少なくないうえ，市内の公共交通サービスが十分に確保されず「自家用車を運転せざるを得ない」環境とあいまって，中・高齢層の外出意欲の低下を招いていると考えられる。このことは，原発被災地の特徴として捉えられるとともに，都市規模の違いによる商業等の集積や地域内交

第4章 震災による産業への影響 223

表5 居住形態による外出機会の変化

行きたい場所が少なくなった	外出頻度が減少した	類型	原発事故前後の居住地		
			同一	避難継続	転居
そう思う	そう思う	A (n=258)	27.1% (+)**	21.0%	17.0% (−)*
	そう思わない	B (n=165)	16.6%	11.3% (−)*	17.6%
そう思わない	そう思う	C (n=125)	11.9%	10.1%	13.7%
	そう思わない	D (n=516)	44.3% (−)**	57.7% (+)**	51.6%

外出がおっくうになった	外出頻度が減少した	類型	原発事故前後の居住地		
			同一	避難継続	転居
そう思う	そう思う	E (n=198)	18.4%	20.6%	16.3%
	そう思わない	F (n=79)	7.1%	10.5% (+)*	3.9%
そう思わない	そう思う	G (n=185)	20.7% (+)**	10.5% (−)*	14.4%
	そう思わない	H (n=602)	53.8% (−)*	58.5%	65.4% (+)*

**p＜0.01 *p＜0.05 (−)有意に低い (+)有意に高い

通網の差にも起因していると考えられるが，原発事故による避難指示が出された市町村のなかでは，南相馬市が最多の人口であることから，南相馬市と同じように，中・高齢層の外出意欲が低下し，地域内の交流機会が失われる懸念がある（吉田（2016））。

　表5は，原発事故後の外出機会の変化を居住形態別に分析したものである。原発事故以前と同じ場所に住み，目的地が少なくなったために外出頻度が減少した人（類型A）の割合は，避難を継続する人や転居した人よりも有意に高率であった（p=0.00**）。また，避難を継続する人のうち，「外出がおっくうになった」ものの，外出頻度は減少していないと回答した人（類型F）の割合は，原発事故前と同じ場所に住んでいるか，転居した人と比較して，有意に高くなった（p=0.04）。避難指示が順次解除されるなかで，従前地に帰還する市民が多くなると考えられるが，避難先よりも外出の目的地が少なくなることで，外出機会が減少したり，外出がおっくうになったりする懸念が示唆される。なお，表5の分析は，自動車運転免許を所持している回答者に限定していることから，原発被災地の活動機会は，モビリティだけではなく，居住環境にも影響を受

けていると考えられる（Yoshida, Fukumoto and Kato (2017)）。

4　避難指示解除地域のモビリティデザイン

　最後に，原発事故の避難指示が解除された地域のモビリティデザインについて，南相馬市の「ジャンボタクシー」事業の経験をもとに検討する。同事業は市内の避難指示区域の一時帰宅を支援することを目的に，応急仮設住宅団地との間をワゴン車で無料送迎する事業としてスタートした。2016年7月12日に市内の避難指示が解除（帰還困難区域を除く）されたことを受け，小高区を中心とする旧避難指示区域の生活交通としての役割も担うため，小高区内はもとより，原町区内のスーパーや医療機関へのアクセスのほか，福島市を結ぶ都市間バスやJR常磐線の端末交通手段としても利用できるよう再編された。従来からの「一時帰宅便」は引き続き無料であるが，生活交通として利用される「おでかけシャトル便」は有償化され，旧避難指示区域内は200円，原町区の市街地へは500円（いずれも中学生以下無料）に設定された。そこで，避難指示解除日以降の「ジャンボタクシー」利用データを分析し，避難指示が解除された地域におけるモビリティニーズの特徴を明らかにしたい。

　原発事故の発生前，小高区内には，小高商工会が運営するデマンド交通「おだかe－まちタクシー」が運行されており，小高区内各地と市街地とを結ぶ公共交通として多数の市民が利用していた。「ジャンボタクシー」事業でも小高区内を巡回する便が一日9回（平日。本稿執筆時点）運行されているが，原町区の市街地にある医療機関や商業施設まで運行区域を拡大している。次頁図2は，2016年8月から2017年8月までの「ジャンボタクシー」利用者数を示しているが，「おでかけシャトル便」で旧避難指示区域と原町区市街地とを往来した利用者は，26人／月（2016年8月）から151人／月（2017年8月）と6倍になり，小高区と原町区に跨がる利用が卓越していることが分かる[5]。次頁表6は，停車地別の「ジャンボタクシー」実利用人数を示したものであるが，「おでかけシャトル便」の実利用者数は，避難指示解除直後の2016年7〜9

---

(5)　図2に示した「おでかけシャトル便」の利用者数は，無賃で利用できる中学生以下の人数（10人程度）を除いて集計している。

第4章　震災による産業への影響　225

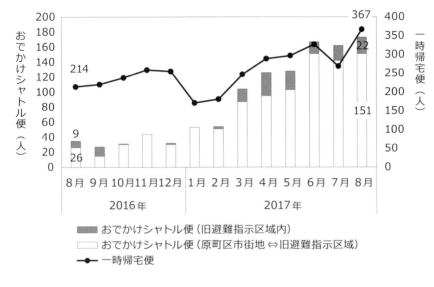

図2　「ジャンボタクシー」利用者数の推移

表6　避難指示解除後の停車地別実利用者数

①おでかけシャトル便

停車地	2017年 4〜6月	2016年 7〜9月
305（ヨークベニマル原町西店）	16	5
304（原ノ町駅）	9	4
407（ジャスモール）	9	2
401（市立総合病院）	8	3
405（上町内科皮フ科）	6	2
403（大町病院）	5	1
502（小高駅）	5	4
501（小高区役所）	4	0
実利用者数	74	23

②一時帰宅便

停車地	2017年 4〜6月	2016年 7〜9月
305（ヨークベニマル原町西店）	9	3
304（原ノ町駅前）	8	7
115（高見町第一・第二）	5	5
211（牛越（南ブロック））	5	7
203（小池小草）	4	3
実利用者数	40	54

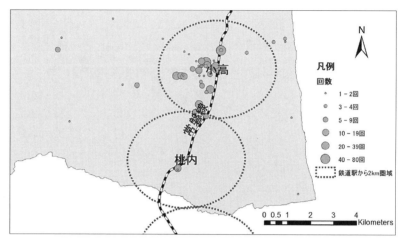

図3 旧避難指示区域側の降車地分布と配車回数（おでかけシャトル便）

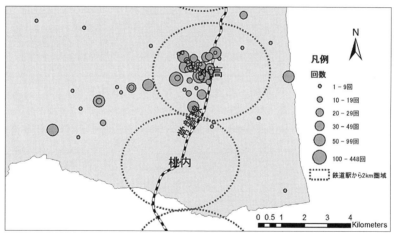

図4 旧避難指示区域側の降車地分布と配車回数（一時帰宅便）

月期の23人から，2017年4〜6月期には74人に増加している。原町区内の停車地には300〜400番台のナンバリングが付されているが，とりわけ商業施設（ヨークベニマル原町西店，ジャスモール）を目的地とする利用が増えている。一方，「一時帰宅便」の実利用者数は減少しているが，反対に図2の延べ利

用者数は増加基調にある。2017年4〜6月期に「一時帰宅便」で最も利用者が多かった停車地は、ヨークベニマル原町西店（原町区）であり、避難指示解除直後よりも実利用者数が大幅に増加したが、近隣に大規模な復興公営住宅（南町団地、255戸）が整備されたことが背景にある。復興公営住宅は、東日本大震災の発生時に、富岡、大熊、双葉、浪江、飯舘の各町村に居住していた世帯が主な入居対象であるが、南相馬市においても帰還困難区域や居住制限区域に居住していた世帯、避難指示解除準備区域の子育て世帯[6]が対象になったことから、小高区をはじめとした旧避難指示区域への往来手段として「一時帰宅便」が利用されていることが読み取れる。

　このように、避難指示解除地域におけるモビリティデザインでは、地域内のモビリティ確保に加え、外出の目的地が集中した近隣の拠点都市や大規模な公営住宅とのアクセスを確保することが必要である。

　一方、避難指示が解除された地区においては公共交通需要の発生に空間的な特徴が見られる。前頁図3は、「おでかけシャトル便」の予約データ（2016年7月12日〜2017年3月末日）のうち、住所を特定できたトリップを対象に、起終点の発生頻度をArcGIS10.2を用いて図示したものである。その結果、分析対象とした472トリップエンドのうち、423トリップエンド（89.6%）がJR小高駅から半径2kmの範囲に集中していることが分かった。「一時帰宅便」においても、1,909トリップエンドのうち、1,502トリップエンド（78.7%）がJR小高駅から半径2kmの範囲にあり（前頁図4）、きわめて限られた範囲で公共交通需要が発生していることが読み取れる。こうした傾向は、帰還困難区域の占める割合の多い双葉郡の町村では一層顕著になることが想定されることから、地区内のモビリティは、路線バスやデマンド交通といった既存の公共交通モードに限らず、例えば、タクシーや自家用車のシェアリング、低速自動運転による巡回運行など、ICTや新技術を活用して、先述の供給制約と折り合うモビリティを検討する意義は大きいと考えられる。

（吉田　樹）

---

(6)　子育て世帯：2015年4月1日現在で18歳未満の子または妊婦を含む世帯（特定非営利法人循環型社会推進センター：[第3期]福島県復興公営住宅入居募集のご案内（http://www.npo-junkan.jp/fukkou3/）（2017年9月15日閲覧））。

【謝辞】本稿の執筆にはJSPS科研費基盤研究(S)（研究課題番号25220403, 研究代表者：山川充夫）の助成を受けた研究成果を使用しています。

【参考文献】
吉田 樹（2014）「被災地における地域公共交通の現状と課題」『都市問題』34（1）, pp.2-12。
吉田 樹（2016）「原発被災地の復旧・復興期における地域交通政策の論点」『土木計画学研究・講演集』54, CD-ROM。
YOSHIDA, I., FUKUMOTO, M. and KATO, H.(2017). REQUIREMENTS OF PUBLIC TRANSPORT PLANNING TAKING INTO CONSIDERATION THE RESPONSE IN CASES OF WIDE-SCALE DISASTER, Journal of JSCE, 5(1), pp.321-334.

VI 金融の地域構造からみる震災後の福島

1 預金の動向

　本節では，金融指標からみた震災・原発事故以降の福島県の地域構造や，地域経済が抱える課題点を説明する。用いる統計資料は，日本銀行が公表している「都道府県別預金・現金・貸出金」「銀行券および貨幣受払高等」であり，同資料が web 上に公開されている 2000 年以降の数値を対象に分析する。なお，国内銀行の取り扱い高を対象として，外資系銀行の取引は含まない。

　次頁の図 1 では，2000 年から 17 年までの，預金・貸出金の推移を，全国と福島県（以下，福島）について表したものである。なお，表示されている金額は，年の平均を算出した。預金の動向に関しては，震災前は，全国の動きにほぼ沿った変動がみられた。2000 年には全国で 472.9 兆円の預金がみられたが，同年で福島の預金は 4.4 兆円で，対全国比率は，0.94% であった。預金は，基本的に増加する傾向にあり，対前年増加率で，全国において一貫して増加し続け，リーマンショックが起こった 2008 年においても対前年比で 2.6% の伸びが見られ，2017 年には 752.5 兆円の増加となった。福島は，2001 年はマイナス 1.2% で，2003 年のマイナス 0.2% まで，預金額は 3 年連続で微減であったが，2004 年からは 0.1% と増加に転じ，それ以降は一貫して増加している。

　ただし，その増加率が，急激に高くなったのが 2011 年の震災・原発事故以降である。2011 年は全国の預金の対前年比増加率が，2.2% であったが，福島は 21.8% と，約 2 割も増加し，預金額は 5.9 兆円となった。2012 年は増加率が 5.9% に下がったものの，全国の 3.2% と比較しても，高い数値である。増加は 2016 年まで続き，対前年比で 1.5% の増加にとどまったものの，預金額は 7.6 兆円まで増加し，預金額の対全国比率は 1.02% まで上昇した。2017 年は 7.4 兆円に減少したものの，依然として，震災前の水準と比べると高い数値となっている。

　預金額そのものが 2011 年以降，増加する傾向は，福島と同様に被災地を

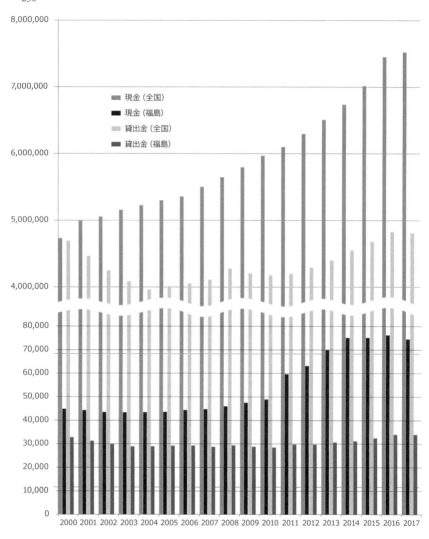

図1　銀行による預金・貸出金の推移（単位：億円）

多く抱える宮城県・岩手県（以下，宮城・岩手）においてもみられるが，預金額が増加した要因として推測されることは，宮城・岩手においては，地震保険の受け取りにともなう家計・企業の預金の増加，震災の復興関連事業の増加による自治体・企業の預金増加である。福島の場合は加えて，原発事故による

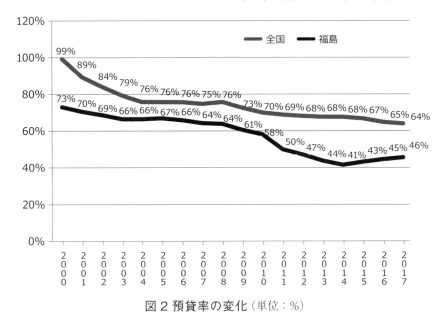

図2 預貸率の変化（単位：％）

賠償受け取りにともなう家計・企業・自治体の預金増加，除染をはじめとする原子力災害関連の復興事業の増加も考えられる。

2 預貸率の動向

預金額が増加する一方で，貸出金は滞ったままである。2000年に全国で469.2兆円あった貸出金は，2017年で481.1兆円と2.5％の増加率にとどまる。

福島は，2000年に3.2兆円であったのが，2017年には3.3兆円とほぼ横ばいであり，全国よりは高いものの，それでも3.6％の増加率にすぎず，同期間中に預金が66％も増加したのに比べると，極めて低い数値である。

銀行が集めた預金のうち，どの比率で貸し出されているかを示したのが，図2の預貸率の変化である。財務省や日銀の業際規制・地域規制のもとに運営している地方銀行は，預金においては主に都道府県の単位で集められているが，その預金が地域内で貸し出される比率を示したのが，預貸率であり，一般的に，地方圏・非大都市圏・非工業地帯で低いことが，過去の文献で分析されている（千葉・矢田・藤田，1998）。また，1980年代に入り，貸出先の東京

一極集中も指摘されている。不動産の高利率の運用先が期待される東京で，貸し出され，全国で集められた預金は，都道府県レベルでの地域内での貸し出しによる地域内循環のみならず，域外の中でも，特に東京に流出し，そこでの不動産投資を中心として貸出すという資金循環パターンは，1980年代から2000年代まで継続している。

　大都市圏から遠隔に位置し，東北地方の諸県の中では最大の製造品出荷額が計上されるものの，全国的には中位以下しか計上されない福島は，もとから，対製造業・対不動産などの大都市・工業地帯でみられる投資先が多くなく，預貸率は低く計上されてきた。2000年で全国が99％と，預金と貸出金がほぼ均衡していたのに対し，福島は73％と低かった。この預貸率は，2000年代は，全国的には一貫して低下していった。2004年に76％まで下がり，主要都市の不動産投資が再活発化した2005年からでも，微減がみられる横ばい状態で，リーマンショックがあった2008年の75％を境に，さらに減少が続き，2017年には64％まで下がっている。福島も，変化に関しては，全国と同様の傾向を示し，2003年の66％から微減が続くが，2008年を境に急速に低下し，2014年には41％まで下がった。ただし，2015年から増加に転じ，微増であるものの，同年で43％，2016年で45％，2017年で46％となり，貸出の比率は増加している。復興関連需要を請け負う企業群を中心に，貸出先が増加していると考えられる。

3　日本銀行券受払の現状

　金融の地域構造をとらえる際に，預金・貸出分析に加えて，日本銀行（以下，日銀）の本支店ごとの，現金（銀行券）支払高と現金（銀行券）受取高を比較する分析も重要である。銀行券の支払とは，日銀が発券する銀行券が，本店・支店を通じて市中銀行に供給されることを意味し，逆に，銀行券受取とは，市中銀行から日銀の本店・支店に還流することを意味する。これら銀行券の支払と受取の差額は，銀行券受払と呼ばれる。受払のバランスは，日銀の本支店全てを合計した数値を見ると15年で，支払が59.9兆円であるのに対し，受取高もほぼ同じで，一国レベルの受払は均衡している。一国では均衡しているものの，地域レベルでは，必ずしも均衡せずに，本店・支店によって，受取

第4章 震災による産業への影響 233

表1 北東地域・東京における日銀本支店一覧(2015年)

支店名	管轄エリア	管轄エリア人口(万人)	現金受取高			現金支払高		
			億円	全国比率	特化係数	億円	全国比率	特化係数
釧路	釧路・十勝・根室振興局	62.9	1,748	0.3%	0.63	2,574	0.4%	0.84
札幌	北海道(釧路支店, 函館支店管轄を除く)	431.0	16,587	2.9%	0.87	15,362	2.5%	0.73
函館	渡島・檜山振興局	44.2	836	0.1%	0.43	1,880	0.3%	0.88
青森	青森県	130.8	1,808	0.3%	0.31	4,236	0.7%	0.67
秋田	秋田県	102.2	3,406	0.6%	0.75	5,633	0.9%	1.14
仙台	宮城県, 山形県, 岩手県	473.6	26,643	4.7%	1.27	19,487	3.2%	0.85
福島	福島県	191.3	1,914	0.3%	0.23	9,759	1.6%	1.05
本店(東京)	東京都, 埼玉県, 千葉県, 栃木県, 茨城県	3,189.1	191,918	34.1%	1.36	186,708	30.3%	1.21

出所:日銀が発表する資料, 国勢調査をもとに筆者が作成。

超過や支払超過が, それぞれ発生している。

　支払超過が極端に発生している支店においては, その支店が管轄している地域から, 域外への消費の流出をはじめ, 様々な要因により, 現金が流出していることが考えられる。日銀券の本支店別受払の動向を中心にみることで, 被災地であり, 避難者数が多く発生している福島県の現金流出の概況を確認する。

　表1では, 2015年の, 北海道・東北・東京における日銀本支店一覧を示している。日本銀行の各支店が管轄している地理的範囲は, 一般的には, 都道府県と重なるが(福島など), 支店が複数の都道府県を管轄しているケース(東京, 仙台など)もある。また, 経済規模が大きな地域(北九州)や面積が広い地域(釧路, 函館)では, 道県よりも狭小の地理的範囲を管轄するケースもある。その地域の現金需要に最も対応している数値は, 現金支払高であると考えられる。各支店が取り扱う, 支払高の対全国比率を分子とし, 各支店の管

轄人口の対全国比率を分母として算出することで，各支店の基礎的な経済規模に比較して，銀行券流通量が，どの程度の大きさであるのかをみることができる。

表には示されていないが，最小が，大分・長崎の 0.41，最大が大阪の 1.99 と幅をもつものの，数値が 2 以上や 0.4 未満のような，基礎的経済規模の 2 倍や，40％以下にまで乖離している本支店はない。表にみられる通り福島の数値は 1.05 であり，ほぼ経済規模と同じ程度の現金支払い高が確認できる。このことから，現金支払い流動量は，各支店が管轄するエリアの基礎的な経済規模（人口，生産高，所得）に規定される側面が強いと考えられる。

しかし，現金の回収と考えられる現金受取高をみると，極度に特化係数が低い支店がみられる。0.3 未満であるのは，福島 (0.23)，前橋 (0.23)，甲府 (0.29)，下関 (0.14)，大分 (0.20)，長崎 (0.22) であり，これらの支店は，経済規模の 30％以下の現金しか回収できていない。

4　支払超過の地域的特色

現金の支払超過は，現金の当該支店での未回収と捉えることもできるが，未回収が生じる原因は，①消費の域外流出，②電子マネーなど新規決済手段の増加，③警備輸送会社など新規の現金輸送ルートの増加が考えられる。これらの要因が，それぞれどの程度の割合であるのかを示す公式的なデータは存在しないが，いずれにおいても，共通するのは，域内で発券された銀行券が，いかなる形態をとるにせよ，域外で受けとられていることである。

①の消費の流出に関しては，消費活動そのものである買物は，交通網の整備が十分でなかった時代においては，最終消費者が居住する生活圏に留まりがちであった現金の支払が，現代では，いとも簡単に生活圏を越えて他地域で容易に支払われることを可能にしている。小売店舗において多種・多様な商品の品揃えを実現させている一定規模以上の都市が，周辺地域から個人消費を吸引させる側面が強い。一般に中心市街地人口が 50 万人を越える都市であり，都市圏（生活圏）人口で概ね 100 万人以上の圏域が，周囲から購買力を吸収している。東京，名古屋，大阪を核とする三大都市圏の諸都市，札幌，福岡・北九州，広島をはじめ，それらの都市圏よりも小規模になるものの，仙台，

新潟，金沢，静岡，浜松，岡山，松山，熊本，鹿児島などで，周辺地域からの購買力吸引力が高まっていると考えられる。小規模な生活圏においては，買回り品など小売業が成立つための成立閾値に満たない需要しか存在しないパターンが多く，そこで成立しない種類の商品を取扱う店舗については，近隣のさらに大規模な都市圏で成立している場合には，そちらまで移動して消費するケースが大半である。2000年代以降は，総流動やパーソントリップ調査にみられる交流率の増加からも，より大規模な都市圏・生活圏が，より小規模な圏域からの消費購買力を吸収している側面が強くなっている。

次頁図3の流出率上位10位の支店一覧の流出率推移では，支払に対し，受取がどの程度の比率であるのかを算出し，その推移を2002から15年まで線グラフにしたものである。この図をみると，2002年で最も高かったのは下関支店の1.42であり，最も低いのは，甲府支店の0.98であったが，他の8支店の数値は，最高の下関と最低の甲府の間に収まっていた。これら10支店は，年を経るごとに流出率が上昇していくが，2002年から2009年まで，2007年を例外として，下関支店が最大の流出率を示してきた。

2010年には，福島支店の流出率が，下関支店の数値とほぼ横並びとなり，東日本大震災を契機として，11年は福島支店の数値が4.61と一段と高くなった。下関支店も3.45と依然として高いが，震災の11年を境に，それを大きく上回ったのが，福島支店である。これ以外の支店も，同時期に，大幅に流出率が増加しているが，なかでも下関，福島に加え，前橋，長崎，北九州は，11年の流出率で2を越えている。福島支店は，14年を最高として，15年には数値が下がり，第2位になっているものの，それでも，震災前の水準と比べると高い数値が継続している。

5 交流率と支払超過の関係

次々頁図4には流出率と交流率の相関を示す散布図が描かれている。交流率は，21世紀に入り年度ごとの差は小さいことから，10年の数値を用いた。交流率は，ある地域の総流動のうち，他地域に向けての流動の比率をあらわしている。ここでの交流率は，通勤・通学・衣食住に関する消費といった日常的流動により利用されていると考えられるJR定期による流動を基に算出した。

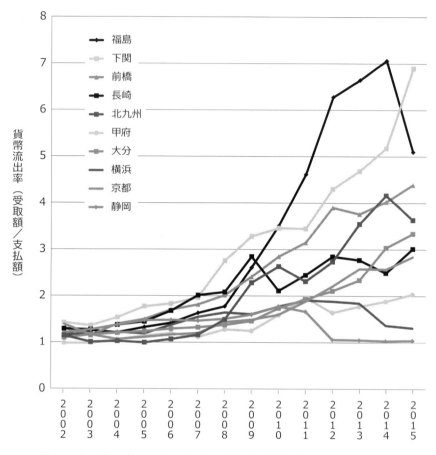

図3　流出率上位10位の支店一覧の流出率推移（2002〜2015年）

　流出率が2を越える5支店の中でも，①域外との交流率が高い下関，前橋，②さほど高くないものの，5〜10％程度の交流率がある北九州，福島，③交流率が極度に低い長崎の，3つに分類することができる。下関，前橋やそれらが管轄するエリアに共通するのは，より大規模な商業中心地へのアクセシビリティの高さである。双子都市と呼ばれることもある，下関と北九州市門司区との間の中心駅同士の距離はわずかに6.3km，北九州市の中心である小倉駅までの距離は11.8kmであり，両駅間のJR電車の運行頻度は，平日で最低でも

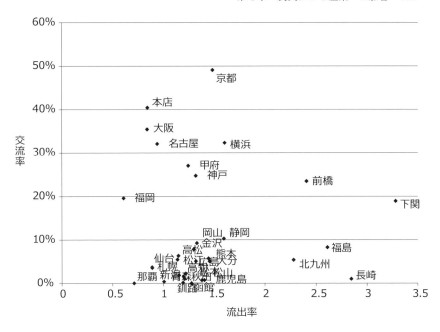

図4 流出率と交流率の相関を示す散布図

1時間に3本以上が運行されている。また，下関支店が管轄するエリアは，山口県全域であるが，その中でも東端に位置する岩国市を中心とする都市圏も，同様に，広島との間に，普通電車で通勤可能なアクセシビリティが確保されている。岩国駅～広島駅の距離は41.4kmで，所要時間は約50分である。運行頻度は少なくなっているものの，通勤・通学需要が低下する昼間の時間帯でも1時間に4本以上が運行されている。同様のことは，前橋支店のエリアである群馬県に関しては，エリア内でのアクセシビリティについては前橋と高崎の中心駅同士の距離は9.8kmであり，所要時間は約15分と，かつ平日の両都市間の運行頻度は10時台を除き，最低でも1時間に3本以上の電車運行がなされている。域内の交流に加えて，域外とのアクセシビリティに関しては，高崎駅から埼玉県の大宮駅までが90.8kmで所要時間が82分で，頻度は1時間に最低で3本以上といったように，埼玉・東京方面への通勤・通学圏形成がなされている。加えて，群馬県・栃木県の県境を跨いで形成されている両毛広

域都市圏（栃木県・群馬県4市5町）の間でも，一定の通勤・通学圏が形成されている。北九州が管轄するエリアに関しては，門司区に関しては一部で下関に向けての消費流出という側面はあるものの，福岡市を中心とした域外に向けての流出という側面が強いと考えられる。中心的である小倉駅と博多駅の距離は67.2kmであるが，両都市間には，JRの普通電車，新幹線，高速バスと，多様なルートが，高頻度で確保されている。なおかつ，福岡市とは同一の県内であることも，相互の交流を促している。

福島，長崎に関しては，それらの管轄エリア内外に，下関，前橋，北九州のエリアが抱えるような，普通電車など安価な交通手段を用いて他エリアとの日常的な交流人口をもたらすだけの通勤・通学圏が成立していない。高速バスや特急・新幹線といった高速交通手段を用いて，近隣の大・中規模な商業中心地への移動は可能ではあるが，買い回り品の購買など非日常的な交流が主である。JR在来線をみると，福島駅から仙台駅までは，普通電車で約85分かかり運行頻度も1時間に1本程度，長崎駅から博多駅までは特急で約110分かかり，運行頻度は1時間に2本程度ある。

両区間は，在来線など安価かつ定時運行が確保されている交通手段による流動が少ないが，補完するように，乗車人員が少なくとも運行が成立する高速バスが，それぞれの区間において1時間あたり1〜3便が運行されている。

図4に示されるように，福島の交流率を，JRの旅客流動からみると，東北地方の中では高いものの，全国と比較すると低く，他地域との交流が稀薄であり，大都市・中規模都市圏から遠隔に位置していながらも，流出率が2011年以降は，急激に高くなった要因は，やはり，震災・原発事故による避難者の発生と，県外への居住が考えられる。家族全員の避難，父親は福島に残るが母子のみが避難のケースが多いと考えられるが，いずれにせよ，県外避難との相関が強いと考えられる。

6　災害時の金融機関の緊急対応策

前項までは，マクロでみた数値であり，震災・原発事故が金融面にあたえるプラス・マイナスの両面をみてきたが，本項では，被災地における復旧・復興時の対策について，個別事例をみていく。

写真1　金融機能が搭載されている移動店舗車（オリックス）

　旧第一地銀に分類され，2017年9月時点でも，福島県内で最も預金・貸出金額のシェアが高いのが，東邦銀行である。同銀行は，原発事故により福島県内や県外に避難している避難者を主たる対象とした，ATMを搭載した移動店舗車を，2012年7月より導入した。移動店舗車は，写真1の金融機能が搭載されている移動店舗車にみられるとおり，2011年8月にオリックスにより販売されているが，福島県内では東邦銀行が初めて導入し，「ふるさと・ふくしま号」と名付けて運行している。移動店舗車は，トラックの荷台に金融機関の機能を搭載し，ローン相談や申し込み，公共料金支払いなどの業務ができるよう窓口カウンターを設置しているものもあるが，東邦銀行は，ATMに機能を限定して導入している。

　2012年7月26日からの運行スケジュールとして，月曜日にいわき市，奇数週の火曜日に南相馬市小高地区，偶数週の火曜日に双葉郡川内村，奇数週の水曜日に広野町と，県内で避難者が集合的に居住する区域や避難指示が解除され生活再建の途上にある地域を巡回した。また，木曜日には米沢市，金曜日には山形市と，県外で避難者が集合的に居住する区域を巡回した。

　途中，移動ATM車の巡回ポイントを変更したものの，2015年9月までは巡回サービスを継続した。その後，警戒区域の見直し，住民の帰還がある程度は進展したために，常設型のATMの設置に，川内，南相馬小高とも至ったために，あえて巡回する必要がなくなり，一旦は，「ふるさと・ふくしま号」

としてのサービスを終了させた。

ただし，移動店舗車自体は，別の車種により継続させていて，「ふるさと・ふくしま号」の終了の5ヶ月前の2015年4月から「とうほう・みんなの移動店舗」として，8t車トラックを用いて，ATM機能のみならず，口座開設，公共料金支払いなど，銀行窓口業務も搭載した移動店舗車を導入し，月曜日と木曜日にいわき，火曜日と金曜日に楢葉町を巡回している。2017年6月現在で，浪江支店・双葉支店の営業が再開され，震災により臨時休業していた東邦銀行の支店は全て再開され，移動車の必要性は薄れているものの，2017年7月時点で，月曜日にいわき，木曜日に広野に，それぞれ，巡回させている。

7　小　括

　金融からみた福島の地域構造を把握すると，2011年3月以降は，東日本大震災・福島第一原発事故という特殊な要因が働き，預金の増加，現金流出率の拡大を特色とする。震災・事故以降，福島県から県外に，強制・自主を問わず大量の避難者が発生していることはよく知られる。復興バブルと言われるように，除染をはじめとした，かつてない規模の復興予算が，被災地に投入され，建設業を始め，一部の業種においては，震災以前の生産高を記録している産業もある。賠償や地震保険などの被災者への支払により，宮城，岩手も含め，被災県の地方銀行の預金残高は，過去最高を記録している。このようなプラスと考えられる側面のみならず，銀行券受払の数値のように，福島県から，県外に相当量の現金が流出しているのも事実である。

　震災・原発事故後，福島県の地域経済は，依然として厳しい面が，流出率の算出によって明らかになったが，日銀受払のデータは，県民経済計算，産業連関表など，発表まで数年のタイムラグを持つ諸指標と比べて，わずか数カ月のタイムラグに過ぎず，数値が公表の即効性がある。

　日銀受払の地域的動向を定量的に捉えていくなどして，復興事業の波及効果が限定的であり，実際の現金は，福島には還流していない実態を明らかにすること，さらに，それを地域に還流する仕組みを考えた上での復興事業を立案することが，国・県・市町村の復興事業において求められよう。

（藤本典嗣）

【謝辞】本稿の執筆にはJSPS科研費基盤研究(S)(研究課題番号25220403,研究代表者:山川充夫)の助成を受けた研究成果を使用しています。

【参考文献】

高橋伸夫(1983)『金融の地域構造』大明堂。
千葉立也・矢田俊文・藤田直晴(1988)『日本の地域構造6 所得・資金の地域構造』大明堂。
藤本典嗣(2017)『都市地理学』中央経済社。
藤本典嗣・厳 成男・佐野孝治・吉高神明(2017)『グローバル災害復興論』中央経済社。
矢田俊文(2015)『矢田俊文著作集第二巻 地域構造論《下》分析論』原書房。

Ⅶ　再生可能エネルギーを活用した復興
——福島のエネルギーの地産地消の持つ意味——

1　はじめに

　東日本大震災によって災害の多い日本でのエネルギー供給システムのあり方が見直される契機となり，東京電力福島第一原子力発電所事故（原発事故）によってそれまでの原発推進体制を見直し，電力システム改革の必要性や再生可能エネルギー（再エネ）の推進が社会的関心事となった。電力システム改革は2016年4月に電力小売り全面自由化によってほとんどの消費者が小売り電気事業者を自由に選択できる状況となった。一方，再エネの推進では2012年7月から固定価格買取（FIT：Feed-in Tariff）制度が実施され，太陽光発電を中心に再エネ事業が急増することとなった。しかしながら，買取価格の引下げや2014年に生じた電力会社の再エネ買取回答保留問題などにより，再エネの急増は陰りを見せている。このように東日本大震災・原発事故以降，日本のエネルギー政策は大きく転換を繰り返し，このような転換の中，福島県では再エネを活用した復興が進められている。

　本章では，原発事故の被害を受けた福島県が復興に向けて再エネを推進することの意味を検討していきたい。以下では，福島県でこれまでどのような取組みが行われ，今後どのような状況に向かっていくのか，そして福島県の掲げる2040年の目標（詳細は後述）に向けて何をしていくべきかを論じていく。

2　再生可能エネルギーによるエネルギーの地産地消への課題

　福島県は2012年3月に発表した「福島県再生可能エネルギー推進ビジョン（改訂版）」（再エネビジョン）にて，「2040年頃を目途に，県内のエネルギー需要量の100％以上に相当する量のエネルギーを再生可能エネルギーで生み出す県を目指します」という目標を掲げている。また，「目標年度の2020年には県内の一次エネルギー供給に占める再生可能エネルギーの割合が約40％を占めている社会を想定」している。2016年度の段階で，エネルギー需要量に占める

再エネ導入割合は28.2％となっており，今後，福島イノベーション・コースト構想に位置づけられている阿武隈山地や沿岸部での風力発電などで2020年度までの目標達成に向けた動きが進んでいる。再エネビジョンでは「100％以上に相当する量のエネルギーを再生可能エネルギーで生み出す」としており，時間や季節などによっては実際に全ての再エネを県内のエネルギー需要に用いるわけではないものの，再エネによるエネルギーの地産地消を目指すものとなっている。

福島県が推進する再エネによるエネルギーの地産地消は原発依存からの脱却に向けた道標であり，大平（2016：4）で福島県における再エネによるエネルギーの地産地消を考慮する上で必要な要素として，「電力としての代替」と「経済的・財政的な依存からの脱却とその代替」の2点を挙げている。前者は原発で生産された電力の消費分を再エネで代替すること，後者は原発立地による地方財政・地域経済への恩恵を再エネで代替することである。ここでこの2点についてさらに説明を加えていきたい。

まず，「電力としての代替」について，FIT制度の導入以降，再エネ事業の普及が進み，地域によっては電力需要の少ない時期の昼間に再エネ（特に太陽光発電）で生産された電力が当該地域の電力消費量を上回るケースが生じ，出力抑制が実施されている。つまり，再エネによる電力生産を増やしたくとも送電系統に接続できず，消費者に供給することができない状況になっている。そのため，再エネ事業を計画しても送電系統に接続できず，再エネ事業を行いたくとも断念せざるを得ない事態が生じている。この是正には，当該地域の

---

(1) 「福島民友」2017年9月1日。
(2) 例えば，2017年3月に九州電力管内の種子島や壱岐で出力抑制が行われている。また，特定の地域内で再エネによる電力の供給量が当該地域の電力消費量を上回るケースは，北海道稚内市の風力発電などですでに問題となっており，そのための送電系統の整備が課題となっている。
　なお，昼間の電力需要は夏季や冬季に高く，春季や秋季は低い傾向にある。これまで夏季や冬季の電力需要抑制に着目されることが多く，いかにピークカットをするかが課題となっていた。これに対し，北九州市ではダイナミックプライシングの実験を行っており，一定の節電効果が得られたことを示している（北九州市（2014）「北九州スマートコミュニティ創造事業の実証成果と今後の展開」）。
(3) その是正対策として福島県では水素の活用が挙げられているが，2020年の東京オリ

送電系統を強化させたり，電力需要を拡大させたりする取組みが挙げられる。後者について，福島県（とりわけ会津地域）の産業振興によって電力需要が拡大し，送電系統の整備が進むことで緩和されるが，そもそも産業振興自体が容易ではなく，福島県に限らずあらゆる地域での課題である。そのため，電力需要が豊富で出力抑制の影響を受けていない東京電力管内に再エネの電力を送電する仕組みなどが必要になってくる。

なお，原発はベース電源として活用されていた背景があり，電力需要の少ない夜間の余剰電力を考慮し，揚水式発電や夜間電力を用いるオール電化の料金メニューがある。これは，電力需要を生み出す取組みである。再エネ（特に太陽光発電）とは電力供給メカニズムが異なるものの，出力抑制が生じそうなタイミングで電力需要を創出したり，市場メカニズムを活用したりしていくことで，再エネ事業の普及を進めることができる。

そして出力抑制の課題の他にも買取価格が低下する中での再エネ事業の普及・拡大が課題である。福島県のエネルギー需要の100％以上を再エネで賄うのであれば，2040年までに計画的に再エネを普及させていくことが求められる。しかし，FIT制度は計画的な再エネの普及は困難な制度であり，福島県の再エネ事業計画も2040年ごろまでのことは考慮されていない。これらの点については後述する。

次に「経済的・財政的な依存からの脱却とその代替」では，再エネを用いて地方財政を豊かにし，地域経済を活性化させることが求められる。原発立地地域では，電源三法などで地方自治体に財政的な恩恵があり，原発の立地から派生して様々な経済的メリットが地域に生じる。では再エネの方はどうかというと，FIT制度実施以降，急激に再エネ事業の計画が増え，特に福島県は一時期，日本で最も多くの再エネ事業が計画されていた。しかし，FIT制度に基づく売電事業の利益は再エネ事業者が得ることになっており，再エネ事業者が福島県内にいなければ，その利益から派生する地域への経済的な効果も福島県内にもたらされないことになる。さらに再エネ事業の多くは継続的

ンピックでの活用が中心的な議論となっている。エネルギー供給のインフラ事業であることを考えれば，2020年以降の長期的な視点が必要である。

な雇用創出効果が薄いため，雇用創出による地域経済へのメリットもあまりもたらされない。再エネ関連で雇用を創出するとすれば，再エネ産業で行う必要がある[(4)]。しかし，再エネ産業自体を継続させ，雇用を創出・維持するためには，再エネ事業の恒常的な普及が必要である。そのため，福島県の復興に向けて求められていることは，再エネ事業が恒常的に導入されていくような仕組みの構築である。

このように，原発に代わり，再エネによるエネルギーの地産地消に向けて大きく2つの課題を示した。次に，原発の代替としての再エネという視点ではなく，原発と再エネとで，経済的スキームがどのようになっており，原発の受け入れ，再エネの普及にどのような違いがあるのかを比較する。

3　原子力発電と再生可能エネルギーの負担メカニズムの比較

（1）原発の負担メカニズム

同じ電力を生産する手段であるものの原発と再エネは一概に比較することはできないが，それぞれの導入に際して特殊な経済スキームを要している。原発は電源三法を通じて地方自治体に対して経済的メリットをもたらし，地域経済に大きく影響を及ぼしている。原発事業自体の費用構造の問題の検証は，大島（2010）や大島（2011）で行われており，電気料金に費用負担が転嫁されていることを論じている。しかし，原発の費用構造自体は公表されているわけではないため，電力会社の有価証券報告書や国の審議会資料などから算出している。大島（2011：112）の「発電の実際の発電コスト（1970〜2010年度平均）」を見ると，原発は10.25円/kWhとなっている。これにはバックエンドコスト（使用済み核燃料の再処理・処分にかかるコスト）が含まれていない。このように以前から原発の費用構造は明らかになっておらず，原発事業の採算性を正確に判断することはできないため，電気料金に費用負担が転嫁されても，電気料金にどの程度の割合を占めているのか判断することは困難である。

一方で，電源三法の電源開発促進税法では，一般電気事業者の販売電力

---

(4)　ここで，再エネ事業とは太陽光発電や水力発電など実際に再エネ電源を用いて発電事業を行っているものを指し，再エネ産業とは太陽光パネルや架台の生産，風力発電の建設など，再エネ事業を対象に関連製品などを製造したり取引したりするような産業を指す。

に電源開発促進税が課されており，販売電力1,000kWh あたり375 円（0.375円/kWh）となっている。そこから特別会計に関する法律，発電用施設周辺地域整備法を通じて，電源立地地域対策交付金などが交付される仕組みとなっている。いわゆる電源三法交付金である。また原発の原子炉に挿入された核燃料の価格などを基準に原発などを有する12道県で核燃料税が設定されている。核燃料税は5年間の課税期間となっているが，更新が可能である。その他にも原発運転開始後からは原発立地市町村に固定資産税の税収が入る。電源開発促進税や固定資産税などは原発を保有する一般電気事業者が納めているが，その原資は電気料金である。そのため，これらを負担している主体は原発を保有する一般電気事業者の電力消費者となる。さらに雇用創出などによって所得税や消費税，住民税などの税収も入ることになる。このように原発立地によって，税収や雇用創出という形で地域に経済的メリットがもたらされる。

　再エネの普及を議論するため，原発の受け入れという視点から原発の地方自治体への税収面について見ていく。井上（2015：124）によると，地方自治体にとって電源三法交付金は国庫支出金に含まれ，その使途に制約があるものの，安定した財源に位置づけられる。一方で固定資産税の税収は自主財源であり，原発立地自治体の歳入構造を見ると，固定資産税をはじめとした市町村税の割合が類似自治体に比べて高いと論じている。このように，原発が立地する地方自治体にとって自主財源の大きさは魅力的であり，その誘致や存続が求められている要因と言える。

（2）再生可能エネルギーの負担メカニズム

　次に再エネ事業の経済スキームを見てみる。FIT制度では，再エネ事業の電源別・出力規模別に買取価格・買取期間が決まっており，発電した再エネの電力は電気事業者（2016年4月以降は一般送配電事業者）に売電することができる。電気事業者は売電された電力を固定された買取価格で買い取ることになる。再エネ事業者はこの売電収入をベースに事業性を評価することになる。費用面では，例えば太陽光発電では事業開始までに土地の取得，造成，架台建設，太陽光パネル等の設備機器購入，電気工事，接続契約などがあり，事業実施中も所得税や固定資産税といった税金，維持管理費などが生じる。

表1 再エネ賦課金の推移

	再エネ賦課金 (従量制の場合)	月に300kWh消費した 場合の再エネ賦課金額
2012年8月~2013年4月	0.22円/kWh	66円
2013年5月~2014年4月	0.35円/kWh	105円
2014年5月~2015年4月	0.75円/kWh	225円
2015年5月~2016年4月	1.58円/kWh	474円
2016年5月~2017年4月	2.25円/kWh	675円
2017年5月~2018年4月	2.64円/kWh	792円

出所:東北電力ホームページ「再生可能エネルギー発電促進賦課金」を参考に著者作成。

一方,電気事業者が買電した再エネの電力の費用は,電気料金を通じて電力消費者が負担している。具体的に説明すると,電気事業者は再エネ事業者から再エネの電力を買取価格で買い取り,電力消費者から電力消費量に応じて再エネ賦課金を徴収し,費用負担調整機関(現在,一般社団法人低炭素投資促進機構が担当)が再エネ賦課金を回収し,全国一律の再エネ賦課金になるように地域間で調整して電気事業者に分配されている。つまり,FIT制度では電力消費者が費用を負担し,電気事業者は支払いを行っていることになる。再エネ賦課金は年々増加傾向にあり,その推移は表1のとおりである[5]。例えば,月300kWh消費する場合の東京電力の電気料金(2017年9月時点)を計算すると,従量電灯B,20Aの場合,基本料金が561.6円,従量料金が7,022.4円(120hWhまでが19.52円/hWh,121hWhから300kWhまでが26.00円/hWh)で,8,376円,再エネ賦課金の占める割合は9.5%となっている[6]。

---

(5) 再エネ賦課金が年々増加する理由は,大平(2016:37)を参照されたい。
(6) なお,電気料金には燃料費調整額や口座振替割引額などがあるがここでは割愛している。また,単純に比較できないが,ドイツでは,電気料金に占める再エネ賦課金(EEG)の割合は,FIT制度を導入して11年後に8.8%,12年後に13.9%となっており,日本はドイツの半分ほどの期間ですでに9.5%に達している。そのドイツでも再エネ賦課金の上昇を抑制すべく,FIP(Feed-in Premium)制度という電源ごとに定められた買取補償水準と電力の市場取引価格の差額をプレミアムとして再エネの電力を買い取る制度に移行している。

これらの再エネ賦課金は電気料金に上乗せしており，電力消費者が負担している。

次に再エネ事業による地方自治体への税収面を見ていく。再エネ事業を行うことで，再エネ事業者は法人税（個人の場合は所得税）や固定資産税といった税金を負担する必要がある（原発も同様）。法人税（所得税）は国税であり，税収は地方自治体に入らないため，再エネ事業による経済的メリットは得られない。一方，固定資産税は地方税であり，再エネの発電設備の償却資産に応じて，償却資産×1.4％の税収を得ることができる。よって，地方自治体にとっては，償却資産の大きい再エネ事業を当該地域で実施することで，より多くの税収を得ることができる。

（3）原発と再生可能エネルギーの負担メカニズムの比較

これまで論じてきたように，原発と再エネ事業とで，それぞれの費用は電気料金に上乗せされ，電力消費者が負担している点は共通しているものの，原発は電気料金に費用状況が示されていない一方で，再エネは電気料金に再エネ賦課金という形で明示されている。再エネ賦課金は上昇の一途をたどっているが，再エネ事業の増加とともにその上昇を回避することは困難である[7]。

また，再エネ事業は，FIT制度に基づくと発電事業の場合，15年間～20年間の買取期間が設定されているため，再エネ事業自体を更新しない限り，固定資産税の税収は期間限定になる。さらに買取価格が低下していくため，新たに更新して再エネ事業を行うか不確実な要素が大きい。一方で原発は40年間の稼働期間が設定され，さらに延長認可に合格すれば延長も可能である。その間，地方自治体には核燃料税と固定資産税が税収として入る。

固定資産税に着目すると，固定資産税は償却資産に応じて税収が決まるため，より多くの再エネ事業もしくはより規模の大きな再エネ事業が行われることで固定資産税の税収も増加する。しかしながら，原発の持つ償却資産は再エネの償却資産に比べて非常に大きく，期間も考慮すると，原発受け入れによ

---

(7) 仮に原発の費用負担が上昇し，電気料金を引き上げる必要がある場合，経済産業省の電気料金審査専門小委員会の認可を受けるなどの手続きが必要である。

る税収の大きさは再エネの比ではない[8]。

このように，原発も再エネも税負担はそれぞれ実施主体が行っているものの，地方自治体にとって経済的メリットが大きいのは原発の方である。この決定的な問題は発電できる量の違いであると言える。発電できる量が多ければその分，収入を多く得ることができ，それだけ納税や地域還元が可能である。再エネは発電所あたりの発電量が少ない上，再エネ事業者も様々で，再エネ事業自体が分散的に行われているため，まとまった形での地域還元が難しい。固定資産税の税収も，再エネ事業の数を増やしていくことで，少しずつ増やしていくことになる。ただ，原発と異なり，比較的どのような地域でもその地域に合った再エネを導入することができることは，再エネが有するメリットと言える。

再エネ事業は地方自治体にとって税制的に経済的メリットが得られづらく，再エネ事業を導入するインセンティブが弱く，逆に大規模開発を行いたい再エネ事業などへの調整などで負担が強いられることもある。このような課題がある中，再エネ事業を推進する福島県の再エネ政策に関する取組みを示し，再エネによるエネルギーの地産地消への課題を検討していきたい。

4 福島県の再生可能エネルギーの取組みと提案

(1) 福島県の再生可能エネルギーの導入状況

これまで，原発に代わり，再エネによるエネルギーの地産地消に向けた課題を示し，原発が持つ経済的メリットの大きさに比べて，再エネ事業ではFIT制度に依存して地方自治体にとって財政的な側面から経済的メリットの少なさを論じてきた。

福島県は県の再エネ政策として2040年ごろまでの再エネによるエネルギー

---

(8) 原発の償却資産については，井上（2015）にて取り上げられている。具体的な数字については，全国原子力発電所所在市町村協議会で示されており，1年目で約36億円，2年目で約31億円と徐々に減っていき，井上（2015：39）によると運転開始20年目に課税最低限度の約2億円で一定となる。一方，再エネの償却資産について，2016年12月に行われた経済産業省調達価格等算定委員会（第28回）資料2を見ると，例えば太陽光発電の場合，システム費用をkWあたり25.1万円としている。1MWの場合，2億5,100万円となる。仮にこれを償却資産とすると，固定資産税は2億5,100万円×1.4％で351.4万円となる。

の地産地消の目標を掲げ，再エネ事業の普及と再エネ産業の支援を行っている。実際に原発事故の被災地である福島県が再エネによるエネルギーの地産地消を実践することで，原発に依存せず，原発から脱却できることを示すことになる。以下では，福島県の再エネ政策について取り上げ，2040年の目標に向けた課題を示し，その解決に向けた提言を行う。そして再エネの普及に向けた提言として，県南地域（白河地域）の事例について論じる。

　福島県では，再エネ事業の導入促進と再エネ関連産業の支援の2つの政策が行われている。福島県内の再エネ事業を支援する団体などで多少の組織再編はあるものの，2012年3月に発表された再エネビジョンに基づく取組みが継続されている。再エネによるエネルギーの地産地消の目標は福島県の独自の目標であるが，年度末の駆け込み需要や，年を追うにつれての駆け込み需要の減少といった日本のエネルギー政策の動向に大きく影響を受けている。次頁図1は，福島県の太陽光発電の認定容量とその稼働率の推移を示したものである[9]。福島県の特徴として，規模の大きなメガソーラー事業の計画が多い一方で稼働率が低いことが挙げられる。稼働率が低い理由としては太陽光発電設備のコスト低下を待つといった経済的要因が考えられるが，避難区域で計画しているものも少なくない[10]。次頁表2は，太陽光発電以外の再エネの導入量の推移を示したものであり，風力発電や水力発電，バイオマス発電が増えており，この表に反映されていない再エネ事業もあり，今後の増加も期待される。さらに福島県内では浮体式洋上風力発電の実証研究が行われていたり，イノベーション・コースト構想の阿武隈山地などでの風力発電計画が進められたりしている。ベース電源や調整電源になりうる電源である水力発電やバイオマス発電も少しずつ増えている状況である。このようにFIT制度による太陽光発電の普及がある中，福島県としても様々な取組みを行い，再エネの普及に努めている。

---

(9)　なお，10kW未満の住宅用太陽光発電は買取期間10年であるが，件数自体は多いものの合計出力は小さいため，ここでは割愛している。
(10)　双葉郡の8町村と飯舘村の9町村の2017年3月末時点の10kW以上の太陽光発電事業の設備認定と導入状況を見てみると，設備認定を受けたものが530件（うちメガソーラーは59件），導入に至ったものが193件（うちメガソーラーは10件）となっている。

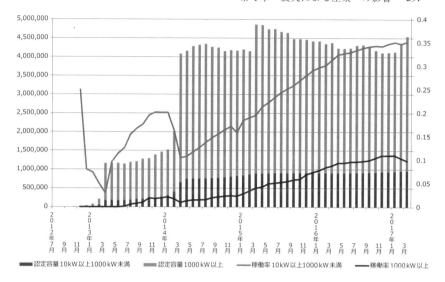

図1 福島県の太陽光発電の認定容量（kW）と稼働率（%）の推移

表2 福島県の各年度末の再エネ導入量（kW）の推移

		13年度	14年度	15年度	16年度	17年度
風力発電設備	20kW未満	0	0	0	0	64.3
	20kW以上	0	0	16,000	16,000	16,000
水力発電設備	200kW未満	0	0	0	643.5	643.5
	200kW以上1MW未満	0	0	990	1460	1460
	1MW以上30MW未満	0	0	0	13,040	13,040
地熱発電設備	15MW未満	0	0	0	440	440
	15MW以上	0	0	0	0	0
バイオマス発電設備	メタン発酵ガス	0	0	25	25	25
	未利用木質（2MW未満）	5,700	5,700	5,745	45	45
	未利用木質（2MW以上）				5,700	5,700
	一般木質・農作物残さ	0	0	0	0	0
	建設廃材	0	0	0	0	0
	一般廃棄物・木質以外	0	0	0	0	0

出所：図1，表2 資源エネルギー庁「固定価格買取制度情報公表用ウェブサイト」より作成。

（2）福島県の再生可能エネルギーによるエネルギーの地産地消に向けた課題と提案

このように福島県では再エネの導入が進んでいる。2020年ごろまでの福島県の目標達成に向けて，まだ稼働していない太陽光発電事業や阿武隈山地での風力発電事業などが動き始めると思われる。しかし，そこから先の2030年，2040年の目標達成は不透明な情勢である。さらに問題となるのが，FIT制度が実施された2012年の20年後（地熱発電は15年後）の2032年以降，買取期間の終了を迎える再エネ事業（ほとんどが太陽光発電事業）である。図1や表2で示されている再エネ事業は順次，買取期間の終了を迎える。この点についてはドイツの事例（競争力のある有力な電源として位置づけ）を踏まえ，大平（2017：124）で触れているが，再エネ設備を撤去するか，電気事業者と買取条件について個別に合意を得るかになる。その他に，太陽光パネルやパワコンなどをリプレイスし，新たな再エネ事業として，FIT制度の設備認定を受けるかも選択肢として挙げられる。再エネ事業を継続するには，電気事業者と買取条件について合意を得るか，リプレイスをするかになる。そのときの買取価格にもよるが，グリーン電力証書と通常の電力としての売電価格といったことも選択肢になってくる。リプレイスした上で新たに設備認定を受けたときの買取価格よりも，再エネが持つグリーン電力証書の価値分と電力としての売電価格を合わせた価格の方が高ければ，リプレイスすることなく，既存の再エネ設備を活用することができる。グリーン電力証書の価値は環境価値の取引市場によって左右されることから，2032年以降，どちらが優位かは判断できないが，選択肢の一つになってくる。この問題に対する取組みを行わなければ，2040年を前に再エネ事業の大きな後退が生じてしまう。

再エネによるエネルギーの地産地消に向けて再エネ事業の普及に取り組むことは地方自治体にとって経済的メリットは少ないものの，福島県が2040年という長期の目標を持って再エネ事業を推進することで，福島県内の市町村にとっては安心して再エネ事業を推進できることになる。あとは地域に経済的メリットがもたらされるような仕組みが必要である。地域に経済的メリットをもたらすには，地域の資源を活用して，地域に利益が還元されることが第一に挙げられる。そして再エネによるエネルギーの地産地消においても，自然環境や

産業などの地域の特性を踏まえる必要がある。自然環境が分かればどのような再エネ事業を行うことができるか判断でき，産業が分かればエネルギー需要の対応や後述する地域産業と再エネ事業の連携を促進させることができる。その地域の特性を最も把握し，直接関係しているのは地域住民であり，その特性を活かして政策に反映させることができるのは市町村といった地方自治体である。よって地域の特性を活かして再エネ事業を行い，その再エネ事業に地方自治体が支援し，再エネ事業から得られる利益を地域に還元する仕組みを構築できれば，地域にも経済的メリットがもたらされる。つまり，地域資源を活用した再エネ事業を地域住民が担い，再エネ事業が地域に経済的メリットをもたらし，それが結果として再エネによるエネルギーの地産地消につながっていることになる。

　従来から，福島県は自然環境や文化，産業などから7つの地域に分けることができる。その地域の特性を生かし，上記のことを踏まえてエネルギーの地産地消を図ることは，Ohira（2017：159）で言及している。まず地域内のエネルギー需給の状況を把握し，次に地域間で需給調整を図りつつ，県外へのエネルギー供給を行うというものである。改めてこれらの点について近況を考慮して再検討すると，最初の地域内のエネルギー需給の状況把握は地域資源を活かして利益を得る機会を見出すものであり，どのような地域資源があるのかをきちんと把握することである。地域間での需給調整は，1つの地域でエネルギーの地産地消を行うことは困難であり，必然的に地域間で協力が必要である(11)。そして既述した送電系統の問題に対して現在，福島県で進められている送電系統の整備は，県外へのエネルギー供給を行うという点に該当し，県外から利益を得るためにも必要不可欠な取組みである。よって，地域住民や地方自治体が関与して再エネ事業の普及していく際に重視すべき点として，地域内のエネルギー需給の状況把握が挙げられる。その状況把握を行って再エネ事業につなげている取組みを，白河地域を例に詳しく取り上げる。

---

(11)　再エネに適した自然環境などを有する地域もあれば，経済活動が活発で各種産業で省エネに貢献できる地域もある。その地域の特性を活かすためにも，地域間での連携が必要である。

(3) 白河地域の地域産業と再エネ事業の連携

　白河地域では震災直後の 2012 年 1 月に白河地域再エネ推進協議会を設立させ，再エネ事業を推進してきた。いち早く太陽光発電事業を展開したり，企業の業種の特徴を活かした再エネ事業を実施したりしている。例えば，建設業を営む企業が地元の間伐材を太陽光発電設備の架台の材料として用いたり，地元の温泉施設にバイオマス熱電併給プラントを設置して，燃料（燃料の材料も地元から調達）も供給しながら熱と電力を供給していたりと，地域に密着した再エネ事業を展開している。

　再エネ事業を実施する上で必要となるものを地域資源とすると，様々なものが挙げられる。白河地域の例で言うと，バイオマス発電の木質燃料や太陽光発電事業を行う土地だけでなく，それらの事業を担い，様々な専門性を持つ企業，そしてそこで働く人たちが持つ技術も一種の地域資源と言える。そしてバイオマス熱電併給プラントの導入には，エネルギー需要を把握し，熱と電力がどの程度必要なのか，燃料となる木質ペレットはどのくらい必要なのか，その量を地域資源から調達できるのかといったことを検討する必要があり，部分的なものとはいえ，地域内のエネルギー需給の状況把握の具体例になる。エネルギー需要は家庭や様々な産業で求められており，特に産業については，時間，時期，景気など，様々な要因で変化する。その要因を把握し，併せて再エネ事業を展開することで，効率的にエネルギーの地産地消につなげることができる。

　さらに建設業を営む企業が間伐材を太陽光発電設備の架台に用いている事例では，建設業の技術を活用している。このように地域の産業のノウハウを再エネ事業に活用する連携という視点は，再エネ事業を行う企業の本業の方に利益をもたらしつつ，再エネ事業を増やす新しい視点になる。白河地域再エネ推進協議会のメンバー企業の中には，再エネ事業を通じて，本業での販路拡大や新規顧客の増加に至ったり，社内組織の団結の強化や新規事業への参入意欲の向上といった社内のビジネス行動が向上したりといった効果が得られている。このように，地域の企業が本業を活かして再エネ事業に取り組むことで，企業に正の効果をもたらし，さらに再エネ事業による利益は企業内に入り，地域社会への寄付や企業で働く人たちの地域での消費活動などを通じて地域

に利益が還元される。

　再エネによるエネルギーの地産地消は地域のエネルギー需給の状況把握が必要不可欠で，白河地域ではそれが行われていると言える。規模的にはまだまだ拡大していく必要はあるものの，地域に根差し，地域に利益が還元されるような再エネ事業が今後も増えていくことで，それがエネルギーの地産地消につながっていく。

5　おわりに——エネルギーの地産地消に向けて——

　再エネによるエネルギーの地産地消は，複雑で困難な課題があり，地方自治体にとって原発に比べて経済的メリットが少ないものの，福島県では再エネを用いて，東日本大震災・原発事故からの復興と，その先の再エネによるエネルギーの地産地消を目指している。そのためにも2040年の目標に向けて，長期的な取組みが求められている。白河地域の取組みのように，地域のエネルギー需給状況を把握し，地元の企業などによる再エネ事業の展開が望まれ，そのためにも地域資源の把握，そしてその活用が必要不可欠になってくる。

　その一つのヒントとして，高知県梼原町の事例が挙げられる。梼原町は環境モデル都市として認定を受け，国内外で知名度が高い。カルスト台地の上での風力発電をはじめ，中学校の隣りでの小水力発電（昼間は学校で，夜間は街路灯で自家消費），町産木材の活用など，積極的に地域資源を活用している。その地域資源の発掘過程は，地域住民のつながりの深さが一つの要因に挙げられる。梼原町では1960年代に大雪で孤立する事態が生じ，その経験から地域住民とのつながりと協力体制が形成されていった。現在もそのつながりは健在で，梼原町役場に対しても積極的に町民から要望を出してる。その要望も，単に個人が勝手に出すのではなく，地域住民の意見を集約して出されている。再エネ事業に関しても，地域住民が地域のことを考えて，様々なことに問題意識を持って，要望を出しており，環境モデル都市に選ばれたのも必然であったと考えられる。

　福島県が再エネを用いてエネルギーの地産地消を図るためには，今一度，地域資源の見直しが必要となってくる。これは，FIT制度が大きく転換した今だからこそ，必要なことである。自然環境や産業，土地などの資源の他にも，

白河地域の事例のように，企業やそこで働く人の持つ技術や知識も，再エネに活用できる資源になってくる。

そして最後に，2040年は20年以上先のことであり，今の子どもの世代，これから生まれてくる世代が成人して社会で活躍している時期である。そのためにもエネルギー教育を行い，様々な形で再エネ事業に係れることを，継続して伝えていくことが必要である。

（大平佳男）

【謝辞】本稿の執筆にはJSPS 科研費基盤研究(S)（研究課題番号25220403，研究代表者：山川充夫）の助成を受けた研究成果，及びJSPS 科研費若手研究(B)（研究課題番号16K20926）の助成を受けた研究成果の一部を使用しています。

【参考文献】
井上武史（2015）『原子力発電と地方財政』晃洋書房。
大島堅一（2010）『再生可能エネルギーの政治経済学』東洋経済。
─── （2011）『原発のコスト──エネルギー転換への視点』岩波新書。
大平佳男（2016）『日本の再生可能エネルギー政策の経済分析──福島の復興に向けて』八朔社。
大平佳男（2017）「日本のエネルギー政策がもたらす福島県の再生可能エネルギー事業への影響に関する考察」『福島大学うつくしまふくしま未来支援センター年報2016年度』。
Ohira, Y., "Renewable-energy policies and economic revitalization in Fukushima", M., Yamakawa, and D., Yamamoto, Rebuilding Fukushima, Routledge, 2017.
全国原子力発電所所在市町村協議会「原子力発電所に関する固定資産税収入と電源立地促進対策交付金」http://www.zengenkyo.org/（2017年9月7日最終アクセス）。
東北電力ホームページ「再生可能エネルギー発電促進賦課金」https://www.tohoku-epco.co.jp/dbusiness/renew/renew_assessed.html（2017年12月8日最終アクセス）。
福島県（2016）「福島県における電源立地地域対策交付金に関する資料」https://www.pref.fukushima.lg.jp/sec/11025c/energy1010.html（2017年9月7日最終アクセス）。

第5章　海外の動向と防災教育

I　グローバル・イシューとしての防災と災害復興

1　防災に関する世界の認識

　災害は被災した人々の生命や財産，地域が積み重ねてきた社会資本を一瞬にして奪うものであり，人々の安全を直接脅かす「恐怖」であると同時に，被災後の人々に「欠乏」をもたらす要素ともなり，人間の安全保障（人間の生にとってかけがえのない中枢部分を守り，すべての人の自由と可能性を実現すること）の根幹をおびやかすものである。2015年3月に仙台市で開催された第3回国連防災世界会議において，災害とは，地震や台風などの自然現象や人為的な事故といった，人に危害を及ぼす潜在的な脅威（ハザード）が，人命や経済，環境など人間社会に具体的な影響を与えるものであるという認識が共有された。また，同会議の成果文書である「仙台防災枠組2015-2030」では，防災と災害復興は国際社会が協力して取り組む開発上の重要課題であることが確認された。

　大規模な災害が発生すると，被災国のみでの救援活動や復旧・復興は困難となり，国際的に多くの支援の手が差し伸べられる。一方で近年，経済のグローバル化に伴い，ある国で起こった災害による経済活動の麻痺が世界各国の生産活動にも影響を及ぼしている。2011年の東日本大震災やタイの洪水被害では，電子部品や自動車部品などのサプライチェーンへの影響により，各国の生産活動が停滞し国際市場を混乱させた。また，大規模な災害は国境を越えた避難民を発生させ，国際情勢の不安定要因ともなる。このように，これまで主として人道的な見地から行われてきた国際的な災害復興支援について，経済的，政治的な観点からも考える必要性が増している。災害への対応は一義

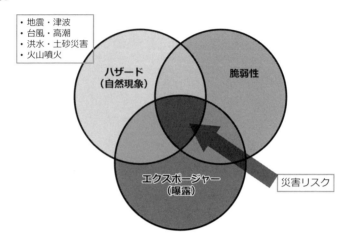

図1　災害リスクとは

的には主権を持つ各国の責任であるが，持続可能な社会のために不可欠なグローバル・イシューとして各国が協力して，取り扱うべき課題である。

本稿では，東日本大震災以降に世界で発生した津波や台風などの大規模災害に関する現地調査をもとに，災害リスクの削減と被害軽減，持続可能な社会のための開発と防災について考察する。

2　災害リスクを決定する要因

地震や台風，火山活動などの自然現象は，その発生自体が災害というわけではない。自然現象が人間活動の行われている地点に作用して，その力が人間社会の適応する力を上回った場合に被害が発生し，この時に災害が発生したと認識される。災害による被害程度は，自然現象というハザードの外力と，人間社会がどれだけ自然現象にさらされているか（エクスポージャー），および社会の脆弱性の3つの要因から決定される（図1）。

エクスポージャーとは，自然現象の発生する地点の近く，例えば洪水や高潮に襲われる河川敷や海岸などで高いため，このような場所に居住しないよう土地利用を見直すことや，堤防や防潮堤のような構造物対策を行うことで，災害リスクを減らすことができる（次頁図2）。

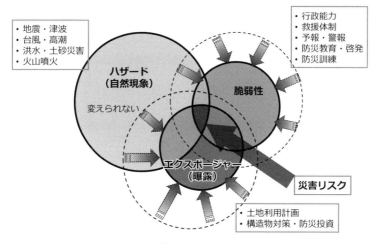

図2　災害リスクの削減

　脆弱性は，予警報や防災教育，災害発生を想定した事前の計画策定により，被害の発生前に人が適切な行動をとれるようにすることで，減らすことができる。そのためには予警報を発出し，防災計画を作る行政能力や，住民の適切な行動を促す地域コミュニティの自発的な活動が欠かせない。人間は地震などの自然現象そのものをコントロールすることはできないため，災害のリスクと被害を減らすにはエクスポージャーと脆弱性を減らすことが必要である。

　近年は，災害の発生頻度の増加や被害規模の拡大が世界規模でみられる。その要因としては，都市への人口の集中と都市域の拡大によって，それまで人が住んでいなかった河川敷や傾斜地への居住，地域コミュニティの関係性の希薄化など，エクスポージャーと脆弱性の増大とともに，気候変動による極端な気象現象の頻発のようなハザードの変化も一因である。

　国連大学が発行するWorldRiskReport 2016では，地震・津波や火山噴火，大型低気圧など災害を引き起こす自然現象の発生度合いが世界でも高い（＝ハザードが大きい）国々のランキングを発表している（次頁表1）。ここでは太平洋の小島嶼国や日本を含むアジア，中南米の国々が上げられている。

　一方，実際に災害が発生するリスクが高い国のランキング（次頁表2）では，日本やチリのように経済的に発展している国々がランキング外となり，低位開

表1　災害発生確率の高い国

1	バヌアツ
2	トンガ
3	フィリピン
4	日本
5	コスタリカ
6	ブルネイ
7	モーリシャス
8	グアテマラ
9	エルサルバドル
10	バングラデシュ

表2　被災リスクの高い国

1	バヌアツ
2	トンガ
3	フィリピン
4	グアテマラ
5	バングラデシュ
6	ソロモン諸島
7	ブルネイ
8	コスタリカ
9	カンボジア
10	パプアニューギニア

出所：表1, 2 The World Risk Report (2016) から著者作成。

発途上国に分類される国々が上位を占めている。これは先進国においてはハザードが大きくとも，エクスポージャーや脆弱性を減らすことで災害リスクが抑制されている一方，島嶼や低平なデルタ地帯，プレート境界近くの開発途上国では，ハザードが大きい上にエクスポージャーや脆弱性を減らす取り組みが十分ではないためである。

3　ソロモン諸島津波災害

　南太平洋の島国，ソロモン諸島では，東日本大震災以後初めてとなる，マグニチュード8クラスの地震と人的被害を伴う津波災害が2013年に発生した。同国東端のサンタクルス諸島を中心とするテモツ州は12の島嶼からなり，人口21,000人，ほとんどの住民が自給的な漁業，農業に従事している。現地時間2月6日の正午過ぎに，州都のあるネンドー島の西北西33キロメートルを震源とするマグニチュード8の地震が発生，その数分から十数分後，ネンドー島各地に6メートル以上の津波が襲来した。この津波により島内の全家屋の約半数，1,000戸が被害を受け，うち500戸以上が全壊，死者は9人であった。

　地震の揺れから数分で津波が襲来したため津波警報は間に合わず，住民の大半が居住する沿岸部の村々が大きな津波に襲われた。しかし，津波の大きさに比べて住民の中の死傷者の割合は，スマトラ沖など他の津波災害に比較

して軽微であった。

　被災住民から発災時の状況と行動，被災前の津波に対する認識，避難生活の状況について聞き取り調査を行ったところ，多くの住民が津波発生の数週間前までに，教会などで東日本大震災のビデオを視聴し，大きな地震の後は津波の危険があること，すぐに高台に逃げることなど，津波に対する啓発プログラムを受けていたことがわかった。高台避難のための経路の確認などもいくつかの村で行われており，多くの住民がこれに従って迅速に避難していた。さらに，厳しい環境の離島での生活と就労を通して自然を熟知していることから，海面の不自然な動きなど，地震後の異変を察知して避難行動をとった者もいた。

　また，小さいコミュニティの中で住民同士は皆，顔見知りであり，避難の際には老人などの要援護者を連れて，お互いに声を掛け合いながら避難行動をとっていた。

　ソロモン諸島は低位開発途上国に分類される国で，中でもこの津波で被災したネンドー島は離島部で防災のための構造物対策も全く施されていなかったが，伝統的社会のなかで家族やコミュニティの結びつきが強いという「社会構造」，自然との共生という人々の「生活様式」，住民自身の「危険察知と避難」，そして「啓発・教育」という4つの要因から，被害は最低限に食い止められたと考えられる。

4　ソロモン諸島洪水災害

　ソロモン諸島では津波の翌年，2014年4月上旬に首都ホニアラのあるガダルカナル島で大雨が続き，ホニアラを含め多くの洪水が発生した。死者22人，被災者は5万人以上，流出家屋250棟以上の大規模な災害となった 。ホニアラでは町の中心部を流れる川の沿岸で，大規模な河岸浸食と越水，橋梁の流失が発生し，特に中心商業地であるチャイナタウンでは多くの商店が浸水し，交通も寸断されて経済活動にも大きな支障をきたすこととなった。

　被害を受けた河岸近くの地区は，マレーシア系華僑の住宅と商店が集まっている他，ガダルカナル島外から移住してきた住民が多い。被災者には現金収入の機会を求めて離島からやってきて河口近くに不法居住している住民が多く含まれた。彼らは資産や安定した収入もなく，所有者のいない河岸や海岸周

辺を占拠するようになっていた。

　河岸や海岸はもともとハザードが大きい土地である．行政による洪水対策が進まない中，マレーシア系華僑は商業活動による収入によって自費で護岸を整備していたが，貧しい離島出身者は危険な状態に手が付けられず，災害リスクが高いままに居住していたため，大きな被害を受けた．

5　フィリピン台風災害

　2013年に発生した台風30号（ハイアン，フィリピン名ヨランダ）は，太平洋上で勢力を増しながら，パラオ，フィリピン，ベトナムの各国に大きな被害を与えた．11月8日早朝にフィリピンのレイテ島に接近した時には中心気圧895ヘクトパスカル，最大瞬間風速90メートルの超大型台風となっていた．フィリピンでは死者6,000人以上，被災家屋110万戸以上の大きな災害となった．

　大きな被害を受けたレイテ州の州都タクロバン市は，レイテ湾の最奥部に位置する人口22万人の港湾都市で，フィリピン国内でも有数の経済成長と人口増加を示していた．しかし急速な人口の増加に都市整備は追い付かず，多くの人々が本来居住を許されていない海岸部に住居を建てて住んでいた．また，防潮堤の整備や病院など重要施設の強靭化，安全な避難路・避難場所の確保などの対策も遅れていた．

　タクロバン市とその周辺にフィリピン気象局は台風上陸の前日7日の夕刻，台風と高潮の警報を発表し避難を促していた．しかし住民の多くは避難をせず，海岸近くの自宅に残っている間に身動きが取れなくなり，5メートルを超える高潮により犠牲となった．被災者への聞き取りでは，警報は聞いたものの，警報にある「高潮」という現象が具体的にどのような危険を及ぼすものか理解できなかった，という声が多く聞かれた．もともと適切な土地利用が行われていなかったこと，構造物対策や重要施設の安全対策備が不十分であった土地に居住し，さらに災害に対する理解が十分でなかったことが加わり，多くの犠牲者を出すとともに，生存者も家や仕事を失った．

　一方，バランガイ（地区コミュニティ）のリーダーが住民に対して強く避難を促したことで，ほとんど犠牲者を出さなかった地区もある．警報を正しく理解すること，そして近隣住民との信頼関係やリーダーの存在などコミュニティの危

機対応能力が，地区ごとの被害の程度に大きく影響している。

　この台風被害を重く受け止めたフィリピン政府は，Build Back Better（より良い復興）を理念として掲げた復興計画を策定し，次なる災害に対する備えを含めた街づくりに，JICA（独立行政法人国際協力機構）などの支援を受けて取り組んだ。JICAはこの計画を実現するため，ハザード分析をもとに沿岸部の土地利用制限や海岸沿いの道路の嵩上げ，重要施設の内陸部への移設など，再度の災害に備えた復興計画の策定や，被災住民の生計向上支援，避難計画の策定などを支援している。また，東日本大震災により被災した宮城県東松島市や民間団体の協力により，自治体職員の能力向上や地場産業育成などの支援が継続的に行われている。

6　災害復興と次の災害への備え

　多くの自然災害は同じ場所で繰り返し発生する。台風のように毎年のように襲来するものや，プレート境界の大規模地震と津波のように十年，百年単位で繰り返すものもあるが，いずれの災害も人々の生命や財産，平穏な日常生活に加え，それまで積み重ねてきた経済的，社会的な資産を脅かすものである。

　仙台防災枠組では，災害に対する事前の備えに投資することにより，被害とリスクを軽減することの重要性が強調されている。しかし開発途上国では，教育や保健など様々な開発課題とのトレードオフがあり，限られた予算を防災に割り振ることに為政者のモチベーションは働きにくい。一方日本では，第二次大戦後の復興過程において，度重なる自然災害がそれまでの復興の努力を水泡に帰してしまうという経験を踏まえ，政府，自治体による治水施設の整備や，たとえコストが高くなっても厳しい建築基準を適用するなどの取り組みが進んだことで，ハザードは大きいが脆弱性の低い国を作ってきた。このような日本の経験は，多くの開発途上国の手本となるものである。

　近年ではフィリピンも，治水はじめ防災への予算配分を大幅に増やし，中期計画の目標として強靭な国づくりを掲げている。しかし多くの開発途上国ではいまだに，いつ起きるかわからない災害への備えよりも，目の前の経済発展に主眼を置いた政策が進められ，結果として災害による被害を受けて，それまでの開発の成果を失うことが多い。

そのような開発途上諸国でも，災害により大きな被害を受けた直後は，再度の災害に備えようとのモチベーションは働きやすくなる。このため仙台防災枠組では，不幸にして災害に見舞われたことを奇貨として，インフラの復旧や産業の復興，そして地域社会の再構築を通じて，災害前よりも強靭性の高い社会をつくる「より良い復興(Build Back Better)」を優先行動として採り入れた。Build Back Betterは建物や公共インフラなどの物理的な復興だけでなく，被災住民の生活再建，生計向上や，地域経済，社会，文化の再興も含めた，より強い社会への復興を目指す考え方である。被災を次の災害に備える契機として積極的にとらえ，災害復興を被災地域の住民生活や産業の将来像を念頭に置いた都市計画や産業政策へと結びつける，Build Back Betterの理念の普及と実践が望まれる。

7 開発段階ごとの防災の取組み

ソロモン諸島の津波のように，防災に配分できる予算が少ない開発途上国の，人口や経済的な集積が著しく少ない離島や村落部のような地域では，公共投資による構造物対策は現実的ではない。一方で，防災教育や避難訓練の実施は人的被害の軽減に有効であり，また厳しい環境を協力し合って生き抜く村落の伝統的社会の人々の結びつきは，地域全体の防災力の源泉ともなる。公助の部分は弱くとも，自助，共助を強化することで人的被害を減らすことができる。

一方，同じソロモン諸島の首都ホニアラの洪水では，村落や国外から移住した住民が十分な構造物対策がなされないままに災害リスクの高い土地に居住し，大きな被害を受けた。ここでは災害に対する備えが十分ではなく，地域社会の結びつきも弱かった。

ソロモン諸島のような低位開発途上国では，都市部においても十分な構造物対策を実施することは財政的に制約がある。しかしながら，河岸や海岸の災害リスクの高い土地には居住させない都市計画の策定と執行，また住民への防災教育と早期警報の確実な伝達により，人的被害を減らすことは可能である。

村落でも都市でも，構造物対策は行わずに防災教育と避難を中心的な取組

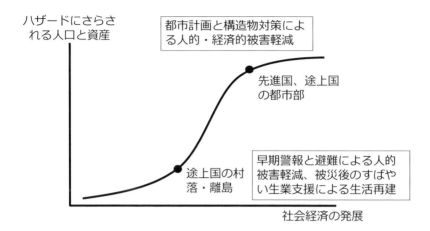

図3　開発段階ごとの被害軽減策

みとする場合は，家屋や生業の場などへの物理的な被害はある程度受容することとなるため，迅速に生活再建できるよう被災者支援についてあらかじめ準備しておくことが必要である。

　フィリピンのように，開発途上国であってもある程度経済発展が進んでいる国では，人口や資産の集積する都市部においては被害を受けてから復旧を図るよりも，あらかじめ構造物対策を行って被害を減らす取り組みの方が経済的に有利である。さらに構造物によって資産を物理的に守ることができるのであれば，おのずと住民の人的被害も減少させることができる。

　このように，その地域の経済発展の段階や人口規模，社会の状況によって，主眼を置くべき防災施策は変化する。経済開発が進んでおらず人口が少ない地域では，防災教育や早期警報のような避難を中心とした命を守る対策と，被災後早期の生活再建支援が有効である。一方，都市部では，一旦災害が起きたときの人的，経済的被害が甚大となるため，被害を物理的に軽減する構造物への防災投資の費用対効果が大きい（図3）。

　もちろん日本のように構造物対策を高いレベルで施しても，人的被害のリスクはゼロにはならないので，防災教育や避難路の確保，備蓄など被災に備えた準備は依然として必要である。

また，先進国であっても，構造物対策に頼った防災が今後も効果的とは限らない。2014年8月に広島市で発生した豪雨による土砂災害では郊外の新興住宅地が土石流により破壊された。近年増加する記録的な豪雨により，これまで大きな災害が起きていない場所でも，災害リスクは大きくなっている。一方で，潜在的に災害の発生リスクが高いと考えられる地点すべてに十分な構造物対策を行うことは現実的ではなく，高齢化が進んでいる集落では避難行動も容易ではなくなる。人口減少の進む災害大国・日本では，防災の視点から人々の住まい方，土地利用を再考することも必要となる。

（三村　悟）

【謝辞】本稿の執筆にはJSPS科研費基盤研究(S)（研究課題番号25220403，研究代表者：山川充夫）の助成を受けた研究成果を使用しています。

【参考文献】
オリエンタルコンサルタンツグローバル・建設技研インターナショナル・パシフィックコンサルタンツ・八千代エンジニヤリング・パスコ「フィリピン国　台風ヨランダ災害緊急復旧復興支援プロジェクトファイナルレポート」(独)国際協力機構，2015年。
三村悟・金谷祐昭・中村洋介（2013）「2013年ソロモン諸島地震・津波災害における住民の避難行動」『福島大学地域創造』25 (1)，pp.75-85。
三村悟（2016）「太平洋島嶼国の自然災害と防災協力」黒崎岳大・今泉慎也編『太平洋島嶼地域における国際秩序の変容と再構築』pp.173-214。
The World Risk Report (2016) UNU-EHS and Bündnis Entwicklung Hilft, https://ehs.unu.edu/blog/articles/world-risk-report-2016-the-importance-of-infrastructure.htm.
UNISDR (2015) Sendai Framework for Disaster Risk Reduction 2015-2030. http://www.preventionweb.net/files/43291_sendaiframeworkfordrren.pdf

II 震災被災地における震災遺構の観光活用
――インドネシア・バンダアチェ市の事例――

1 はじめに

(1) 研究の背景と目的

2011年3月に発生した東日本大震災では青森県から千葉県にかけての太平洋沿岸地域が津波被害を受けた。特に震源に近い岩手県から福島県にかけては津波によって市街地が壊滅的な被害を受けた地域も多い。それらの地域では復興のための工事が進み、市街地を再建していく過程において、震災遺構を保存するか撤去するかについてのさまざまな議論がなされている[1]。

これまで震災被害の復興、とりわけ経済復興における観光の役割の大きさは指摘されてきた。日本各地において震災遺構の保存や、震災被害の写真や記録等を展示した施設などが各地で整備されている。それらの整備は犠牲者の追悼や防災教育といった側面のほか、訪問客による当該地域での飲食や土産購入や、周辺の観光地域への立ち寄り増加など、経済波及効果も期待されている。

東日本大震災の被災地では、今後震災遺構の観光活用の議論が本格化していくわけであるが、他の被災地における震災遺構の観光活用事例を通して、その影響や課題などを学ぶことは重要である。

そこで本稿では、インドネシア・スマトラ島北端のバンダアチェ市の事例を通して、震災遺構の観光活用の現状を明らかにし、その特徴を整理しながら、福島県をはじめとした沿岸部の津波被災地における震災遺構の観光活用のあり方を考察していく。

(2) 研究対象地域

インドネシア・スマトラ島北西沖で2004年12月に発生したM9.1の大地震

---

[1] 保存か撤去かの議論が活発な震災遺構物の例としては、防災対策庁舎（宮城県南三陸町）、大川小学校（宮城県石巻市）などがある。

および津波によって甚大な被害がもたらされた。震源に近いスマトラ島北端の都市バンダアチェは津波により最も甚大な被害を受けた。国連の調査によると，死者・行方不明者はアジア，アフリカの広範な地域で約22万8,000人で，そのうちバンダアチェ市を含むアチェ特別州では約16万7,000人が犠牲となった。

バンダアチェ市はインドネシア北西端を占めるアチェ特別州の州都で，2014年4月時点での人口は約35万人である。2004年の被災前の時点での人口は約26万人であった。津波被害によりバンダアチェ市では当時の人口の1/4程の約6万人が犠牲になった。市の統計によると津波被災の翌年には約18万人にまで減少したが，その後復興が進むにつれ人口も増加し，2011年には約23万人まで回復した。

2　バンダアチェ市における津波被害と復興の過程

前述の通り，津波被害によりバンダアチェ市内は壊滅的な状況となったが，それからの復旧は比較的早いスピードで進んだ。2005～09年の間にアチェ州内に14万戸の復興住宅が建設され，約7万ヘクタールの農地が再生した。この復旧を主導したのは被災から4カ月後に発足した大統領直轄の復興再建庁（BRR）である。さらに，各国政府やNGOなど1,000以上もの団体が支援活動に入り，BRRが窓口となり，総額40億ドル（当時で約3,100億円）の支援金が集まった。BBRによると，BBRの活動の優先順位としては津波被害直後から半年にかけては復旧作業，とりわけ日常生活の回復に充てられ，1年後には住宅整備が本格化し，その後2年後から3年後にかけてはインフラ基盤や就業機会の整備のための活動が活発化した。BBRは2009年4月にバンダアチェの復興完了を宣言し，解散した。2005年の発足から解散までの4年間でBBRは，アチェ州の空港13，海港23，医療施設1115，学校1759，道路3,696km，橋梁363，政府関係のビル996棟を建設した。また，再生を支援した中小企業は約19万6千，就業訓練を行った労働者15万5千人，学校の教員として約4万人を育成した。

3　バンダアチェ市における震災遺構の観光活用

バンダアチェ市では2004年の津波被害以降，住宅や道路等インフラなど

住民の生活に関する復興を重点的に進めてきた。そして2009年に一定の復興を遂げたとしてBRRが解散したのと同時期に，津波被害の遺構の保存に着手しはじめた。その間，バンダアチェ市内には世界各国からの復興支援，取材のために来訪する旅行者のためにホテルが整備された。とりわけ，客室やサービスにおいて一定の水準を満たした星付きホテルが増加した。

　震災復興の過程において，津波被害による遺構を保存し，観光に活用する取り組みも行われてきた。以下の3事例はバンダアチェ市内に整備された津波被害に関する施設，遺構である。津波博物館は2007年に完成し，2011年から一般への公開を開始した。また「発電船」と「家屋の上の漁船」は2009年頃に保存整備された(2)。以下では震災遺構を活用した3施設について概要と特徴を述べていく。

①津波博物館（次頁写真1，図1）
　バンダアチェ市中心部にあるこの博物館は，津波被害と復興の様子を伝える博物館である。世界中からの支援金によって建設された。建物内部の構造は低層階から上層階への通路がらせん状のスロープになっているが，これには災害時の避難施設としての役割もある。

　博物館への訪問者数は2011年の約21万8千人から年々増加し，2015年では約56万人となっている。訪問者のほとんどはインドネシア人によるもので，バンダアチェ市周辺やジャカルタからのインドネシア人で占めている。とりわけ，2004年の津波被害から10年近く経過しており，小学校低学年以下は津波被害そのものを知らないため，学校の防災教育の一環で訪問するケースが多い。そのほか外国人はバンダアチェと航空定期路線で結ばれているマレーシアが主だが，ヨーロッパ，オーストラリア方面からの訪問者もいる。

　2013年9月時点における博物館のスタッフは48名。館長はジャカルタ出身者だが，それ以外はすべて地元からの採用している(3)。館内には飲料，スナック等の軽食の売店があるが，資料やオリジナルグッツなどの販売はない。

---

(2) 2013年9月に行った現地調査および関係者へのヒアリングによる。
(3) 2013年9月に行った津波博物館関係者へのヒアリングによる。

写真1　バンダアチェ津波博物館の外観
出所:筆者撮影 2013 年 9 月。

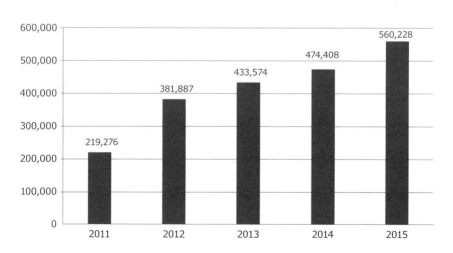

図1　アチェ津波博物館入館者数の推移
出所:アチェ津波博物館からの聞き取りにより作成。

第5章 海外の動向と防災教育　271

写真2　住宅の上に打ち上げられた漁船
出所：筆者撮影2016年8月。

②家屋の上の漁船（写真2）

　海岸から約1km内陸の住宅街ランプロ地区にあるこの船は，津波によって流された約25 mの漁船で，住宅の上に乗ったままの状態で保存されている。津波に巻き込まれているさなかに必死の思いでこの漁船に乗り，犠牲を免れた人も多く，59名の命を救っている。そのようなこともあり，災害の悲しみ以上に「多くの命を救った船」ということで，解体せずに保存されたという経緯がある。

　現在，漁船は倒れないように数本の支柱で支えられている。先端部分には展望台が設置されており，高い位置から漁船を眺めたり，周囲を見渡すことができる。漁船がある一角は小さな公園のようになっていて，災害当時の写真や説明版，この地域の犠牲者の名前を記した碑が設置されている。また，漁船の前には小さな売店（ワルン）と来訪証明書を発行するブースがあり，周辺の住民が商品を持ち寄り販売している。被災者の証言をまとめた小冊子も販売されている。

写真3　陸地に打ち上げられた発電船

出所：筆者撮影 2013 年 9 月。

写真4　陸地に打ち上げられた発電船の内部

出所：筆者撮影 2016 年 8 月。

③発電船（前頁写真3，4）

　海岸から約2.5km内陸の住宅街にあるこの大型船は全長63m，重量2,000トンで，津波より当初の地点から約5km流されて打ち上げられた発電船である。船の周囲は瓦礫等が撤去された後は何も建てられておらず公園になっている。

　公園全体は柵で囲まれており，園内中央にある発電船の周りには遊歩道が整備されている。園内には「家屋の上の漁船」同様に津波で犠牲になった人の名前が記されたモニュメントが設置されているほか，災害当時の写真や説明版も設置されている。また，この公園はイベントスペースとしても活用されており，休日には市内の小学生による踊りなどが開催されるとのことである。2015年からは発電船の内部が資料館として整備され映像やパネル展示によって被災状況が分かりやすく解説されている。

　園内には10名ほどのガイドが常駐しており，来訪者に無料でガイドを行っている。そのほか，セキュリティ・清掃のスタッフも20名ほどいる[4]。また，売店（ワルン）が常設されているほか，屋台型の売店も数軒ある。

4　震災被害以降におけるバンダアチェの観光動向

　2004年末の震災以前のアチェ州では独立運動が激しく，インドネシア政府との間で緊張状態にあったため，他地域から観光で訪れるという状況にはなかった。そのため，毎年3万人から4万人の宿泊客で推移していたが，ほとんどは商用や地元住民による利用であったと推測される。

　2005年以降は2007年頃までは大地震・津波被害からの復旧・復興のさなかであり，観光としての訪問はほぼ皆無であったと推測されるが，インドネシア国内および海外からの支援活動や調査などによる訪問もありホテル等宿泊施設への宿泊客は4万人から7万人台で推移した（次頁図2）。

　大地震・津波被害からの復興が進むにつれ2008年以降は観光客数が急激に増加した。2008年に初めて10万人を突破すると，2011年には15万人を超え，2016年では約26万人と，10年間で3倍の増加となっている。この間の増加分はインドネシア人によるものであるが，外国人観光客も宿泊客も増加

---

[4]　2013年9月に行った現地調査および関係者へのヒアリングによる。

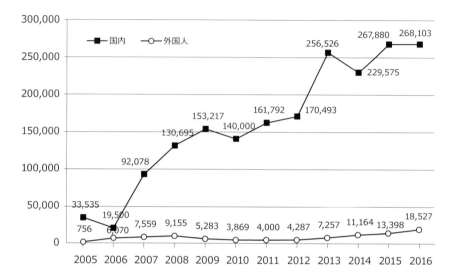

図2　バンダアチェ市内の観光客数の推移
出所：バンダアチェ統計庁資料より作成。

している。インドネシア人観光客数の増加に関しては，2000年代後半からのインドネシア国内全体のレジャー，旅行需要の高まりのなかで，インドネシア人による国内各地への旅行者数が増加したことが反映されたものと読み取れる。特に，急速な経済成長による可処分所得増加の影響を最も受けたジャカルタ首都圏およびスマトラ島最大の人口を抱えるメダンからの観光目的による来訪者の増加分と予測できる。アチェ特別州への州外からのアクセスは，飛行機が一般的であり，定期路線を開設しているジャカルタあるいはメダン，海外からはクアラルンプールからに限られる。

　もともとバンダアチェ市は観光地という性格の地域ではなく，インドネシア北西端に位置するため，観光ルートに組み込まれることもない。したがって，わざわざ震災遺構を見学するために来訪する観光客は少ない。しかしながら，災害の記憶や悲惨さ，防災の意識を教育するという側面も持つため，学校教育の一環としての注目度はこれからも増すであろう。津波博物館にはジャカル

タからの学校団体客の来館が多く，増加しているとのことである[5]。

しかし，津波博物館では，津波被害によって破壊されたものや被害にあった人々の遺品などの展示資料はほとんどない。津波資料館の館長へのインタビューでも，震災後，瓦礫を含む遺構物をほとんど処分したため，現存する資料の収集が困難であると語っていた。

5 津波被災地における震災遺構の観光活用の意義と方策

現在のバンダアチェ市内では，自転車道まで確保された幅員の広い道路や橋梁などの交通インフラがほぼ完璧に整備されている。これはインドネシア全土の中でも屈指の整備状況と言える。それ以外にも津波によってモスク以外は全壊となった中心街も新しいビルや商店が立ち並び，一見しただけでは津波の痕跡を見つけることが難しい。復興が進むほど，震災を想起させるものは消えていくため，あらためて，遺構物の保存の意義は高まる。

そうした意味においても，バンダアチェ市内の津波博物館はもちろんのこと，陸地に打ち上げられた2層の船が保存展示され，観光活用されていることの重要性は大きい。これらの船はいずれもバンダアチェ市内の中心市街地の住宅密集地域にある。津波被害直後はあたり一面の建物が流され，最も被害が大きかった地域であるが，現在は住宅が建ち並び，2艘の船がなければかつての被害を連想させるものは見当たらない。地域外部からの見学者が来なくとも，周辺住民は散歩の途中に立ち寄ってベンチで休んだり，数人で集まって会話をしている。また，船の前の小型商店（ワルン）では近所の子供たちが菓子を買い，元気に走り回っている。このほか，バンダアチェ市内は，沿岸部に3，4階建ての津波避難タワーが複数設置されている。2艘の船の前の空き地の空間がたまり場として活用され，陸地に打ち上げられた船や犠牲者の名前が刻まれた碑や当時の写真やその説明版の存在を認識しながら生活している。これらのように，震災遺構を観光活用しながら，一方において市民が集まりやすい場所として整備することで，震災遺構を市民がいつも目にする「身近な」存在となり，震災の記憶の風化が防がれているのである。

---

(5) 2013年9月に行った津波博物館関係者へのヒアリングによる。

また，もともと多数の来訪客を集める観光地ではないバンダアチェにおける震災遺構の観光活用はこれからの福島県沿岸部の津波被災地も参考すべき点がある。バンダアチェは津波博物館や2艘の船などは学校教育を主とした一定の利用者や，バンダアチェ沖に浮かぶウェー島へのマリンレジャー客の立ち寄り先としての利用はあるものの，多くの観光客を集めるまでには至っていない。大都市に近接しておらず，観光ルート上に位置していない性格上，今後も津波による震災遺構への多くの集客を集めることは難しいと予想できる。バンダアチェの津波博物館ではジャカルタ首都圏からの教育旅行や，バンダアチェ市内および周辺地域の学校からの見学や利用が増加している。このように「観光地」ではない場合は，個人客やツアー客の来訪は見込まれないため，学校等の震災学習，防災学習の側面を強調することで，来訪を促すことが重要になってくる。福島県沿岸部の津波被災地における震災遺構の観光活用を図る場合，小学校から高校にかけての修学旅行をはじめとした教育旅行による来訪ニーズの潜在性は高いと考えられる。自然災害が多い日本ではかつての震災に学び，これから起こりうる津波などの震災に備える教育の重要性も大きい。バンダアチェのケースがこれからの東日本大震災の津波被災地の震災遺構を活用した観光に活かされることを期待したい。

（山田耕生）

【謝辞】本稿の執筆にはJSPS科研費基盤研究(S)（研究課題番号25220403，研究代表者：山川充夫）の助成を受けた研究成果を使用しています。

【参考文献】
齋藤千恵（2008）「死と破壊から始まる観光－アチェにおけるインド洋津波の解釈」『鈴鹿国際大学紀要』15，45-63。
山田耕生（2013）「津波被災地における観光復興の現状と課題――インドネシア・バンダアチェの事例」『2014年春季大会研究発表予稿集』日本国際地域開発学会。
山田耕生（2014）「インドネシアにおける観光政策の特徴と課題――2000年以降の観光客流動からの分析」『尚美学園大学総合政策論集』19，117-128。
林 勲男編（2007）「2004年インド洋地震津波災害被災地の現状と復興への課題」『国立民族学博物館調査報告』73。
阪本真由美・阪本将英・河田恵昭（2008）「インド洋津波災害における災害復興支援の有用性と課題」『アジア・アフリカ研究』48-4，49-64。

III 創造的復興を担う人材養成を目指す「未来創造教育論」
——平成 28 年度の成果と課題——

1 はじめに

　東日本大震災に伴う東京電力福島第一原子力発電所事故では，放出された ^{137}Cs の放射線量が 1/4 になるまで約 50 年かかることや，福島第一原発の廃炉には相当の年数を要することが判明している。また福島県では，発災から 6 年以上が経過した平成 29 年 7 月時点においても，5 万 6,285 人の住民が避難生活を余儀なくされており，将来的な自宅への帰還に関しても地域によっては不透明な部分を残す。したがって，東日本大震災の被災地では，除染作業やインフラ整備，地域コミュニティーの再生など震災からの復旧・復興作業を行いつつ，少子高齢化や人口減少など震災発生前から地方が抱える課題にも対応しながら，持続可能社会の構築を模索していかねばならない。

　また，現在おかれている状況からの復興を成し遂げるためには，中・長期的な時間尺度を意識し世代を超えた考え方を持つと同時に創造的復興を意識する必要がある。実際に復興に向けて行動していく際には，創造的復興の理念や指針を協働の中から生み出し共有していくことができる人材養成が求められる。そこで，著者らの研究グループは中・長期にわたる創造的復興に携わる人材が持つべき理念の重要性に着目し，「未来創造教育」と称して，その教育理念の創出と目指すべき人材像の検討と養成モデルの構築に取り組んできた。

　大学院教育において平成 26～27 年の 2 年間にわたり試行的取組を進める中で得られた知見をもとに，『自分達が世代を超えて生きたいと考える地域のあり方を構想し，他地域との価値観を共有しながら創造に向けて行動する力を養成する』ことを「未来創造教育」の理念とした。また，この理念を実現すべく「未来創造教育」で養成すべき力を，次の 4 つの力に整理した（次頁図 1）。1 つ目は「未来を描く力」であり，自身が関わる地域を理解して自分たちが生きる未来像を想起できる力とした。2 つ目は「未来を共有する力」であり，他人や他地域が持つ未来像を認め合い，共有できる部分を探っていける力とし

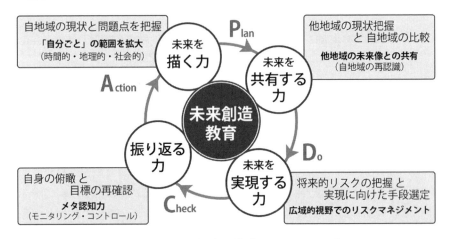

図1　未来創造教育で養成したい4つの力

た。3つ目は「未来を実現する力」であり，想定外を減らし未来像を実現するためにリスクマネジメントができる力とした。4つ目は「振り返る力」であり，自身の行動や地域を俯瞰的に眺め目標をコントロールするメタ認知力とした。

　また，大学院教育における試行結果から以下の問題点も浮き彫りとなってきた。1つ目は，「大学院レベルの人材はその専門性から，学校現場などを主対象とした比較的狭い範囲に目がいきがちであり多角的な視点を持ちにくいこと」である。2つ目は，「人数規模が小規模であり計画的な輩出が難しいこと」である。特に，今回は試行的取組ということで各担当者の授業を部分的に合同化するという方法をとり実現した。しかし，平成29年度より福島大学大学院にも教職実践専攻（教職大学院）が設置されることから，時間調整などが比較的難しくなることが想定される。そこで，学士レベルにおいて養成すべき事項を整理し，計画的に創造的復興に携わる人材養成を進めていくことを目指し，「未来創造教育論」を立ち上げることにした。

　本節では，「未来創造教育論」の初年度の取組について成果と課題を整理し報告する。

2 未来創造教育論の目的と位置づけ

　本科目の目的は，東日本大震災における被災地域を中心に見え隠れする様々な課題を意識し，自身が未来を創造していこうとする力を養成していくとともに，人間発達支援の観点から「人材育成」を担う人材が持つべき基本的な資質・能力を養成することにある。

　この基本的資質・能力を先に示した4つの力（「未来を描く力」「未来を共有する力」「未来を実現する力」「振り返る力」）に分解し，PDCAサイクルを意識して授業各回に養成する力の割り当てを検討した。なお，学生への配付資料では以下の通りとした。

　授業の到達目標
・東日本大震災以降の福島県における教育課題に対応し，将来にわたって地域の人材育成の中心となる施設を構想したうえで，その担い手となることを目指し行動を起こすことができる。
・テーマとして取り扱う地域・参考地域の現地視察を行う中で，現状の教育課題を認識して解決の糸口を見いだすとともに，人材育成の観点から解決策のアイデアを示すことができる。

　「未来創造教育論」は，人間発達文化学類の専門科目－個性形成科目として位置づけた。人間発達文化学類は各種教員免許の課程認定を受けているが，本科目は対象外としている。対象セメスターは，第2セメスター以降とし全学年を対象とした。受入受講者数は，後述する授業方法等の観点から最大36名の制限を設けた。

　また，本科目は福島大学が採択された，地（知）の拠点整備事業（COC事業）「ふくしま未来学」における「教育と文化による地域支援モデル（人間発達文化学類系科目）」の1科目としても位置づけ，全学への開放科目とした。「ふくしま未来学」では5つ力を養成するとしており，そのうち「地域課題を発見する力」，「地域を分析する力」，「地域を伝える力」の3つを本科目で養成する力と位置づけた。

3 未来創造教育論の授業方法

(1) カリキュラムの方向性

「未来を描く力」「未来を共有する力」「未来を実現する力」「振り返る力」を具体的に養成するためには，受講者自身が「自分ごと」としての課題を発見し，その解決を図るための過程と方向性をたえず修正して，解決を図るための模索を続けていける過程が必要と考えた。そこで，アクティブ・ラーニングの一手法であるプロジェクト学習（PBL）を取り入れ，PDCAサイクルを意識することにより，他者との協議の中で自身の学びを見つめ直していけるカリキュラムの立案を進めた。

(2) プロジェクト学習に際してのテーマ設定

PBLに際しての問題提起は，「自身が望む未来を地域で実現するためにはどうしたらよいか？」とし，具体的なデータを収集して課題となるテーマ設定から進めた。その際，「自分ごと」としての課題を設定するため，最終報告する事項に関わるデータの一部は「自身の脚で稼ぐ」ことを求め，それが可能となるように授業等でのアドバイスを進めることとした。受講者自身が対象とする地域へ足を運び，自身が五感で感じ取った事項を含めて分析を実施することで，自分自身が関わる課題である実感をさせることにした。また，設定したテーマの客観性を意識するため，自身が現在生活する福島を対象地域（自地域）として捉え，その外側を他地域と定義した上で，他地域の視点で課題を捉えるとどのように映るかについても随時検討を促した。

(3) 各回の授業運営

各回の授業は，教員4名（平中，中村，高橋，阿内）が協同して実施するものとし，原則として2名以上で担当することとした。主担当の教員が進行役となり，他の教員は副担当として適宜コメントをはさんだり，グループワークにおけるファシリテートを行ったりすることを基本とした。これにより，各教員の専門的見地からグループやクラス全体での議論を深めることはもちろんのこと，多角的な視点を基にした新しい考えを生む議論を受講者に促すことが可能とした。

表1　平成28年度未来創造教育論授業内容

回	月日	内容	担当
1	10/05	ガイダンス・未来を創る教育とは？	平中・中村・高橋・阿内
2	10/12	福島をめぐる課題・テーマの検討	平中・中村・高橋・阿内
3	10/19	東日本大震災から未来に向けて	平中・中村
4	11/02	玉川村における地域おこしについて	外部講師・中村・阿内・高橋・平中
5	11/09	自治体教育政策を通じた人材育成	外部講師・阿内・中村・高橋・平中
6	11/16	開発援助を通じた海外・国内での人材育成	外部講師・中村・高橋・阿内・平中
選択	11/23	浜通り地域 現地調査	中村・平中
7	11/30	テーマ別セッション（1）	中村・高橋
8	12/07	収集情報整理・ポスター作成	平中・中村・高橋・阿内
9	12/14	国際的視座からの人材育成	高橋・阿内・中村・平中
選択	12/17	自主避難者聞き取り調査・宇都宮 現地調査	高橋・阿内・中村・平中
13	12/21	テーマ別セッション（2）	平中・中村・高橋・阿内
任意	1/11	ポスター作成・データ解析 相談会	平中・中村・阿内
14	1/25	全体セッション（ポスター発表会）	平中・中村・高橋・阿内
15	2/01	最終カンファレンス	平中・中村・高橋・阿内

選択：3回分（10～12回）相当の現地調査，任意：自由参加の回として実施。

　受講者と担当教員間のコミュニケーションを密にするため，コミュニケーション・カードの一つとして知られる大福帳（向後，2006 など）をシャトルペーパーの名称で取り入れた。ICT 活用の点においては，web 活用による情報収集，統計データの収集の他，発表用のポスター作成に PC を用いることとした。PC は受講者所有のものを主として活用し，必要に応じて授業用ノートPC，Android タブレットのほか，記録用のデジタルカメラを使用した。

4　平成28年度の実践結果

　平成 28 年度「未来創造教育論」は，後期 水曜2限で開講した。受講者は全6名であった。学年構成は1年生：1名，2年生：1名，3年生：2名，4年生：2名，所属学類は人間発達文化学類：5名，行政政策学類：1名であっ

た。各回の授業内容・担当教員は表1の通りである。現地調査は3回分相当として11/23（祝）と12/17（土）の2回実施し，受講者は自身の検討テーマにあわせて1回以上選択して参加する形とした。各回の主担当教員は表1の筆頭者とした。

15回にわたる授業の大まかな流れとしては，序盤はガイダンスや課題の検討を行い，第4回～第6回は外部講師（地域おこし協力隊，教育委員会，国際協力機構）による地域や社会における人材育成の事例の報告をしていただいた。その後は，2度に渡る現地調査（福島県浜通り，宇都宮）を行い，取得したデータをまとめていった（表1）。第14回の授業ではこれまでの調査結果をポスターとしてまとめ，制作物について相互評価と自己評価を進める機会とした。相互評価は以下の手順で実施した。まず，作成したポスターを教室内に掲示し，ポスターの前でショートプレゼンテーションを実施した。その後，他者のポスターに付箋を用いて評価用紙にコメントしていく方法をとった（次頁図2）。

コメントをする際の視点は「内容全般」「未来創造との関わり」「第2回で指摘した問題点との関係性」「文献・データ」4つの観点とした。受講者用の付箋は3色用意し，青色：良いと考える点，黄色：疑問が残った点，赤色：改善が必要と考えられる点，と分けて評価が見えやすいようにした。教員からのコメントは緑色の付箋を用いておこなった。自己評価はワークシートを用いて行い，他者のポスターの内容と比較することでわかったことや，コメントを受けての改善点などについて記述をおこなった。

なお，受講者が作成したポスターのタイトルは以下の通りであった。

「外と内からみるふくしま」「あんぽ柿から始まる風評被害払拭」「発信による橋渡し」「福島県における放射線量の実態～福島県は震災前に戻ったのか～──将来に受け継ぐ福島の実態──」「福島県産米における流通の問題」「未来を向いた水族館」。

5　初年度の成果と課題

（1）シャトルペーパーの記述より

受講者によりシャトルペーパーに記述された内容から，各授業回の特徴を見いだすためMeCabにより形態素解析を行い，KH Coder（樋口，2004）を用い

第 5 章　海外の動向と防災教育　　283

ポスターのショートプレゼンテーション　　　各ポスターに対する評価時の様子

ポスターに対する評価例（用紙は A3 サイズ）

図2　第 14 回ポスター発表会の授業風景

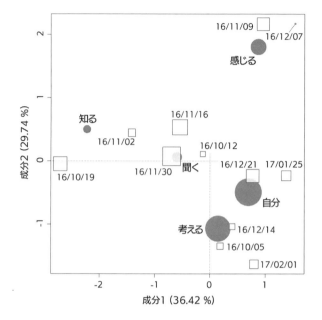

図3　対応分析結果

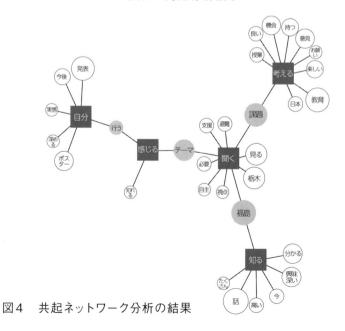

図4　共起ネットワーク分析の結果

てテキストマイニングの手法による分析を行った。形態素解析の結果，異なり語として487語を抽出した。そのうち大半の記述に見られた「思う」と，感想の書き出しに使用されている「今日」「本日」を除外して以降の分析を進めた。

抽出された語のうち，記述で多く使われ，授業の性質を表していると推測される5語（考える：18回，自分：18回，感じる：14回，聞く：12回，知る：10回）を用いて，各回の授業における記述との対応分析による分類を試みた（図3）。分析結果より【考える授業】：10/10，12/14，2/1，【自分の授業】：12/21，1/25，【感じる授業】：11/9，12/7，【聞く授業】：10/12，11/16，11/30，【知る授業】：10/19，11/2と分類した。

次に，分類された授業の性質を明らかにするため，共起ネットワーク分析を行った（図4）。共起ネットワークの描画は，先に使用した5語を分析から除外し，4回以上使用された32語を用いて，最小スパニング・ツリーのみとした。分析結果で，特に各授業の性質間をつなぐ語句に着目すると，『福島』について【聞く】【知る】，『課題』は【聞く】ことで見いだし【考える】ことをしていることが示唆される。記述文に戻り確認したところ，文脈との整合が見て取れた。

一方，『テーマ』については，記述文に戻って文脈を確認したところ，"自分のテーマが〜"などのように使われており，自身の取り組みを振り返る際に使用される傾向が見られる。また，『行う』については，【感じる】ことがあった内容を説明する際に，相手の行動を説明するために使用される傾向が見られた。このことから【感じる】と【自分】については，授業の性質を示す語句として適当で無い可能性が示唆される。これらについては，別の機会に検討を譲ることにする。

(2) 第10回 ポスター発表の成果物より

第9回の授業からポスター発表実施までは，スケジュールの都合1ヶ月程度の期間があいた。ポスターにはこれまで所持していなかった一次データが掲載されており，この間に受講者が独自で調査を進めている想定以上の成果が見て取れた。

例えば，「福島県産の農産物」をテーマに取り扱った受講者は，授業における現地調査後，自身のみで東京周辺の小売店を対象とした現地調査を実施し，

そこから得られたデータと統計データを含め考察していた。「福島県内外の避難者」をテーマに取り扱った受講者は，自身のボランティア経験から得た聞き取りデータや，他の授業で実施したアンケート結果などを，自主避難者聞き取り調査の結果などと関連づけて考察していた。

スケジューリングなどを工夫することで，学士レベルならではのフットワークの軽さにより，受講者による積極的な独自調査は期待できる可能性がある。しかし，探究テーマが見定められていない場合は，大幅な遅れをきたすことが想定される。長期の調査期間に入る前に，個々のテーマを正確に把握し，適切なアドバイスを実施することが重要と考えられる。

その一方で課題としては，web 等から統計データと，自身が取得してきたデータを組み合わせた考察にやや飛躍が見られることも多く，統計データからの事実読み取りには課題が残るといえる。今後，カリキュラムおいてこのような問題に対応する授業回を組み入れる必要があると考えられる。

(3) 授業方針の課題と展望

今回の実践においては，受講者に口頭で PDCA サイクルのどのあたりにあたるかを説明しおり，プロセスの把握には問題が残っており，振り返る力の養成において改善が必要と考える。次期への改善としては，例えば今回使用したシャトルペーパーなどと組み合わせて，PDCA サイクルのどこに自身が立っているかを記録させるなどすることが考えられる。受講者自身が気づくようにし，自身で PDCA のサイクルを回していけるようにすることが，考えられる。

(4) 授業運営上の課題と展望

［主担当教員］

担当教員全員が各回の授業をアクティブ・ラーニングしていけるように，例示カリキュラムの整備と対応方法等に関する整備することが必要である。整備にあたっては，他大学で実施されている FD の成果などを参考に，理念を押さえつつ具体的な対応方法について整理していく必要があると考えられる。

［評価方法の充実］

今期はカリキュラムの構成が主となっており，評価の検証に際しての必要な

データ収集は不十分な状況にある。次年度以降は評価の在り方について，その検証方法を含め検討し，データ収集を行っていく必要がある。

［受講者数の確保］

コアとなる人材を養成するという点において少人数制をとるスタンスは崩せないが，今年度の受講者数は6名にとどまっており，人材の計画養成の観点からやや少ないことは否めない。また，グループワークが組みにくいなど授業運営上の問題が生じた（ただし，平成29年度は受講者が19名に増えており，今後はグループを組んでの講義が継続的に可能になりつつある）。

現時点において受講者が少なかった原因を次の3点と考えており，今後の対応策を含めて述べたい。

1点目は，1・2年生が受講しにくい曜日・時間帯での開講となったことである。次年度より1セメスターの別の曜日・時間帯に移動することで受講者数を確保したいと考えている。半期前倒しになることにより，入学したての学生も受講対象となることから，受講者のスキル等が不足しないかなどについて，初年次教育との整合を図りながら，対策をとっていく必要があると考える。

2点目として，各種教員免許の取得と無関係な授業であることが考えられる。今年度の受講者への聞き取りによると，教員免許取得を希望していないか，取得を予定しているが教員を目指さない者がほとんどであった。教職にとどまらず幅広い分野に適応できる人材養成であることをシラバス等に示し，幅広い層への働きかけを目指す必要があると考えられる。

3点目には，授業形態が挙げられる。シラバスでは，グループワーク等を中心に授業を構成し，一部課外での現地調査が必要であることを明記している。著者が担当している別の授業においても同様の記述を行っている科目があるが，授業後アンケートなどの結果からはそのような科目に対し積極的な者と消極的な者の二極化が進んでいる傾向がうかがえ，それぞれへの対応を検討する必要があると考えられる。積極的な者は，他にもPBLを主体とする授業を受講しているケースが多くあり，授業外での時間確保が難しくなっている実態がある。

受講者のスケジューリング能力だけで解決できない問題を浮き彫りにしながら，その対応を検討していく必要がある。消極的な者については，知識重視

の傾向やコミュニケーションに対する自信のなさ等に起因すると考えられる。そのような者に対しては，チャレンジしやすい雰囲気づくりとカリキュラムの工夫が必要と考えており，今後検討を進めていきたい。

（5）まとめ

学士レベルにおいて養成すべき事項については，大学院特別授業に比べて授業回数が通常の授業と同様の時間数確保できるともあり，段階的なカリキュラムを作成することにより，試行的な取り組みで達成してきた水準に到達したものと考えている。一方，計画的な人材養成の面では，受講者確保に課題を残す結果となった。

次年度以降，今年度明らかとなった課題を中心にその対策を進め，福島地域を中心に創造的復興に携わる人材の輩出に努めるとともに，追跡調査などにより長期的な検討をおこなうことも必要と考える。

（平中宏典，中村洋介，高橋　優，阿内春生）

【謝辞】本稿の執筆にはJSPS科研費基盤研究(S)（研究課題番号25220403，研究代表者：山川充夫）の助成を受けた研究成果を使用しています。

【参考文献】
向後千春（2006）「大福帳は授業の何を変えたのか」『日本教育工学会研究報告集』2006(5)，pp. 23-30。

終章　福島復興学の先に

I　はじめに

　本書『福島復興学』は東日本大震災の中でも問題が長期化している福島県において，震災直後は復興支援にあたり，被災初期の混乱が収束しつつある中で研究にも取り組んだ福島大学の研究者の研究成果の一部である。福島大学においては震災直後に「うつくしまふくしま未来支援センター」を設立し，全国からさまざまな分野の研究者・実務家を集めて被災者，被災自治体の支援にあたった。支援を続ける中で，常に「現場」に身を置く研究者らは支援から得られた知見を研究に活かし，研究で得られた知見を支援にフィードバックできないか，と考えるようになった。これが本書序章の図4に示されている災害復興学のフレームワークである。このように支援と研究とを考える中，福島大学では文部科学省科学研究費補助金基盤研究(S)の採択に成功した。その研究テーマは「震災復興学の確立」である。本書はこの研究プロジェクトの研究成果を取りまとめたものである。もちろんのこと，大きなプロジェクトの中でさまざまな専門を持つ研究者が活動するわけであるから，それぞれの研究に同じ方向性を持たせることはできなかった。しかしながら，研究会やシンポジウムを重ねる中で，ある種の共通認識ができあがり，今回「福島復興学」としてとりまとめた次第である。

　終章では序章に述べられている「原災復興支援への5原則」にしたがって各章にふれて総括を試みたい。

II　原災復興支援への5原則と福島復興学

　原災復興支援への5原則は山川（2012）が述べたもので次の5つの原則から

なる。なお，ここではそれぞれの原則に関係する本書の章節も合わせて示す。
①安全・安心・信頼を再構築すること（第1原則）
　（第1章Ⅰ，第1章Ⅱ，第1章Ⅲ，第2章Ⅱ，第2章Ⅲ，第3章Ⅰ，第3章Ⅱ，第4章Ⅵ，第4章Ⅶ，第5章Ⅰ，第5章Ⅲ）
②被災者・避難者に負担を求めず，未来を展望できる支援を促進すること（第2原則）
　（第2章Ⅲ，第3章Ⅱ，第3章Ⅲ，第4章Ⅰ，第4章Ⅱ，第4章Ⅲ，第4章Ⅳ，第4章Ⅴ，第5章Ⅰ）
③地域アイデンティティを再生すること（第3原則）
　（第2章Ⅱ，第4章Ⅰ，第4章Ⅱ，第4章Ⅲ，第4章Ⅳ，第5章Ⅱ）
④共同・協同・協働による再生まちづくり（第4原則）
　（第2章Ⅱ，第3章Ⅰ，第3章Ⅱ，第3章Ⅲ，第4章Ⅰ，第4章Ⅱ，第4章Ⅲ，第5章Ⅰ，第5章Ⅱ）
⑤脱原発・再生可能なエネルギーへの転換を国土・産業構造の転換の基軸とすること（第5原則）
　（第4章Ⅶ）

　本書の各章・節と原災復興支援への5原則との関係は以上のようである。詳細は各章・節に譲るとしてここでは各原則と研究成果である各章との関わりとを検討したい。

（1）第1原則
　「安全・安心・信頼を再構築すること」が第1原則である。本書に収録した多くの論文がこの第1原則に関わっていることから分かるように，多岐にわたる学問分野で重要視されている。それぞれの学問分野とこの原則との関わり方は非常に幅広い。第1章Ⅰ・Ⅱ・Ⅲに述べられているような災害発生とそのメカニズムを解説することや第2章Ⅱで述べられている被災者の生活再建はある種の「安心」に結びつくものであるし，原爆の事例に触れた第2章Ⅲ節は放射能汚染地の「信頼の再構築」の議論に貢献する。また第3章Ⅰ，第3章Ⅱは復興プロセスのモデル化や記録・伝承をつうじて，この第1原則に関わるものである。さらには経済やエネルギー政策，国際的な観点も第1原則は合わせ持つ

ている．このように一見すると当たり前である安全・安心・信頼が今回の事故により地域のあらゆる側面で崩れ去ってしまったことがわかる．

　第1原則の主旨は明快で，原子力事故に起因するさまざまな問題の反省から原子力に依存しない社会の実現や事故を起こした福島第一原発廃炉のこと，放射能・放射線対策にかかることが中心である．この第1原則は福島で起きた原子力災害（事故）を念頭に書かれたものであるが，やや拡大解釈をすれば，次の原子力災害を起こさないこと，次の原子力災害が起きたときには福島の経験・反省を活かして速やかに実施すべき方策が述べられている．

（2）第2原則
　第2原則は被災者に負担を求めず，未来を展望できる支援を促進することである．今回の原子力災害では被害が累積性を持っている．すなわち，最初の被害が解決する前に，次の被害を被ってしまうという現象がみられた．これは避難所から仮設住宅へ，仮設住宅からさらに別の場所へと生活の拠点を数ヶ月から数年単位で移さなければならない原子力災害（事故）被災者を襲った問題である．被災者は生活の拠点を変えるたびに生活環境の変化やコミュニティの崩壊にさらされ，二重・三重の問題を抱えてしまうことになる．また，元の居住地が帰還困難区域に設定されていると，避難生活の終わりが見えず，未来を展望して生きることができなくなってしまう．この問題に対しては本書でも多角的に検討されている．過去の原子力災害（第2章Ⅲ），復興プロセスや都市計画（第3章Ⅱ，第3章Ⅲ），産業に関わる諸問題（第4章Ⅰ，第4章Ⅱ，第4章Ⅲ，第4章Ⅳ，第4章Ⅴ），国際的な視点（第5章Ⅰ）がこれに該当しよう．被害の累積性は深刻であり，今後もさらに累積していく可能性がある．この問題に対し，被災者に負担を求めることなく，社会的・経済的な支援が必要である．こうした被害が累積するという現象が近未来に予測されている首都直下地震や南海トラフ地震でも起こることは想像に難くない．

（3）第3原則
　第3原則は地域アイデンティティを再生することである．序章でも述べられているように被災者が望んでいるのは事故前に当たり前としてあった地域の再

生であってスクラップアンドビルドの上に成り立つ「創造的復興」ではない。この問題については被災地再生と被災者の生活再建（第2章Ⅱ），産業（第4章Ⅰ，第4章Ⅱ，第4章Ⅲ，第4章Ⅳ），震災遺構の活用（第5章Ⅱ）が関係している。しかしながら事故前の地域を再生することは難しい。まずは長期避難の間，「地域アイデンティティ」を保持しなければならない。これは地域の人間がバラバラになり地域コミュニティが崩壊した中では，なかなか困難である。ただし，そういった試みはなされている。例えば仮設住宅の自治会から始まった「浪江まち物語つたえ隊」は浪江町に伝承する昔話や町の名所のいわれなどを紙芝居にして上演するという活動を展開している。しかしながら，こういった事例が希有なこともまた事実である。さらに帰るべき土地が津波で破壊されていたり，長期避難の間に建物が劣化して取り壊すしか方策がないなどの状況に置かれたりしていると元の地域の姿を取り戻すことは困難である。さらに地域住民が自分たちの地域を表すシンボリックな建物として認識していたものが失われる例は非常に多い。地域アイデンティティは被災者の帰還に向ける意志や帰還後の復興の原動力である。この地域アイデンティティが生活や産業の崩壊で失われつつあることは非常に大きな問題である。

（4）第4原則

第4原則は共同・協同・協働による再生まちづくりである。被災した町を再生するまちづくり，あるいは町の復旧・復興は誰もが望むところである。しかしながら，序章でも述べられているように復興当局と被災者との間にはまちづくり観に相違がある。概して復興当局は「創造的復興」を掲げるのに対して，被災者は「以前の生活再生」を求めるのである。こうした再生まちづくり観の相違は国と県，県と市町村との間にもあるように思える。本書においては避難者の生活再建（第2章Ⅱ），復興プロセス（第3章Ⅰ，第3章Ⅱ），都市計画（第3章Ⅲ），産業（第4章Ⅰ，第4章Ⅱ，第4章Ⅲ），国際的な問題意識（第5章Ⅰ）および震災遺構の活用（第5章Ⅱ）で述べられている。こうした多角的視点から再生まちづくりの議論を始めることができる。この議論は「どこまで進んだら復興がなされたと言えるのか」という大きな問題とも直結しており，今後の議論や実践の展開に注目したい。

(5) 第5原則

　第5原則は脱原発・再生可能なエネルギーへの転換を国土・産業構造の転換の基軸とすることである。序章に述べられているように我が国のエネルギー政策の視座は「経済効率性の追求」「エネルギーセキュリティの確保」「環境への適合」であった。福島県での原発事故後，この3つの視座に「安全・安心」が付け加えられ，原子力政策を見直す議論の発端となった。再生可能エネルギーを活用した復興については第4章Ⅶで詳しく述べられている。エネルギー政策の転換は我が国の生活様式や産業立地に大きな影響を与える。すなわち，国土政策・産業政策・地域政策・社会政策の転機となる。この第5原則は言うまでもなく「安全・安心なエネルギー供給」を目指すものであり，この観点から原子力発電の推進にはただちに賛成できない。他方でエネルギーの大部分を海外からの輸入に頼る現状は昨今の国際情勢をみても得策ではないと言える。安全・安心でさらに「安定」したエネルギー供給を目指すべきである。

　以上，序章で述べられた「5原則」に合わせて本書に書かれた各論文を紹介し，各原則において若干の議論も試みた。福島で起きた原子力災害は核実験を除けば事実上，チェルノブイリに次ぐ原子力災害であり，世界の注目を集めている。世界の目は我が国がどのようにエネルギー政策の舵をきるのか，原子力災害被災地の復旧・復興をどのように成し遂げるのか，被災者の支援・救援はどのようにするのか，30年にも及ぶ放射線とどのように対峙するのか，さらにはこれらをどう記録し，アーカイブして後世に伝えるのか，など多岐に向けられている。本章で触れ，また本書の各節で議論された5原則がどのようになるのか，動き続ける被災地で支援と研究を続けながら注視していく必要がある。

Ⅲ　福島復興学の先に

　東日本大震災の中でも福島が経験した原子力災害は，広域化・長期化という点で特異であり，直接の人的被害は例えば津波と比べて少ないものの，被災

者の苦痛は計り知れない。こうした大規模複合災害に科学がどんなことができるか，あるいは災害で得た経験を後世に伝承するにはどうしたら良いか。まだまだこれから議論の余地があり，さらに変貌を続ける被災地を詳細かつ多角的に観察する必要がある。

　上記のような背景があるので，本章の最後に災害アーカイブズについて若干の議論を展開する。災害アーカイブズは本来であればアーカイブズ学や博物館学に位置づけられて然るべきであるが現在のところ，その位置づけが不明である。これは災害アーカイブズとは何であるか，という基本的なことすら研究者，行政，民間などあらゆるレベルで共通認識を持っていないためである。もちろんのこと，「災害アーカイブズ」と言ったときに場面によって違う意味を持つこともある。しかしながら，ある程度の共通認識がないことは時に混乱を生む原因ともなっている。この問題には多角的なアプローチが必要である。例えば，台湾の集集地震のアーカイブ施設は明らかに防災教育に重きを置いた展示構成である。他方，中国の四川大地震を伝える現地の施設は防災教育よりもむしろ「祈念の場」としての機能を重視している。我が国においては阪神淡路大震災，新潟県中越地震などいくつかの大規模災害でアーカイブズ施設が作られているが，それらは「アーカイブズ」すなわち，災害記録の保管と伝承の機能はあまり大きく持っておらず，むしろ「当時を伝える」ことに重点を置いている。この「伝える」という中に災害遺物の収集やその保全・保管という機能はほとんどないように見える。行政においては基本的には目前に迫った問題（せいぜい10年くらい先まで）を見通して対応するだけで「何が起き，どう対応したか」を伝えるということは意識されてはいてもなかなか実践されないのが実情である。例えば福島県とそれを構成する基礎自治体において，公文書は保管期限をすぎれば廃棄されてしまうことがほとんどである。民間においては政治的あるいは感情的な側面をもって活動し，資料収集しているケースが見受けられる。それらは「伝える」というよりも社会に（時に加害者・企業に）「訴える」ことが主目的であることが散見される。

　さらには資料保管の技術的な問題が解決されていない。すなわち，超長期にわたる資料の保全・保管方法が現在のところ見当たらないのである。一つはデジタルデータの保管方法である。現在の資料の多くはデジタルデータによ

るものであり、このことが従来のアーカイブズ学からデジタルアーカイブズ学を派生させた。デジタルアーカイブズにおいてはアナログデータをデジタル化したり、そもそもデジタルで記録されたものを保全・保管したりすることが求められるが、磁気テープ、DVDなど電子媒体を永久保存する技術は確立されていない。次に古文書とは異なり、近年の化学的材料が用いられた資料の保全・保管方法も確立されていない。墨と和紙でできた古文書とは異なり、現代的な資料は紙やのり、インクなどの化学的性質がさまざまであり、このような資料を数十年にわたり確実に保管する手法は見当たらない。現在のところ、これらの資料は和紙や墨で作られた古文書と同じ手法で保管するしか方法がない。

以上のように災害アーカイブズには学術体系の中での位置づけや、その認識、資料の保全・保管方法といったさまざまな問題が山積している。このような中で災害経験知をどのように伝えていけば良いか、すなわち災害アーカイブズをどのように構築し、それを後世に伝える（保全・保管）かといった問題の解決が望まれている。

福島復興学の先には本書で述べられているさまざまな立場の研究に加え、災害アーカイブズの構築や「アーカイブズ」という視座を加えた復興支援・研究の確立が求められている。

（瀬戸真之）

【謝辞】本稿の執筆にはJSPS科研費基盤研究(S)（研究課題番号25220403、研究代表者：山川充夫）の助成を受けた研究成果を使用しています。

【参考文献】
山川充夫（2012）「原災復興グランドデザイン考」後藤康夫・森岡孝二・八木紀一郎編『いま福島で考える――震災・原発問題と社会科学の責任』桜井書店、133-166頁。

執筆者紹介 (執筆順)

山川　充夫 (やまかわ みつお, はじめに, 序章, 第3章第3節)
　東京大学大学院理学系研究科地理学専門課程博士課程退学, 東京都立大学助手,
　福島大学経済学部教授, 同理事・副学長, FUREセンター長を経て帝京大学経済学部教授
　博士 (学術・東京大学), 日本学術会議連携会員, 日本地域経済学会会長
　専門：経済地理学・地域経済学・震災復興学

中村　洋介 (なかむら ようすけ, 第1章第1節, 第5章第3節)
　福島大学人間発達文化学類准教授
　京都大学大学院理学研究科地球惑星科学専攻博士課程修了, 博士 (理学), 福島県地学
　　調査会代表理事
　(独)産業技術総合研究所地質情報研究部門等を経て現職
　専門：変動地形学, 第四紀地質学, 自然災害科学

瀬戸　真之 (せと まさゆき, 第1章第2節, 第3章第1節, 終章)
　福島大学うつくしまふくしま未来支援センター特任准教授
　立正大学大学院地球環境科学研究科環境システム学専攻, 博士 (理学)
　福島県地学調査会理事
　立正大学, 埼玉大学を経て現職
　専門：地形学, 自然地理学, 災害復興論

大瀬　健嗣 (おおせ けんじ, 第1章第3節)
　福島大学うつくしまふくしま未来支援センター特任准教授
　筑波大学大学院農学研究科修了, 博士 (農学)
　筑波大学, 農業環境技術研究所を経て現職
　専門：土壌環境化学, 環境放射能

天野　和彦 (あまの かずひこ, 第2章第1節)
　福島大学うつくしまふくしま未来支援センター 特任教授
　福島大学大学院地域政策科学研究科, 修士 (地域政策)
　福島県公立学校教員, 福島県教育庁を経て現職
　専門：被災者支援, 社会教育

堀川　直子 (ほりかわ なおこ, 第2章第2節)
　福島大学うつくしまふくしま未来支援センター特任研究員
　英国立ハル大学社会科学学部博士課程修了, 博士 (社会学・社会人類学)
　専門：社会人類学, 移民研究

松尾　浩一郎 (まつお こういちろう, 第2章第3節)
　帝京大学経済学部教授
　慶應義塾大学大学院社会学研究科博士課程単位取得退学, 博士 (社会学)
　専門：都市社会学, 社会調査論

髙木　亨（たかぎ あきら，第3章第2節）
　　熊本学園大学社会福祉学部福祉環境学科准教授
　　福島大学うつくしまふくしま未来支援センター客員准教授
　　立正大学大学院文学研究科博士後期課程満期終了，博士（地理学）
　　専門：人文地理学・地域論・震災復興学

初澤　敏生（はつざわ としお，第4章第1, 2, 3, 4節）
　　福島大学人間発達文化学類教授
　　立正大学大学院文学研究科博士課程中退，博士（地理学）
　　専門：経済地理学，社会科教育学

吉田　樹（よしだ いつき，第4章第4節，第5節）
　　福島大学経済経営学類准教授
　　東京都立大学大学院都市科学研究科博士課程修了，博士（都市科学）
　　首都大学東京，福島大学うつくしまふくしま未来支援センターを経て現職
　　専門：地域交通政策，地域観光政策，地域経済論

藤本　典嗣（ふじもと のりつぐ，第4章第6節）
　　東洋大学国際学部国際地域学科教授
　　九州大学大学院経済学研究科博士課程満期退学，博士（経済学）
　　福島大学を経て現職
　　専門：経済地理学，都市地理学，地域経済学

大平　佳男（おおひら　よしお，第4章第7節）
　　法政大学経済学部助教
　　法政大学大学院経済学研究科博士後期課程，博士（経済学）
　　福島大学うつくしまふくしま未来支援センターを経て現職
　　専門：環境経済学，エネルギーの経済学

三村　悟（みむら さとる，第5章第1節）
　　独立行政法人国際協力機構東北支部次長・JICA研究所上席研究員
　　福島大学うつくしまふくしま未来支援センター客員教授
　　専門：国際防災協力，持続可能な社会開発

山田　耕生（やまだ　こうせい，第5章第2節）
　　千葉商科大学サービス創造学部准教授
　　立教大学大学院観光学研究科修了
　　共栄大学，帝京大学を経て現職
　　専門：観光地域論，都市農村交流

平中　宏典（ひらなか ひろのり，第5章第3節）
福島大学人間発達文化学類准教授
新潟大学大学院自然科学研究科博士課程修了，博士（理学）
福井大学教育地域科学部 特命助教 等を経て現職
専門：理科教育学，層序学，教育工学

高橋　優（たかはし ゆう，第5章第3節）
福島大学人間発達文化学類准教授
トリア大学ドイツ文学科博士課程修了，博士（文学）
宇都宮大学国際学部専任講師を経て現職
専門：近代ドイツ文学

阿内　春生（あうち はるお，第5章第3節）
福島大学人間発達文化学類准教授
早稲田大学教育学研究科博士後期課程単位取得退学，修士（教育学）
日本学術振興会特別研究員，早稲田大学教育総合研究所助手を経て現職
専門：教育行政学

福島復興学——被災地再生と被災者生活再建に向けて

2018年2月28日　第1刷発行

編著者　　山川　充夫
　　　　　瀬戸　真之

発行者　　片倉　和夫

発行所　　株式会社　八朔社（はっさくしゃ）
東京都新宿区神楽坂 2-19 銀鈴会館内
電話 03-3235-1553　Fax03-3235-5910
E-mail : hassaku-sha@nifty.com

ⓒ山川充夫・瀬戸真之, 2018　　組版: 鈴木まり／印刷製本: 厚徳社
ISBN 978-4-86014-088-5

―――― 八朔社 ――――

福島大学国際災害復興学研究チーム 編著
東日本大震災からの復旧・復興と国際比較 二八〇〇円

福島大学うつくしまふくしま未来支援センター 編
福島大学の支援知をもとにした
テキスト災害復興支援学 二〇〇〇円

日本科学者会議 科学・技術政策委員会 編
3・11後の産業・エネルギー政策と学術・科学技術政策 一八〇〇円

大平佳男 著
日本の再生可能エネルギー政策の経済分析
福島の復興に向けて 三〇〇〇円

境野健兒・千葉悦子・松野光伸 編著
小さな自治体の大きな挑戦
飯舘村における地域づくり 二八〇〇円

定価は本体価格です